源启中国

三江源
国家公园
诞生记

古岳　著

青海人民出版社

图书在版编目（CIP）数据

源启中国：三江源国家公园诞生记 / 古岳著. --
西宁：青海人民出版社,2021.6
ISBN 978-7-225-06162-7

Ⅰ.①源… Ⅱ.①古… Ⅲ.①国家公园—介绍—青海
Ⅳ.①S759.992.44

中国版本图书馆 CIP 数据核字（2021）第 107898 号

源启中国

——三江源国家公园诞生记

古岳 著

出 版 人 樊原成

出版发行 青海人民出版社有限责任公司

西宁市五四西路 71 号 邮政编码：810023 电话：（0971）6143426（总编室）

发行热线 （0971）6143516/6137730

网 址 http://www.qhrmcbs.com

印 刷 陕西龙山海天艺术印务有限公司

经 销 新华书店

开 本 720mm × 1010mm 1/16

印 张 18.75

字 数 240 千

版 次 2021 年 8 月第 1 版 2021 年 8 月第 1 次印刷

书 号 ISBN 978-7-225-06162-7

定 价 98.00 元

献给我心目中的国家公园和它的守护者

如果把它比作一个生命或人，它经历了千万次的轮回之后才走到今天。如果每经历一次轮回它都有一个不同于前世的名字，那么，它今生今世的名字才叫三江源。今天，我们又以国家的名义，给它取了一个更好听的名字：国家公园。

——引自书稿，权当题记

目 录 CONTENTS

喜马拉雅的荣光

——序曲：狼与雪豹

我看到那只狼的时候，它在一道山梁上。

山梁是从半山腰开始弓起它的脊背的。起初，只是略略凸起的一个小山包，可以说那是一个起点，好像有了它的支撑，往上的山梁才可以呈现应有的弧度。站在山下望去，那道山梁是一条弧线，直至山顶。

第一眼看到那只狼的时候，它正从那个小山包走向山梁，步伐缓慢，心事重重的样子。山下有河，是长江源区支流，不远处就是干流通天河。我们停在那个地方，站在河边草地，望四面山野，一抬头，就看到那只狼了。

狼算不上稀有动物，但也不是到处都能见到的动物。这几年，多一些了，常有人会见到或拍到七八只、十几只一群的狼，前些年——民间枪支尚未收缴以前，即使在荒野，狼也是不多见的。我从小到大见到狼的次数也不算少，但大多只是一只孤独的狼，从未见过狼群。

在村庄附近的山上看到过好多次，有一两次离得比这还要近。长大后，看到的次数更多了。每次去三江源都会看到好几次，在黄河源区、长江源区、澜沧江源区都看到过，最多的一次有三只狼一起在雪地里跑。一朋友是摄影家，这几年一直拍藏地，偶尔也拍动物，一次他拍到七只狼在一起。前些日子，有朋友路过阿尼玛卿雪山，看到十几只的一大群狼向山梁走去，上坡上有一群牦牛。他感觉，狼群是奔着牛群去的。

一次，在黄河源区的两道铁丝网之间与一只壮硕无比的狼狭路相逢，我在散文《草原在铁丝网一侧》中写到过这只狼：

这时，左前方沿着铁丝网跑来一只狼，一不小心它也走进了这条沙土路，尽管它已经看到前面有一辆车正向它开来，可是身后也来了一辆车，而且还是一辆卡车，声音更大，样子也更吓人。狼无疑是一头猛兽，可是看它的样子好像更加可怜。想必它也知道，人这种动物可能对一头野驴、一只黄羊什么的会心存怜悯之情，但是对它不会。所以，即使前面有万丈深渊，它也得硬着头皮勇往直前，因为，它别无选择。从踏上这段沙土路的那一刻开始，它就已经意识到无路可逃。一般而言，人对于狼的仇视与凶残远过于狼对于人的危害。

在面对这只狼的时候，我感觉到，我们的车速明显地加快了。好在手无寸铁，我们绝没有胆量赤手空拳地去挡住一只狼的去路。尽管车在疾驰，但是狼依然从一旁向我们身后飞快跑远。在与之擦身错过的刹那，我留意到，这是一只雄壮俊美的狼，有王者风范，体魄健壮，毛色发亮发红，它从一旁一闪而过时就像一道闪电。那只藏原羚却在路的另一侧朝着与狼相反的方向奔跑，因为有人和车的缘故，狼与藏原羚都无暇顾及对方，它们的注意力都在人的身上。

也许狼也看到了那只正在逃命的羚羊，可是一只羚羊的诱惑力远远抵不上对死亡的恐惧。也许羚羊也看到了从斜对面飞奔而来的狼，但是它还在坚定地向前奔跑，因为对面只是一只也在逃命的狼，而身后却是人，比狼更可怕。也许在它心里，此刻，它们同病相怜，或者同仇敌忾。那时，我想过，如果没有人，而只有它们，在这铁丝网围堵着的有限空间狭路相逢，那么，后果又会怎样呢？左前方终于远远看到了一道山梁，心想，至少在那个地方会有个缺口。果然，铁丝网在山脚下断开，藏原羚跑向山坡。狼也已经跑远，朝着相反的方向，即使它还记得刚才的那只羚羊，它也断不敢回头。

可是，那铁丝网的一头还在不断伸向远方，不知何处才是尽头。那天早晨，我们几乎一直在两道铁丝网的夹击中不断向前挺进，不断深入草原腹地，好像我们不是行进在一条道路上，而是由两道铁丝网不断驱赶着我们……①

《草与沙》是由百花文艺出版社新近出版的一本自然散文集，与此前他们出过的李汉荣《河流记——大地伦理与河流美学》和鲍尔吉·原野《没有人在春雨里哭泣》形成一套自然文学小系列。我喜欢李汉荣先生这本书的书名，尤其副标题“大地伦理与河流美学”——这也是书中一篇文字的标题。

他在文中写道：“那些关于水、关于河流的禁忌和仪式，不仅使一代代的先人们生活得有操守，有敬畏，有生命意境，有伦理深度，而且也

① 引自散文集《草与沙》，古岳著，百花文艺出版社，2019 年 10 月。

保护了大地的贞操、生灵的繁育和山河的完好。”写得真好！好像是在写世居三江源的老牧人。

一条河一定是美的——如果河岸以及整个流域的生态从未遭到任何破坏，一草一木还保持着很久以前的样子，清风拂过，如沐天籁；水体从未受到任何污染，也像很久以前一样清澈见底，鱼儿们还在河水里自由自在地游来游去；就连河道河谷的每一块石头、每一粒沙子也从未受到人为的侵扰，还在原来的地方，守着岁月……那么，这样的河流原本就是美的存在。

如果河流有自己的美学甚至哲学伦理，那么，其精髓一定在源。

狼或者雪豹也有自己的生存哲学，狼是旷野的孤独流浪者。白天到处游荡时，狼那一双金黄色的眼睛显得犀利而温柔，多情而伤感，看不出一丝凶狠，在夜里却能闪射出一道蓝绿色的耀眼光芒，像宝石，更像一把宝剑，摄人心魄。

雪豹则是山地黑夜的王者，青藏高原最为险峻陡峭的山岩是其专属的领地，除了它没有一种生灵胆敢冒险涉足，即使传说中的雪山狮子想来也不敢轻易涉险。白天很难见到它的影子，它只在夜间出没，像雪山之巅的巫师和幽灵。

我的一个荒唐问题是，狼与雪豹也喜欢河流吗？它们会去河边或泉眼处喝水吗？据说，狼和雪豹都会舔雪来补充水分，可是如果没有雪怎么办？

我从未见过一只狼或一只雪豹在河边低头饮水的画面，影像画面中也从未见过。倒是有好几次见一只或两三只狼在冬天冰封的河面上走——我想，那主要是出于安全考虑，在冰河上行走，两岸动静尽收眼底，进退自如，而且很多动物害怕在冰面上走，包括人类，担心冰面崩塌。

小时候听过一个民间故事，说的是，一只兔子分别与狐狸、狼、老虎在冬天冰河边斗智斗勇，最终轻松战胜它们逃生的事。

一只兔子在一条河边，看到一只狐狸远远地走来。它赶紧在冰面上钻了一个洞，看到狐狸走近了，赶紧低下头看着那冰窟窿。狐狸问，你在看啥？兔子说，我在看你，说里面有一个和你一模一样的。狐狸不信，走过去低头一看，果然，里面确实有一只和自己一模一样的狐狸。狐狸纳闷儿，一屁股坐在冰面上想，这是怎么回事儿。

这时，一只狼也朝它们走来，看见它们问：你们在干什么？正想着怎么回答，看见一只老虎也朝它们走来，兔子灵机一动说：我们在看老虎。狼一听吓坏了，老虎在哪儿？兔子说：它好像在追你。狼回头一看，果然有一只老虎在身后，便顾不上它们，一溜烟逃走，跑远了。

老虎快到它们跟前了，见狼慌慌张张逃走，也有点纳闷儿，问那只狼怎么了？兔子抢先回答，这里面有个跟你长得一模一样的家伙说要吃了它，吓坏了。老虎一听，火冒三丈，心想，谁敢跟我长得一模一样！“蹭”一下跳过去，低头去看，果然，里面的确有个家伙跟自己一模一样。它二话没说，“扑通”一声跳进冰河去搏斗，结果给淹死了。

狐狸看得目瞪口呆，半天才醒过神来，看出是兔子在捣鬼，想拿兔子是问，也猛一下跳了起来。不曾想在冰面上坐得久了，长尾巴在冰上给冻住了，更生气，一用力，不小心把尾巴给弄断了，没收住脚，也一下掉冰窟窿里了……

显然，它们去河边也不是去喝水的，那是兔子为求生上演的一场大戏。

最后，我得出一个结论：相对于水，狼和雪豹都更喜欢血。我曾目睹狼进到羊群里捕食的情景，它只咬羊脖子，而且只喝血，喝完了，又去咬另一只羊，接着又去咬第三只、第四只……羊却不跑，眼睁睁看着同类被咬，顶多用四只蹄子在地上敲打出“哒哒哒哒”的声音，想吓唬狼，狼自然不为所动，生命的饕餮继续。

虽然在没有足够血水补给时，狼可能也去泉眼里喝点水，它应该记得沿途每一个泉眼的准确位置。但狼不会去河边，因为河边一般都会有人。

雪豹既不会去河边，也不去泉眼，如果没有足够的血水，它会吃雪解渴，在它所栖居山岩朝阴的崖壁上，到处都能找到终年不化的积雪和冰。

和人类一样，狼和雪豹也都处在食物链的顶端，所不同的只是它们各自都有相对独立的生存领地，狼于旷野，雪豹在山巅，一般都会恪守自然法则的约束，不会互相进犯，争抢食物。

除非一只家养的山羊学着它祖先岩羊的样子爬到山岩交错的峰顶，雪豹才有可能屈尊食之。同样，一只岩羊如果也像它们的近亲山羊走下岩壁，试图走进那些家养的牲畜乃至人类，狼也不会放过，有时候，连人类也不会放过它。

雪豹见了，或得知此事，一般也会一笑了之，不会怪罪于狼，反倒有可能会为那只岩羊惋惜。因为它不守本分，此因一生，必有此果。

雪豹大度，不会为此耿耿于怀。狼也不会为此感到不安，因为它并无意冒犯雪豹的威严。如果它不去捍卫领地主权，长此以往，说不定雪豹也会紧随岩羊走下山来，那样就会乱套，没了秩序，其后果不堪设想。对此，狼和雪豹都非常清楚。

由此我断定，狼与雪豹也都喜欢河流和源泉，不是因为水源，而是因为河流会为它们提供源源不断的食物，以保障它们的世代繁衍。

狼吃羊，只要有羊，狼一般不会攻击牦牛等别的动物，除非它们的领地里已经见不到羊了。而现在很多地方确实没有羊了，尤其是三江源——尤其在国家公园里面几乎已经没有羊了，甚至比很多珍稀野生动物还难以见到。我担心，有一天，藏系羊这种高原特有的绵羊品种也会从世界上消失。

2016 年至 2017 年，我十余次穿行于黄河源区，只在玛多县花石峡的一条山谷里，见过两三群羊，每一群羊的头数也不多，最多的也就二三百只。以前，上千只的羊群随处可见，最大的羊群有三四千只。1996 年玉树雪灾，曲麻莱县有一户牧人损失惨重，他家竟有 2000 余只羊在大雪中被冻死，我还记得这家老主人的名字叫久美。

2018 年，我又在长江源区穿行十几天，最后只在聂洽河上游河谷见到一个百八十只的羊群，还不全是藏系羊，还有一二十只山羊。牧人郭西·琼嘉告诉我，草原上羊少了，狼就盯着他们家这一群羊。不得已，他们就和三条西藏牧羊犬白天黑夜轮番地守着羊群，一刻都不敢离开。

以前，草原上到处都有羊群，狼很少攻击牦牛。因为，攻击牦牛毕竟不像羊那样容易得逞，得冒很大风险。可是，现在羊没有了，为了生存，狼只能攻击牦牛了。这几年，三江源牧人的牦牛群经常遭狼袭击，几乎每天都有这样的事发生。对体格健壮的大牦牛，狼也会小心避让，它总是伺机攻击小牛犊。

雪豹吃岩羊，只要有岩羊，雪豹一般也不会捕食别的动物。如果实在逮不到岩羊，它们才会逮一只老鼠什么的打打牙祭——对雪豹而言，那纯属一时兴起的一种饮食调剂，算是小零嘴儿。也许恰好月色迷人，它心情也不错，虽并无太多食欲，可一鼠辈却偏偏要跑到它眼前瞎晃悠，就当是为自己助兴了。在它正式的食谱里，也许根本就没有这些东西。

而无论绵羊还是岩羊都离不开水源。牧人逐水草而居，是因为畜群离不开水源——当然，牧人自己也离不开水源。岩羊喜欢河谷山岩也是因为水源。它们把水源转化成血水，再去滋养狼和雪豹——当然，也包括人类。

只要有河流在，就会有水草，世界就不会没了绵羊和岩羊。

也不仅牛羊畜群和岩羊，所有食草类动物都离不开水源，像岩羊、鹿、麝这些本性温热的动物更是如此。每天清晨和傍晚，它们都会缓缓走下草坡和山崖，准时到河边饮水，像是一生一世的一个约定，矢志不渝，场面温暖如春。

水是生命之源——不记得这是谁说的，一句耳熟能详的话。从这个意义上说，青藏高原尤其是三江源的野生动物是幸运的，它们生活在江河之源，源是生生不息的动力。也许它们对水源以及河流比人类更加敏锐，能够觉察天地之气的微妙变化，知道风是从哪边来的，水是从哪边来的……狼和雪豹也一样。

回想起来，我每次看到的狼都是从山下往山上走，即使偶尔走在山下，它前方不远处也定会有一座山的。在黄河源区看到的这只狼原本可能也是要往山上走的，一不留神走进了两道看不到头的铁丝网之间，才上不了山的。

如果将这每一座山、每一道山梁都置于一个广阔的空间里，你便会发现，它们都在同一个区域里面，那就是青藏高原。

如果我们将青藏高原看作是一座山，我小时候看到的狼和后来看到的狼，都在同一座山上，都在喜马拉雅北麓。

我大半生所有的跋涉也与狼行进的路径一样，都是从河谷走向山野，都在同一座山麓。每次的出发点也许有所不同，但无论从什么地方开始，都是向着山顶的方向行进，脚下都是喜马拉雅北麓。

狼喜欢山野，所有的野生动物都喜欢山野——其实，人也喜欢山野，所以孔子说："智者乐水，仁者乐山"。尤其藏族人，他们不仅喜欢山野，也喜欢所有动物，甚至也喜欢狼。

在世居高原的藏民族眼里，狼一直不是一个凶残的野兽，而是一个能给人带来吉祥的生灵。或者说，在它凶残的表象背后也有仁慈的一面，甚至被视为福星。如果一个人出远门，走不远，或沿途能看到狼被视为祥瑞吉兆。这一路走来，我在途中总能与一只狼不期而遇，应该也是一个好兆头，说明我行进的方向没有选错。

也许这正是我一直跋涉于喜马拉雅北麓的缘故。

我们自荒原深处集结
从不同的地方走向命定的远方
我们得到一个秘密的指令
在漫漫长夜护送你远行
从久远的过去到久远的未来
我们一直就在同一条路上
从不曾偏离你行进的方向

黑夜降临。我听见你在山冈之上的一声叹息
眼眸如绿色的星辰璀璨夺目摄人心魄
远方悠扬的嚎叫划过寂寥的夜空
你孤独而行。你走过旷野
走向未知的远方，寻觅一个早已注定的方向
目光越过苍穹。你在找寻一颗星斗
而星斗已然坠落。从出发的那一刻起
你一直渴望抵达。抵达遥远的期待

我们是异类中的同类
你的使命也是我们的使命
你遥遥无期的跋涉成为一种孤独的守望
我们尾随你的足迹试着穿越恒久

用旷野上怒号的风吟诵你的诗篇
当早晨来临，阳光照耀黑暗的时候
你所走过的路上已经开满了花朵
花朵之上缀满了你在黎明前流下的眼泪

很久以后，你尚不曾抵达的梦中的家园
而我们却一次次与自己的家园擦肩而过
呼唤依旧在远方。我们依旧在路上
有一天，你终于停住脚步①

我从小听狼的故事长大，记忆深处，狼无处不在。很多个夜晚，躺在老家的土炕上或从村庄巷道走过时，都能听见狼的叫声，悠长而苍凉，像号角声，觉得那是一种信号，是呼唤，是生命野性的呼唤，也是黑夜对荒野的呼唤。

我一直不明白，狼并非猫科动物，只在夜间活动，可为什么只会在晚上嚎叫，在白天却从来听不到它的叫声？再也没有一种动物的叫声像狼嚎那样具有穿透力，令人震撼。那一声声悠长的嚎叫划过夜空时，我感觉，村庄一下就安静了，听不到一点儿声音，满天星斗也在纷纷颤抖，眨巴着眼睛。那一刻，好像世上所有的耳朵里只剩下那一种声音了。

我听过的有关狼的故事中，既有纯粹的民间传说故事——比如《狼外婆的故事》和《狼来了》，也有真人真事，它被一代代人口口相传，已经成为一种文化记忆。现在回头细细想来，这样的故事已经具有超越时代的隐喻和象征意义。

---

① 引自古岳《狼的诗篇》。

这次，狼和狼外婆一起来了，羊却已经不见了，母亲出门前也没有告诫留在家里的孩子不要给狼开门——或者也记得叮嘱了，不过防的已经不是狼，而是坏人，是人类自己。

这不仅是羊的悲剧，也是狼和人类的悲剧，更是大自然的悲剧。

小时候，每次去上坟祭祖，回来时，族内上坟的后辈子孙都会特意经过一个地方，那里突兀着一座小土丘。就在路边上，那也是一座坟，里面埋着我族内一位曾祖母，一行人便停在那里祭拜。完了，还给没听过那一段往事的孩子们讲她的故事。听得他们毛骨悚然，此后路经此地，都会放轻脚步，不敢喧哗。

她是在庄稼地里拔草的时候，让狼给咬死的，因为身边还有拔草的同族女伴目睹了那一幕。当时，她们都在埋头干地里的活，谁也没注意身后。突然，感觉有只手在我那位曾祖母的肩膀上拍了一下，她吓了一跳，惊叫起来："谁啊？吓死我了。"同时回头去看。同伴们也吓着了，一起回头，看到一只狼已经咬住了她的脖子，吸她的血。还说，要能早知道是狼，坚持着，不回头，说不定能保命。说狼只咬回头来看的人，这样它好下口。如不回头，狼会走开。

狼害怕拍一掌还不回头的人。听上去像隐喻，有关生死存亡。世上有几人能在身后突如其来的猛力拍击之下，仍镇定自如不回头的？

故事一般都讲到这里停住，我们也从没问过之后还发生了什么。偶尔，也会岔出去讲到其他类似的事。说还真有胆大沉得住气的人，在狼把爪子搭到肩膀上的同时，那个人迅速用手紧紧抓住狼爪，用头狠劲顶住狼头，尔后将其摔倒在地，最终反败为胜。

我第一次亲眼看到狼，大约是六七岁的时候，在村庄边的路边上。那一天应该是正月十六。每年的这一天，附近一个村子都有一场社火，是那一带山区最后的一场社火——当地不叫社火，叫"演国"（音），以为是秧歌一词的音转。

我记得这个日子——我还记得，那一带一些村庄春节期间的社火表演里，外场总有几个装扮成藏族猎人的形象，背着猎枪，枪叉上挑着一张兔皮或者野鸡什么的。算不上正式角色，纯粹为跑龙套，没有他们也无不可，可他们总是在。听老人们说，那一带以前是有很多猎人的，也听过很多猎人的故事。印象中，猎人与狼的故事最为精彩，记忆中，他们从未猎获过一只狼，却总遇到被一只狼吓得不轻的事情，故事就曲折，就吸引人，就难以忘怀。

我们是在看完那场社火回家的路上看到这只狼的。

它从山下河谷往山上走，迈着缓慢沉重的步子，心事重重的样子。狼也没想到突然遇到一群人，有点慌乱，却无路可逃，只能硬着头皮继续前行。从我们身边经过时，我听见它喘气的声音有点紧张。人群中的大人们开始高声喊打，记不大清楚了，可能也有人就地捡了一块石头什么的扔过去了，而更多的人也因为突然遇到一只狼，不知所措。

后来我断定，当时他们所有的举动都应该是故作镇静加虚张声势。人就这点伎俩。不过，狼还是被吓着了。它加快步伐，几下就离我们远去。跑远之后，它回头望了一眼，才放慢脚步，走向山坡。

很久以后，我才意识到，对一个人来说，这样一种经历和记忆是非常珍贵的。有了这样的经历和记忆，人就会对大自然满怀敬畏，而不会肆意妄为。

现在人类社会的很多环境问题就出在这里，一种固有的界限被打破了，甚至正在被摧毁。好像随时都会有一只狼从身后猛力拍打我们，而人类却没有丝毫的心理准备，只能频频回首，而狼已经张开大口，正准备咬断我们的脖子……

不幸的是，从身后准备攻击我们的还不止狼，还有非洲的猴子、喜马拉雅旱獭、大猩猩、果子狸、穿山甲、蝙蝠……而且，也不止从身后，正面的攻击也早已开始。

也许这正是现代人类社会为什么要加大自然保护力度，将一片片森林草原、山地荒野、河谷湿地、冰川雪山，以及众多野生动物栖息地辟为自然保护地或国家公园的根本原因。我们得设法通过一切有效途径和机会，向大自然表达迟来的歉意，并试图达成最终的和解。

不经意间，在长江源头见到那只狼多少有点兴奋，我们一伙人都不约而同地向它发出各种各样的叫喊声，像是打招呼。听到叫喊，它也只是稍稍停顿了一下，回头看了一眼，继续向山顶方向缓缓走去，脚步丝毫没有慌乱。

不一会儿，它就已经在山顶了。也许是它发现不能再继续往上走了，才停下来，像是在喘气，抑或是长叹一声。也就叹口气的停顿，它再次回头看了一眼山下，一转身，翻过山梁，不见了。

它会去哪里？是否会在山那面住下来不走了？或者，是否会走向另一道山梁？都成了我的想象。它一定清楚自己要去哪里——应该非常清楚，可我不清楚。

很多年之后，我还记得这一幕，也许正是我并不清楚它要去哪里的缘故。有一个悬念、一件事一直没有着落，才时时惦记着，不能忘怀。要是我对它的去向跟它一样清楚，也许早忘了。

从狼的习性判断，翻过那道山梁之后，那只狼也不会加快或放慢前进的步伐，更不会迅速向着远方逃离。假如随后你能站在那山顶仔细寻觅，也不难找到它的踪影。它可能已经走远了，但不会很远。因为，那道山梁后面还有山梁。它也许清楚自己要去哪里，要在哪道山梁后面落脚，但我并不清楚。

我清楚的一点是，我们此行的目的并不是来看一只狼的，它的出现只是一个小插曲。我们真正的目标是寻访一种比狼更凶猛，也更稀有的野生动物——雪豹。目的地是长江源区一条叫烟瘴挂的山谷，据《格萨尔史诗》中的描述，那里是雪豹的王国，人迹罕至。

此前的十几天时间里，我们一直跋涉于长江源区大野，确切地说，是在长江南源当曲河流域。像是在正式踏上雪豹探寻之路之前，要做足够的铺垫。去措池滩的大沼泽里看大天鹅和黑颈鹤，去君曲看藏野驴，去多杰文扎山对面的巴孜滩看藏羚羊……还去了雅曲和莫曲，这两条河流域原本都是野牦牛的家园，可我们一头野牦牛也没见着。

在莫曲牧人向巴琼培家的帐篷里住了几天之后，我们才下决心走向烟瘴挂的。向巴琼培的家在一条幽静的山谷里，山谷有个吉祥的名字，叫才仁谷。

他家的帐篷扎在朝阳的山坡上，山坡平缓祥和，牧草茂盛。

到半山腰有岩壁，及至山顶皆花白色山岩，嶙峋嵯峨，状若莲花。这是长江源区山峰特有的景致，也是雪豹理想的栖息地。那每一块花白色岩石亦状若雪豹，正好让它隐身其间而不易被发现。

住在向巴琼培家帐篷里的那几天，我每天从早到晚都盯着那山崖，都不曾看到雪豹的影子，却看到一大群岩羊在那崖壁上攀爬。当它们停止攀爬，站在一块岩石上时，也会歪过头来看着山下的我们。

天空拥抱大地，白昼接续黑夜，日升月落，雨露承接星晖，绿叶簇拥花朵，阴阳相济，岁月相续……太极生两仪，两仪生四象，四象生八卦，八卦生万物。这就是乾坤，就是大千世界得以运行的奥秘所在。

岩羊在雪豹的食物链上处于最重要的位置，雪豹处于顶端，岩羊次之。只要有雪豹的地方也必然会有岩羊，有岩羊觅食的地方也一定会有雪豹出没。

岩羊是雪豹的主要食物来源，雪豹自然应该循着岩羊的踪迹选择自己的迁徙路线和栖息地，然而岩羊作为被捕食者本应避开雪豹行进的方向，为什么反而会与雪豹形影不离。弱肉强食，这就是大自然的生存法则。

身为猫科动物，雪豹当属动物界的攀岩高手，四只爪子犹如钉耙，在坚硬陡峭的岩壁上行走如履平地。而岩羊属偶蹄类，即便四蹄锐利如刀锋，似乎也难与雪豹对峙抗衡，可它灵巧的四肢让它总能绝处逢生，即使奔跑于一面绝壁，它也能让自己看似笨重的身体变得身轻如燕，甚至它能轻松抵达并泰然处之的险峻峭壁，连雪豹都会望而却步。

尽管雪豹是岩羊的天敌，但也不能将其赶尽杀绝，总有一些岩羊技高一筹，从而逃过雪豹的追捕，幸存下来。这是大自然的另一个法则：优胜劣汰的平衡法则。于是，种群得以持续繁衍，雪豹与岩羊的生存游戏也一直延续。

这当是生物链的一个秘密。细细打量，你会发现，还不仅是雪豹和岩羊，整个生物链就是这样一个环环相扣的整体，有捕食者就必定会有被捕食者存在，好像唯有如此方能求得一个万物消长的平衡。

有鱼虾的地方一定会有水鸟，鸟吃鱼，也养活鱼；有鹰的地方也有老鼠，鹰捕食老鼠，控制老鼠的过度繁殖；鲜花盛开的地方也有毒草，鸟巢里也有毒蛇出没……

大风将草种吹向大地，飞翔的鸟儿也会播撒种子，最后牛羊会把草种踩进地表，长出新的草叶，结出新的草种。牧人赶着畜群游牧天涯，牛羊吃青草，将草种吞进肚里，又随粪便随意排出，让风和鸟儿去播种——大风会将一粒蒲公英的种子从这座山上吹到另一座山上……

这都是一种秩序。万物既是一个共同体，也各有自己的界限，不可随意打破，更不可肆意逾越。

苏轼在《前赤壁赋》中写道："且夫天地之间，物各有主，苟非吾之所有，虽一毫而莫取。惟江上之清风，与山间之明月，耳得之而为声，目遇之而成色，取之无禁，用之不竭。是造物者之无尽藏也，而吾与子之所共适。”

三江源或青藏牧人似乎一直都懂得这个道理，并矢志不渝。向巴琼培也懂得这个道理，这也是他们的生存之道。

从向巴琼培家的帐篷前望去，岩羊在山顶的方向，再往上就是雪豹的领地。岩羊也很少会下到山下的草地上，因为那里是牧人的羊群，羊群跟前有牧羊犬护卫，不远处还有牧人夏季牧场的帐篷……这就是一个完整的世界，人与自然万物相守相望，相濡以沫。

对面也是一道陡峭的山梁，两座山峰之间就是才仁谷。整条山谷都是他们家的夏季牧场。

谷底也有清澈小河，每天清晨和傍晚，向巴琼培家那位美丽的姑娘都会到溪边去背水，回来后又坐在一个小板凳上挤牛奶。那时，那头花白的小牛犊一直围着她蹦蹦跳跳，像是很急切、很不耐烦的样子。她总是用一条花头巾裹着自己的脸庞，只露出一双明亮的大眼睛。挤牛奶时，她会侧过脸来让你看到她迷人的眼睛。小牛犊总是去跟她抢夺原本属于它的乳头，有时候甚至会将她顶翻在草地上，她也不怒不恼，坐起来继续挤牛奶。每天，坐在帐篷里时，向巴琼培一家就用那溪水和牛奶熬成奶茶，让我们喝。

清清溪水出了山谷汇入莫曲，莫曲汇入当曲，当曲汇入长江源区干流通天河。不仅那溪水和莫曲，那一片源区山野，所有的山泉、溪水、河流，最终都会流入通天河，流入长江。才仁谷宁静安详，如深谷幽兰。

那时我感觉远方正有大雪飘落

而那谷地里就只剩下了那个美丽的姑娘

羊群正在回家的路上呼唤斜阳

一盏灯就要点燃草原的夜晚

月亮就会挂在一头野牛的犄角上

越过莽原向这谷地里一路摇晃[①]

前一天，才仁谷阳光灿烂，每一片草叶都闪耀着光芒。向巴琼培和我们一行人都在收拾行囊，准备去烟瘴挂，像是去远征。

9月1日，向巴琼培为我们组织的马队浩浩荡荡地出发了。

这是一支堪称壮观的队伍，总共有17匹马，14个人。队伍分成两路前往烟瘴挂，一路由莫曲草原的6名壮汉和9匹马组成，其中的3匹马上驮着宿营的帐篷、烧茶取暖的炉子和锅碗以及干粮，他们要抄近道提前赶到预定的目的地，扎好帐篷，烧好奶茶，等待我们抵达。我们这一路由向巴琼培和另一位牧民引领，八人八马，只带了一些摄影器材轻装上路。我们要绕道通天河谷地的那些沙梁考察沙化的草场之后才到烟瘴挂。

一出发，我和我的同事们便暴露出我们在马背上的笨拙和滑稽，虽然我和我的另两位同事都是藏民族这个草原马背民族的后裔，但是很显然，我们已经太久地远离过草原。马背对于我们已经不是摇篮和歌谣，我们对马背的陌生无异于草原骏马对城市街道的斑马线。一跨上马鞍，那些驰骋草原的精灵便表现出极大的不情愿，它们用极其无礼粗暴的动作表达着它们对我们的不满和挑剔。

但我们依然很兴奋，我们甚至没有顾及它们的感受，我们

---

① 摘自古岳《才仁谷》。

用更加粗暴的动作向它们施加压力，并让它们尽快地感受到我们凌驾于它们之上的绝对能力和想依附它们的力量纵横驰骋的贪婪欲望。但是，我们还是注意到了向巴琼培和另一位牧人在马背上的样子，那一份悠然从容和飘逸洒脱中透着和胯下骏马浑然天成的高贵与俊秀。

马队离开才仁谷一路向西，出了谷口，便进入了那片连绵起伏的沙丘地带。站在那谷口望去，苍茫江源的旷野就在眼前无边无际地铺展开来。原本牧草悠悠的情景已无从寻觅，有的只是沙丘、沙梁、沙带和肆虐开来的沙原。骑马走在那已严重沙漠化的草原上，马就常失前蹄，向巴琼培他们就不忍心继续骑在马背上让它受罪——而我们更多的是担心自己会在马失前蹄的一瞬里栽下马来，就牵着马走在那沙地上，双脚不时地踩空，陷进沙子里面，难以自拔。

那一带上千平方公里的莽原已了无生机，举目所及处一派凄凉和死寂，一路走来连一只鸟儿也没有见着。翻越了两三道沙梁之后，立马江源南岸环顾四周时，我们已处在滚滚沙丘的包围中了，尤其大江北岸那波浪起伏的黄色沙浪大有侵吞一切的架势。

正午时分，我们终于走进通天河谷地，平坦的河谷滩地上，一道道沙梁之间还残存着一片片水草地。我们在一片水草地上停下来歇息，吃午饭，也让马儿们在那里啃些水草。这时，有一只狼正走在南面不远处的一道山梁上。我们为之欢欣鼓舞。现在就连这种昔日草原上随处可见的动物也难得一见。

它正缓缓走向山顶，看样子它好像十分疲惫。不知道，它要走向何方，可以感觉得到它对自己的前途也很茫然。狼在有目的地走向一个地方时会显得很精神，速度也要快些。而它却一直埋头子然蹒跚，一副心不在焉心情沉重的样子。我一直目送它消失在视野的尽头，我以为它在走出我的视野之前会回过头来看我一眼，但是，它没有。在翻过那道山梁时，我感觉它好像停顿了一下，长长叹了口气，然后就不见了。

我们在马背上颠簸了约5个小时，烟瘴挂才出现在远方，又经过一个多小时的艰难跋涉，下午6点30分左右终于抵达位于高山深谷间的目的地。那是一个十分狭长而幽深的山谷，我们的马队走在那空谷之内时，就像一个古老的马帮。两面山岩之上，不时有鹰在盘旋。进入山谷，除了两面的巉岩峭壁和头顶那一条弯弯曲曲的天空，就什么也看不见了。谷口一带两面的山岩属花岗岩，那是一块块直插云霄的巨石，岩石表面光滑平整，阳光照在上面折射出阴森森的光亮。那便是雪豹城堡的大门了。说不定那些峭壁悬岩之上正有望风的雪豹窥探着我们的动向，然后就通报给城堡里面的雪豹们。再往里走，山谷时而狭窄难行，时而豁然开阔，两面的山岩巨石也变为花白色簇状丛生的凹凸峰峦，看上去就像一只只俯仰蹲卧的雪豹。

我们的营地就设在一片相对开阔的滩地上。那里三面环绕着高峻的石山，山下有潺潺流水，流水之畔芳草萋萋，野花飘香。那草地上就是我们已经炊烟袅袅的白帐篷。云雾缭绕之中，山上的花白色峰峦若莲花朵朵含苞待放。下得马来，卸下马鞍，看着马儿走向飘香的绿草地时，便有一种放马南山的悠然和逍遥在胸中回荡。刚刚进到帐篷里面，端起一碗滚烫的奶茶要喝时，外面就已经是细雨蒙蒙了。

一路上都很少说话的文扎受了这一派人间仙境的感染却来了

兴致，说道 :“是山神在给我们洗尘呢。”不一会儿，又有人在帐外惊呼 :“彩虹！彩虹！看彩虹啦。”拿起相机闪出帐篷站定时，眼前的景色已让人飘飘欲仙了。只见帐前正对着的那座花白石山峰顶之上，有两道绚丽的彩虹相叠着端端照定了那整座山峰。

文扎一边忙着拍照，一边又在不停地念叨了 :“好兆头啊！这是山神在向我们敬献哈达呢！”这是何等的礼遇和恩赐。人们的情绪一下子异常高涨，一天的劳顿疲惫就在那一瞬间里随清风而去，仿佛接下来山神就会引领着一群群雪豹列队出现在我们的眼前，给我们捧上美酒，唱起吉祥的祝酒歌了。

但是，雪豹始终没有出现。

我们在那山谷里待了整整一昼夜，爬过山，进过山洞，但始终没有看到雪豹。据先期抵达为我们安营扎寨的那些牧人们讲，他们在快走进山谷时曾远远地望见过一只雪豹，而我们只望见过一匹狼。我无法想象那只雪豹的样子，说不定它正是在山岩巨石之上望风的那只雪豹了。

那天傍晚，我们艰难地爬上那个山坡，手持蜡烛，战战兢兢地爬进那个山洞时真有点与雪豹们撞个满怀的感觉。那洞口结挂着许多的冰锥，进到第一个洞府时，发现那洞府很宽敞，洞顶正中从上面伸下来一根粗大的千年冰舌，在黑暗中用它的晶莹照耀着那个洞府。如果有足够的光线，那洞府里面肯定会因之蓬荜生辉。

那山洞很深，共有 6 个洞府串连在一起，从一个洞府进到另一个洞府时只有一条一个人能够紧贴着洞壁爬过去的窄缝。第一天因为天色太晚，我们只进到第二个洞口就出来了。第二天,我们接着往里进。走在最前面的几个人有进到第六个洞府的，我只进到第三个洞口就借着打火机的火光爬出了那山洞。洞中有许多动物的粪便和残骸，一股难闻的气味令人窒息，加上空气稀薄缺氧，呼吸都有点困难。从那洞中爬出来之后，呼吸着新鲜空气时，心想，那洞中或许就曾经出没过成群的雪豹呢。

雪豹是一种喜欢在夜间活动的猫科动物，生性顽皮凶猛。次日早上醒来，发现山巅之上有一群鹰在盘旋，牧人朋友们便肯定地说，昨夜有雪豹捕获过石羊，在那山岩之上留下了血腥的东西，否则，那些鹰就不会翔集盘旋了。那天在山谷里攀缘时，有几个人说是看到了雪豹的足迹。但是，直到第二天下午，我们也没见到一只雪豹。

不过，从牧人们分析的各种迹象看，那地方肯定是有雪豹存在的，而且数量还不少。从前一年开始，莫曲有牧人就在这一带先后累计看到过不少于50只的雪豹。还有，整个烟瘴挂一带的草场没有退化的迹象，沿途我们没看到一个老鼠的洞穴。据说，这是因为雪豹这种猫科动物在此出没的缘故。

他们说，我们这样来看雪豹是看不到的，这么多人和马匹，还烧茶做饭，目标太大了。雪豹在暗处，我们在明处，要是它不想让我们发现，即使再等上十天半月也未必能见着。

那山洞在一个悬崖峭壁之侧，那悬崖峭壁之下有河奔流如瀑。在流水飞溅处的一些巨石之上先民们刻下的经文依然苍劲飘逸着。从笔法和其他一些特征考证，这些经文雕刻的年代至少在几百年之上，几百年之前难道有谁曾与这些雪豹们为邻吗？据说，百年前，曾有隐士居于那山洞之中，他是否也曾眼见了成群的雪豹在山岩峭壁之上嬉戏玩闹？

而今那些先民和隐士的踪影已无从问寻，只有那些巨石之上的经文犹在，留于流水吟诵不已。那些经文大都也是以各种字体雕刻而成的六字真言：嗡嘛呢叭咪吽。那么它们是否就是吟诵给那些雪豹们听的？如是，那些雪豹们是否也已了悟到一些生命的真谛了呢？我不知道。我不可能知道。

在离开烟瘴挂时，我在采访本上写下了这样一句话："其实，只要我们能确定雪豹的存在，而且很安全地存在着，就已经足够了。"人们看不到它或不容易看到它，从某种意义上说，是件值得庆幸的事。如果人们很容易就能看到它，就能找到它的栖身之地，那么，它消失的日子也就不远了。这种例子，在当今世界俯拾即是。

后来，我们终于在一户牧人家里见到了一张雪豹皮和一具完整的骨架，一只已经死去的雪豹。那是当地牧人去年从一盗猎者那里没收的赃物。看来，盗猎者正向这里走来。

从烟瘴挂回到才仁谷，回望我们那支浩浩荡荡的马队两天来走过的路，回望烟瘴挂时，我便感觉有一只雪豹正在那路的尽头，望着我们远去的背影暗自窃笑。[①]

上面这段文字中写到的那只狼，正是我在开头写到的那只狼。我在很多文字中都写过这只狼，每次写的都不大一样。好像不断加深的印象让我对它的存在有了新的认识和理解。其实，大致的情节或细节都没有丝毫变化，变化的只是心态、心境和心思，也可以说是思想。

毕竟，那个时候我还不到40岁，而今快60岁了，对一些事情的看法不可能不发生变化。况且时过境迁，随着事物的变化，一个人看问题

① 引自《谁为人类忏悔》，古岳著，作家出版社，2008年5月。

的角度也会发生变化。三江源这个地方也在变化。

我那次去长江源之前，别说全国和全世界，就连青海当地也没人知道还有“三江源”这么个地方，从江源回来时，“三江源”之名已传遍世界——而今至少在国内已是妇孺皆知了。

也许狼与雪豹还在那附近——也许所有我看到的狼和没看到过的雪豹们都还在那附近。从近几年田野发现的情形看，狼和雪豹的种群数量似有明显增加——从今往后，或许它们将会无忧无虑地栖息在这片土地上。

二三十年前，全世界亲眼见到和实地拍到过雪豹的人屈指可数，今天我所熟识的人中见过并拍到过雪豹的人也不在少数，有几个人还不止见过一次，拍到过的次数也越来越多。从他们所拍摄画面判断，他们拍摄时离雪豹的距离已经非常近了，因为镜头中的雪豹不是远景，而是特写。虽然，我一直未能在山野与一只雪豹不期而遇，有关雪豹的画面却不断出现在我的眼前。

也许较之雪豹，狼在动物界更为普通的缘故，即使在三江源，也不是所有人都见过雪豹的，狼却不同，几乎每个人一年四季都会见到狼——也一定见过狼。我看见狼的次数和数量也越来越多。

最近几次去三江源，几乎每天出去都能见到好几只狼，有一天去冬格措纳湖，每走一段路都能遇见一两只狼。有两只狼还在一户牧人的门前游荡，一头牦牛拴在那里，我们担心牦牛，停下车把狼轰走。最后一次去黄河源区，我也遇见过一群小有规模的狼，那是在鄂陵湖边，有五只狼从公路左侧慢步跑向公路右侧的草原，跑出近百米之后，它们停下脚步，一字儿摆开，回头看着我们，像是挑衅。我们就站在那里给它们拍照，它们一直停在那里，龇牙咧嘴，摇头晃脑。

据玛多县黄河乡负责生态管护员管理工作的加羊多杰的讲述，以前很少看到狼群，偶尔看到，也是一只两只，三只以上的狼在一起的场景都不多见。现在——这几年，七八只狼一群的常见，几十只一群的狼不时也能见到。他见过最大的一群狼有三十几只。狼见了人，也不害怕，好像它们也感觉到，现在的人类开始保护野生动物，不伤害狼了，龇牙咧嘴地很嚣张。经常会当着人面攻击牲畜和野驴——尤其喜欢从身后攻击野驴。

从近一两年的情况看，黄河乡一带，每天都会发生一两起狼群攻击野驴的事，管护员从狼群嘴里救助野驴的事也越来越多了。前两天，刚救过一头野驴，当时有八只狼正追着一头野驴咬，野驴的屁股已经被咬伤，流着血。牧人把狼赶走以后，还不放心，细心看护着野驴，好几天以后，那伤口才好。

这样的事不止发生在玛多黄河乡，在整个三江源都时有发生。

像黄河乡一样，而今，那次我看到狼的那个地方，也已成为三江源国家公园的核心区域，属长江源园区。

这是中国第一个进行国家公园体制试点的地方。现在，试点已经圆满结束，三江源国家公园即将正式设立。

虽然，三江源还是以前的三江源，但是，从此它就是中国国家公园了。这意味着，这里的自然万物以及文化生态从此都会得到全民族的精心呵护，以确保其免遭任何破坏，以确保其自然生态和文化生态的原真性和完整性。在人类的帮助下，大自然原本所有的野性好像已经在恢复。

我看到过或未曾相见的狼和雪豹们也将一直生活在国家公园里，不会受到任何侵扰，像是人类从未来过，或者从未伤害过它们一样。这才是根本性的修复。自然生态的修复绝不是种几片草、恢复几片森林那么简单，它最终要修复的是人与自然的关系，让人重新回归自然，让自然万物重新感到安宁，让所有的繁衍生息都恢复到本来的样子，找回原有的秩序，并严格遵循。

这是底线。我们要修复和守护的也是底线。

也许，人与自然关系和谐的底线还应该包括了天地万物固有的伦理秩序，以及人作为自然之子理应恪守的道德根基。如是，才是根本的修复，才是终极的修复。

当然，三江源国家公园不止有狼和雪豹，还有别的，比如羊和岩羊，比如藏野驴和藏羚羊、野牦牛、棕熊、麝、白唇鹿、旱獭以及鼠兔、藏狐、荒原猫、兔狲、猞猁……数不胜数的鸟类、鱼类、昆虫类以及爬行类。如是。慢慢地，它们会发现人类身上的这些变化，他们不再喜欢猎杀和凶残，而是充满友善和仁慈。万物因之和谐与共，家园因之宁静安详。

国家公园不是一个抽象的概念，跟人类一样，它也有形象，既有整体的形象，也有个体的形象。一草一木、一花一叶、一物一景、一山一水，以及栖息于斯的飞禽走兽和蝼蚁爬虫都代表着国家公园的形象，都是国家公园的世居的“原住民”或土著。

随着以国家公园为主体的自然保护地体系建设的持续推进，中国将建成一大批这样的国家公园。中国大地将因之焕发新的活力和生机，为人类文明的久远未来再次贡献无穷的东方智慧。

地球第三极，喜马拉雅北麓，青藏高原腹地，中国三大江河的源头。

如此想来，三江源书写的不仅是喜马拉雅高地的自然荣光，也是人与自然渴望和谐共荣的文明史诗。

我想要说的是，就像地球一直在银河系里一样，青藏高原一直在那里，长江、黄河、澜沧江一直在那里，三江源也一直在那里。

我们所在的这个宇宙大约已经存在了 160 亿年，地球大约已经存在了 46 亿年，青藏高原至少也已经存在了 3000 万年……我们必须记住一个事实，很久以前，这里自然万物存在的样子肯定比今天更加美好。

从我第一次走近三江源的那一刻里，我就知道此生今世将再也无法背她而去。我得时时地面对她、时时地走进她的怀抱才能感觉到自己灵魂的安顿和妥帖，才能像一个生命一样地活着。是的，在面对源区大野的那些万物生灵时，我常常提醒自己，人也不过是万物之一。而且，在很多方面，人比之其他万物生灵要更加丑陋和肮脏，也更加残忍和冷酷。

与地球的年龄相比，青藏高原年轻得就像一个孩子。如果我们把地球的历史浓缩到一年中的十二个月，那么，直到第十二个月最后一个星期的时间里，青藏高原才开始慢慢形成。而人类的整个历史，直到一年中最后一天只剩下十几秒钟的时间里才开始书写。

那时，整个青藏高原早已经像现在我们看到的样子高高崛起于地球之巅，而高原上的生灵万物却早在它崛起之前就已经在繁衍生息了。至迟在7000万年前，如鼠兔一样的啮齿类和蝴蝶一样的有翅目昆虫已经在这里繁衍生息了，已经在等待高原最后的隆起。

可能在最后不到半秒钟的时间里，人类才开始在高原上大范围走来走去。

这不到半秒钟的时间，在现实时空中也已经穿越了足足四万年的岁月。只有这最后的几万年时间里，人类才跟这座高原有了生命的联系。

大自然依然延续着和谐平衡的伦理秩序和生命序列。人类还远没有对大自然构成威胁，它依然是大自然怀抱中一个乖巧的孩子，对大自然满怀敬畏。

直到20世纪，人与大自然的关系才开始慢慢恶化——而在世界其他地方，一两个世纪以前就已经开始恶化了。

即便如此，青藏高原也以它的高寒奇崛保全了大自然最后的神圣和尊严。

我们还可以在这里看到最后的雪山和冰川，还可以与一只狼或一群狼不期而遇，还可以不时看到雪豹这种喜欢在夜间活动的大型猫科动物，还可以把这片神奇的土地开辟为国家公园。

亿万年岁月随风而去，这片辽阔的土地一直隐于高寒，直到20世纪中叶，外面世界对它的认知依然十分有限。

直到最近的三四十年间，一切才开始改变。我恰巧有幸在这个时候成了一名记者，就有了一次次的三江源之行，就眼见了那里正在发生的一切。

我的责任和使命就是记录。

我记录了我所能记录和可以记录的东西。当你不得不承认这是一个冷硬的世界而又不得不面对许许多多的无奈时，这些记录就显得不仅需要而且珍贵。

当我们回想青藏高原乃至地球家园已经消失的那些美好景象时，我们不禁会感慨：要是大地之上的一切依然完整延续着从前的样子，没有太大的变故，即使永远没有什么自然保护地和国家公园，它们也会一直存在。那便是自在，便是安详。

要是那样，我们还需要在这里建一个国家公园吗？我想，根本没有必要。

因为，整个青藏高原乃至整个地球就是一座花园或公园，家园即是公园，万物的家园就是万物的公园——整个国土就是国家的公园。

这才是问题或症结所在。所有的破坏和忧患都是很久以后才发生的事，原本所有的生命序列以及自然生态秩序已经受到严重侵扰。所以，我们才需要建一个国家公园，来永久保育并延续目前依然延续的自然生态。

说到底，我们所赖以生存的家园，不仅是我们这一代人的家园，也是祖先们世代生存的家园，还将是子孙后代永久的家园。曾经的几千上万年过去之后，家园依然完好如初，破败和衰落是近一二百年才有的事情，而且日趋严重。如果再不收敛，依然我行我素，过不了多久，将无以为继，我们的子孙后代将无法继续生活在这片土地和这个星球上。

从这个意义上说，建设国家公园就是为了子孙后代也能有一个美好家园——至少我们这个时代曾设法给他们留下了一份完整的自然遗产。我们说起子孙后代或千秋万代时，不仅是在说自己的久远未来，也是在强调未来后世子孙所享有的生存继承权，甚至可以说，是这一代人类以爱与救赎的名义在写一份从当下已经开始生效并执行的家园遗书。

那应该是未来人类文明的基本遵循和救赎之道。

它所要传递的是文明的火种，当然还有不灭的希望和荣光。

而本书所要讲述的正是这个国家公园的故事。

大琼果，中华母亲泉

——或众生的冈加却巴

油灯飘摇成不朽的相思。

眸子温柔如宁静的港湾。

留下了一片思念，走向高原时才知道带上的也是一片思念。

站在唐古拉、巴颜喀拉的白头上，俯视脚下的苍茫大地。心想，悠悠岁月就是那一支自天地相接处款款飘来的古歌吗？

天空里有一只鹰在高高地飞，它似乎在苍天之下成为一种启示，一种思考。那是生命永恒的风景，还是苦难人生的诠注？

那时，江河正从你脚下的土地上一点一滴、涓涓潺潺地涌出，慢慢地汇聚成一泓碧水，一条小溪，又慢慢地汇聚着另一泓碧水，另一条小溪。慢慢地留下一片湖泊，一汪清泉，成为一条大江，一条大河。披着阳光，披着风雨，从草地，从雪原，从森林，从十万大山之间，奔腾着，咆哮着，向远方奔流而去。茫茫苍苍，宛如这块高大陆的面颊上滚落的行行清泪，又仿佛是她高傲的头颅上披散的长发。

哦，让那只鹰伴随我吧。

让那支古歌伴随我吧。

我唯一的愿望是也变作一粒水珠，随那洪流一同奔向远方，去追寻它一路失落的梦，去聆听它千万年吟唱不已的歌。便觉着自己的生命也像一条河，也从那里发源，也从那里开始人生的旅程。其实，源于斯者，又何止是我的生命，站在那源头之上，就有一种站在万物之源上的感觉。

那是个美丽的黄昏。我看见一个藏家女子穿着拖地的袍子，披着长发，弓着身背一桶源头之水，缓缓走向一座山岗，脚边跟着一条牧犬。当她站在那山岗上时，夕阳最后的一抹余晖就从她身上辉煌地泻落了。

远远望去，那整个一座山岗内在的全部力量好像都凝聚到了她的背上。那硕大的木桶就在她背上高高耸立，直抵苍穹，好像整个天空都是靠她支撑着。离她不远处，一顶牛毛帐篷里已飘着炊烟，她背了那水回去后，就会用它烧成饭，烧成奶茶。然后，那水就会变成血液，变成生命之源。

我看着她站在那山岗上，和天地连为一体，阳光自她身上泻落，江河自她脚下流出，便觉得我好像不是在看一个普通的背水藏女，而是在捧读一页真实的神话。她站在那里，好像是万物的中心，她背上那个硕大的木桶里满装着的源头之水好像就是万物之源，天地、岁月、光明、江河，好像都从那桶里开始。

而我则好像是从那桶里不慎滴落的一粒水珠。

闭目遐想，仿佛已步入幻境。冥冥之中，我已置身我之外，看着我自己。看着我自己时，真好像看着一粒水珠。只见它渺小的身躯晶莹剔透，映着天地日月，映着宇宙万物，映着那女人背上高耸的木桶。

这是我写于30年前的一篇小散文，全文不足千字，标题只有一个字：《源》，发表在1992年2月号的《民族文学》上。这是此生我对三江源的一次深情书写，文字稚嫩，然情真意切，是一种表白，像情书。此后，这样的书写和表达就没有间断过，前些年，我出的一本书，书名就叫《写给三江源的情书》——这是一封长达28万言的情书！

在我心里，源是神圣的，尤其是长江、黄河、澜沧江这等江河的源头，尤其江河最初汹涌的那些源泉。只要写三江源，写中华母亲河的源头，也只能从最初的源泉写起。只有这样，意气和思绪也才会像一条河流一样顺畅。

从源头开始，从第一个源泉汹涌的地方开始，像是一个出发仪式。

一个当地藏族人要从源头启程去远行，他一定会选一个源泉，在那里煨桑，点灯，献上净水，行出发前的祭拜仪式，表达对源泉的感恩和敬意。尔后，才上路。走很远了，还会回头张望。即便那源泉已经看不见了，他也会依然回眸，因为，源头还在那里。

无论是才仁谷那条小溪，还是莫曲以及刚刚去过的雅曲、君曲，均属长江南源当曲流域。汉语世界，一般在写到这些河流时，都习惯性地在“曲”字后面又赘一“河”字，实属多余。藏语中的“曲”，泛指水，也是“河”的本义。像渭水、汉水、黑水、赤水、湟水，后面的“水”就是“河”一样。

作为世界第三大长河、中国第一大河，从源区到入海口，长江有很多名字。它有三个主要源流，也都分别有名字，由南向北，分别是当曲、沱沱河、楚玛尔河（有的河段也写成曲麻河，都是一个意思）。当地历史上，一直视当曲源头为长江正源，后来水利部长江水利委员会确定的长江正源是沱沱河源头各拉丹东，最近的科学考察又倾向于当曲。当曲在囊极巴陇与沱沱河汇合之后，流经整个玉树境内时，都叫通天河。

通天河与巴塘河汇合，出玉树，进入川藏交界处，始称金沙江。至宜宾与岷江汇合之后才称长江，也有别名，宜宾至宜昌段称川江，南京至入海口又称扬子江。但它们都是长江。

不像长江，出了源区大野，黄河一个名字纵贯上下。但在源区也是另有名字的，干流叫玛曲，源流也分别有名字，由西南而东北，依次是卡日曲、约古宗列曲、玛曲曲果。有关黄河正源的争论和更替一直在卡日曲和约古宗列曲之间展开，最近的科学考察得出的结论却是那扎陇查河，那是卡日曲上游源流，也就是说，卡日曲还有上源。约古宗列曲和卡日曲都在巴颜喀拉西北端的雅拉达泽山前，一在北，一在南。黄河，在流经整个巴颜喀拉山麓大草原时，都叫玛曲。出了河曲草原，往下，都叫黄河。

澜沧江在源区也不叫这名字，而叫杂曲（亦称扎曲），出了青藏才叫澜沧江，出国境流经老挝、缅甸、泰国、柬埔寨和越南时，叫湄公河。几条源流也分别另有名字，主要有两条。按当地说法，澜沧江一直有两个源头，一是源于吉富山的扎阿曲，一是源于扎那日根山的扎那曲。扎阿曲也由谷涌曲、曲通涌曲等10条支流汇合而成，扎那曲由加果空桑贡玛、扎加陇昌、陇毛那扎、索木曲等7条支流汇合而成。

从最新科考得出的数据看，无论是长度和流量，还是流域面积，源于吉富山的扎阿曲都在扎那曲之上，两条源流汇合成杂曲。

无论长江、黄河、澜沧江，它们的每一条源流、支流又有很多更小的支流，每一条小支流又有很多更小的源流，还有数不清的源泉。在当地藏族民众心里，那无数的源泉才是江河真正的源头——源。

源，水流开始的地方。

源，以初始和本源的伦理指向启示于自然万物以及生命。

源，于一条河流，当属地理坐标，于精神文化层面，却有着更丰富的涵盖指向。

依照陈独秀在《小学识字课本》中的解释，源，古作“原”。“原”字下面是一个“泉”。“泉”字在甲骨文中的写法，“像水从山穴石隙中涓涓流出之形。说文云：泉，水原也”。

藏文化学者、好友文扎致力于“源”文化研究，曾有幸与他讨论“源”之要义，受益匪浅。根据文扎兄的诠释，如果把整个青藏高原都看做是一个“源”——“众水始所出之百源”，那么这个“源”，至少应该有这样几层意思。

第一层意思，源本身的含义，是水之本，是起始，是诞生，是元点。

第二层意思，因为亚洲大陆众多重要河流均源于青藏高原的缘故，整个青藏高原就是一个源，众水之源。于地球万物——在当地藏族人心里，青藏高原是一座宝塔，是一座坛城，一个曼陀罗。

第三层意思，因为水是滋养自然万物的生命之源，无比珍贵，所以，所有江河的源头也都无比神圣，理应满怀敬畏。而青藏高原是无数源头的诞生地，整个地球，再也找不到第二个这样的地方，神圣庄严，至高无上，更当满怀敬畏。

第四层意思，因为世代栖居于斯的藏民族信奉众生平等的缘故，文化基因中原本就包含了对源的尊崇和敬仰，并行祭拜之礼，使其成为民族生活习俗和精神信仰的重要组成部分，是伦理体系和价值观念的基础。

每一个源泉都有自己的名字，所有源泉在藏语中还有一个统一的名字，堪称敬畏之称：琼果。可直译为“源泉”。一般说到“琼果”时都喜欢加上“阿妈”两个字，说成“琼果阿妈”。这几个字，翻译成汉语，就是母亲泉。“源”在藏民族精魂血脉中重要神圣的地位由此可见。

而从中国汉文化传统细加辨识，对“水”之德品自古礼赞有加，对“源”之功德更是尊崇备至。老子说：“上善若水。水善利万物而不争，处众人之所恶，故几于道。居善地，心善渊，与善仁，言善信，政善治，事善能，动善时。夫唯不争，故无尤。”讲的是水的品性之至善、德行之至纯。

老子说：“虚而不屈，动而愈出。多言数穷，不如守冲。”又说：“曲则全，枉则直，洼则盈，敝则新，少则得，多则惑。”讲的又何尝不是水的品行与德操呢？也是在说，水动与静的形态、盈与虚的淡泊境界，以及曲与枉、洼与敝、少与多的运势变幻。

这里说的也是水，水所有的形态变幻都在里面。也说水的造化，水能去垢除污，洁净群秽，净化万物，让世界变得干净。

翻开《道德经》，水无处不在，水的形态、水的品行、水的仁慈和纯善都化作了无形或有形的道。水至善至柔，微则无声，巨则汹涌，不争与万物而又容纳万物、滋养万物，故几于道。

水缘何从山顶流向山下——水往低处流，因为山下有空谷。

透彻了水的品性之后，老子表达了一层意思，水要是装在一个容器里，或让其充盈一片洼地或水坝之内，无论它有多大多深，都有满的时候，其容量再大也是有数的，均可度量。而充盈之后，盛满之后它就会溢出，就会流淌。

唯“源”不可估量。只要有不竭之源泉，水就会源源不断，就会汹涌不止，就会不舍昼夜，万古流淌，滋养万物。

如果世上没有水，生命万物将不复存在，水之于自然万物无比珍贵！而如果天下众水没有源头活水的补给，它也成了无本无源之水，即使有再多的水也会干涸。所以，中国自古倡导“饮水思源”的思想，它强调的是知恩图报的伦理指向，是对“源”的感恩珍视和崇尚。

陈荣捷说，颇堪玩味的是，初期的印度人将水与创造联结在一起；希腊人则视之为自然的现象；古代中国哲学家，不管是老子或孔子，则宁可从中寻得道德的训示。这些不同的进路，分别形成了印度、西方与东亚不同的文化特色。

的确，从古印度、古希腊、古中国人对水的认知上，就能看出人类几大古老文明的鲜明特色，但是，老子不仅仅是从水的认知中寻找道德的启示。老子有更高远的追寻，《道德经》的视野不仅限于人类世俗的道德层面，更在于自然万物所遵循的真理法则，在于宇宙万物的伦理秩序，在于悲悯，在于“道”，更在于“自然”。

所以，老子还说：“道生一，一生二，二生三，三生万物；人法地，地法天，天法道，道法自然。”老子把“道”摆在天地之上的崇高位置，却把“自然”置于道之上，置于最顶端。这个“自然”，不只是地球生态意义上的自然，而是终极意义上的自然，至少应该涵盖了整个宇宙所以如此精妙的哲学乃至伦理观照。

中国古代先贤中，最接近老子思想的是庄子，其所思所想也几于道，直抵万物本源。庄子曰：“天地虽大，其化均也；万物虽多，其治一也。”强调的是天地运行变化的平衡和万物各得其所的一致规律。我们现在所说人与自然的和谐，其实就是古人说的，天人合一或天地人和。

庄子甚至遥望过昆仑：“黄帝游乎赤水以北，登乎昆仑之丘而南望。还归，遗其玄珠。”说黄帝登上昆仑向南方看了一眼，结果将自己的玄珠给丢了。便相继派人去找，前面三个人都没找到，直到第四个人罔终于把玄珠找回来了。黄帝感到很奇怪，问罔，他们都找不到，你为何能找到呢?

后世多纠缠于昆仑是否在今天的赤水以北，然庄子所谓赤水也许并非今云贵之赤水（吾不纠缠），其本意亦并不在玄珠，而在借以言他。我的本意也不在玄珠，而在昆仑。庄子能望见昆仑，当亦想见过大江大河之源出。

我更在意的是，无论老子还是庄子，其目光分明已经伸向万物的本源，融合人类智慧与万物慈悲的无量功德，启示于造化的根本，昭示于久远的未来。

我觉得，从这样一个高度去瞻望或注目三江源，不仅值得，也是必要的。

无论长江、黄河还是澜沧江，对东方人类文明的意义都无可替代。而在它们万古奔流的背后，都有一个共同的源头——三江源。

我第一次听到“琼果阿妈”这个名字，是在长江源区的君曲草原。

君曲是一条以野驴之名命名的河流，长江源流，河岸草原也叫君曲。

那次江源行采访组在《青海日报》发过一组大型系列报道，其中第十三篇为《走过的河》，我在里面写到过君曲：

君曲，这条野驴之河是最善待我们的河流。它也是万里长江的南源四大支流之一，河水流量曾经在雅曲之上。但是这些年却一年比一年瘦小。整个君曲流域数千平方公里的沼泽草场而今已荡然无存，50%的草场已经严重沙化。源头的雪山冰峰上已经见不到往日的皑皑白头。

许许多多的小泉小河已经干涸。地处大江之源，却有上百户牧人找不到水源，不得不饮用仅存的那一片片零星沼泽地的积水。从 8 月 25 日至 27 日的几天里，我们所到之处，都是一眼望不到边的荒漠沙砾地。据说，君曲下游几年前就断流，现在只有在雨季才有一股水流汇入长江。君曲的上游河道里也没有多少水流。我们的车几次在君曲河上穿行，就如同在干沙滩上行驶，只溅起一串水珠。

写“走过的河”，当然不止写到君曲，还写了其他的河流，都是长江的源流。不过，当时我并没想到，20 年之后，我们写过的这些河流都会纳入中国第一个国家公园的领地。要不，我一定会把侧重点放在大好河山的壮美景致上，而非江源生态环境所面临的危难。可转念一想，不正是出于忧患，我们才开始加大保护力度，倡导“绿水青山就是金山银山”发展理念，开启中国生态文明之路的吗？

也许我们应该记住，这是媒体第一次向世界公开报道长江源区的这些河流。我们是首次造访这片土地的新闻记者。

在这篇报道中，我是这样写的：

8 月 23 日，我们出了多彩乡（属治多县——笔者注）之后，一路上少说也过了几十条河。有一条叫察曲的河，我们至少来回地过了 50 次。近两个小时的时间，那条河一直伴着我们。顺着察曲河谷，不断向左向右地向上爬行时，我们有一种总也摆脱不了那条河的感觉。我们越是急着走出那河谷，那河却越显得从容不迫，越往山顶上走，它就越变得舒缓。我们想是已经摆脱它的纠缠了，刚在那里庆幸时，它却又在前面神秘地出现了。后来，我们甚至有点怕了。它会使你想起诸如命运之类严肃的话题。

好不容易走出了那河谷，过了扎河之后雅曲又横在前面。虽然雅曲比察曲要平直得多，但也远比察曲要壮阔几十倍。它不愧为长江南源的四大支流之一，无论向上游仰望那薄雾深处孕育了它的雪山冰川——虽然那上面的冰雪已几近消失，还是向下游眺望那茫茫群山和开阔的河谷滩地，你都会坚信，作为一条河，它无可挑剔。那一份从容与豪迈，那一份深沉与宁静，以及在那河床漫滩上以它的淡泊之魂留下的如同泼墨写意般的优雅苍劲之风令人倾倒。长江正因为有了它这等的支流才显得无比神奇。但它对我们这些不速之客丝毫也没有客气。当我们的车一次次陷进那河里不能前行，当我的同伴们光着腿脚感受它的冰冷时，它的流淌好像越发的舒缓从容了……

莫曲比君曲要深厚得多，但远没有雅曲壮阔。在莫曲河流域的那几天里，我们其实离真正的莫曲河很远，而且大部分时间里一直在翻越一座座大山。我们从山顶上眺望过莫曲在那莽原上款款而过的样子，那蜿蜒逶迤的风姿如同袅袅升腾的炊烟，它会使你想起帐篷锅台前忙碌的牧女。我们只有一次是从它的身上跨过去的。在那岸边的细沙里推车挖车时，我们发现它两岸的河滩上长满了像草一样的黑刺树，那是我们见过的最低矮的森林了……

我们走过更多的是些更加默默无闻的小河、小溪。它们或静静安卧于草地，或潺潺流泻于山壁，在夕阳下、朝晖里闪动着醉人的光芒。它们也同样是万里长江的摇篮和乳汁。虽然它们本身并不具备波澜壮阔、惊涛拍岸的气度，却以自己的弱小与无私，孕育了长江雄魂的根脉……

我们第一次把“琼果阿妈”“母亲泉”这样的几个汉字登在报纸上。

给我们讲“琼果阿妈”故事的人叫达才旺——恕我不敬，以藏民族习俗，忌讳提亡人名字——而这个老牧人早在十几年前就已经离开人世。考虑到叙事的真实性，我又不想用假名或化名。

住在达才旺家的那几天里，我们白天出去采访，晚上就围坐在他家的黑牛毛帐篷里听他讲述草原的故事。老牧人达才旺有着很好的口才，不管讲什么，只要从他口里出来，你就觉得有趣，时不时地还会冒出一些格言警句，使叙述不断呈现一种高度——当然是精神思想的高度。我曾在文字中毫不掩饰地说，他既有牧人的风趣幽默，又有哲人的沉思和深邃。

一天晚上，他不经意间说道 :“每一个或长久或短暂离开过雪山草原的牧人，在远方最想念的不是亲人，而是雪山和草原，之后是畜群，之后才是亲人。”顿时，心里不禁为之一惊。抬眼看去，他脸上却有泪水滑落。雪山草原在牧人心里就是神圣的殿堂，是心灵永恒的家园。

他们可以什么都没有，但不能没有雪山草原。

他就讲到了“琼果阿妈”。说他家东南方向的山下有一汪泉水，很神奇。因为地处高寒，这里的冬天非常寒冷，几乎所有的泉水、河流都冻死了，结上厚厚的冰层——他觉得，都不结冰也不行，那样水里的小生命都会被冻死的。但都要结冰了，冻住了，人和牲畜就没有水源，无法生存。而这里的冬天又格外漫长，差不多有半年时间都非常寒冷。可能就是这个原因，留下这一眼泉水，冬天不结冰，它是君曲草原冬季唯一的水源。生命因而得以繁衍。

这汪泉水就是一个“琼果阿妈”。一听到这个名字，即刻，脑海中有母亲的形象浮现——很多母亲的形象，继而想到了乳汁——母亲的乳汁。

为什么我们总是把一条河称为母亲河，把河水比作是母亲的乳汁，因为，它浇灌和喂养了我们的生命。水是生命之源，没有水，就不会有生命。

那么，一汪什么样的泉水会配有这样一个美丽绝伦的名字——琼果阿妈？

断定这应该是一眼举世罕见的泉水。应该有绿树和鲜花的围绕，应该有奇峰巉岩的簇拥。白天，应该有皑皑雪山和蓝天白云的映照；夜里，应该有广袤山川和灿烂星河的烘托。那个小小的泉眼，既是万物诞生的地方，也是时间开始的地方。

我所看到的是一眼很普通的泉水。说实话，在见到达才旺口中的这眼泉水时，我的惊讶和疑惑超过了所有的想象。眼前所见的这一泓碧水太普通了，普通得让人无法把它与那样一个名字联系在一起。

只见一片已经严重退化的草地上涌流着一股清流，因地势过于平缓，几乎看不出它流动的样子。泉眼里如灯火般跳动着的是那泉水从地下涌出的情景。泉水流过的地方，水下是一层碎石子，间或长着些水草。从那泉眼处远远望去，那泉水曲曲弯弯一直流向了君曲河，由君曲而通天河而长江而大海。

出了那片草地，人们已无从辨认它的模样，但也正是有了众多琼果阿妈们的涓涓溪流才成就了万里长江的波澜壮阔。也许正是这种普通与无私的品质才真正蕴含了母亲的意义。

藏民族把最美的颂辞与歌声都献给了母亲，母亲是高山的祥瑞，母亲是牧人心中永远绽放的雪莲。所有赞美的背后，作为母亲形象的真实存在却又永远是普通平凡的，永远是质朴无华的。

达才旺说，直到 20 世纪初之前的漫长岁月里，君曲及其周边草原生活着一个以狩猎为生的藏族部落——雅拉部落。从名字看，这是一个以野牦牛为自己命名的部落，他们用野牛角做奶桶，把野牛皮当锅用，在地上挖个锅卡，用砂土层隔开传热，煮肉烧茶。而他们却以猎获藏野驴维持生计。

以前的三江源乃至青藏高原有很多猎人，在黄河源、长江源都有打猎为生的部落。雅拉部落就是一个有名的猎人部落，从黄河源头的雅拉达泽山麓一直到长江源区的广袤山野都曾留下过他们的足迹。据说，其中的一支最后远徙冈底斯、喜马拉雅，有一些地方依然还叫雅拉。很久以后，为保护藏羚羊献身的环保英雄杰桑·索南达杰就是这个猎人部落的后裔。

达才旺说，雅拉部落在这里生息时，一到冬天，这一带成千上万的野驴总爱到琼果阿妈喝水。每天早上，透过晨曦望过去，野驴覆盖着琼果阿妈周围的广袤原野，草地上红红的一片。猎人们就躲在泉水边的掩体或低洼处，能轻易地猎获那些猎物。久而久之，猎人们对那泉水就产生了感恩之情，觉得那泉水的神奇力量召唤那些野驴到它身边，就是为了让他们猎获，它像母亲一样哺育了他们。这已经不只是“琼果”，也是母亲，于是取名：琼果阿妈。

后来我发现，青藏高原很多地方对源泉都有这样的敬称，至少在长江源区是个普遍的称呼。长江源区藏族对“源”的理解也不同于其他地方，他们眼中的源流必须符合这样一个条件，它的源头一定得有一处或多处从地底下自然喷涌而出的源泉，而不是因冰雪融化直接在地表流淌的小河、小溪，也不是从地下慢慢渗出来而后直接开始流淌的那种水流。

只有那种从地底下自然喷涌而出的水流或水柱，才是他们心目中的“源”。

2018 年 8 月，在长江源区支流聂洽河源区，当地牧人朋友嘉洛和欧沙曾带我去见识过这样的几个源泉，后来文扎也带我去看过几处。它们或在山脚河岸，或在半山腰，或在峭壁悬崖，一般会有一个或多个源泉。一股水流经过地层深处亿万年天然循环，终于找到一个宣泄喷涌的出口，因地层和岩石挤压形成的巨大压力，从那里喷射而出，像天然喷泉。以前，很多源泉喷射的水柱高达两米以上。

站在一面几乎垂直的绝壁面前，嘉洛指着几道从崖壁上垂落而下的水锈痕迹告诉我，以前这里有四个“源”，水从崖顶喷射而出，落在崖壁上，飞溅起一层层水花，在阳光下抛出一道道彩虹，而后飞落崖底，形成一个个巨型水洼，充盈，溢出，而后流淌。前几年，这几个“源”都干了……

后来在多彩河谷，我们终于找到一个依然喷涌着的“源”。它就在山脚的河岸上，几块岩石恰如其分地镶嵌在源泉周围，形成了一个天然的井口，一股巨大的水头从里面翻滚着喷涌而出，像喷泉，水头足有一米以上。嘉洛说，以前比这还要高，至少会有两米以上。

嘉洛是一个普通的牧人，近些年却一直以自己朴素的理想致力于这些源泉的保护，在很多源泉处修筑祭祀水神的小宝塔，自发组织牧人长期捡拾源区流域生活垃圾，还水源以圣洁，还草原以安宁，还河流以清澈。

嘉洛他们曾对聂洽河的水源地做过一次详细的调查，最终确定，聂洽河源区共有 1370 多个这样的源泉，名副其实的千源之所。这才是聂洽河的源区，而聂洽河只是长江源区干流的一条支流。

整个长江源区至少有上百条这样的支流，而整个三江源区至少还有上千条这样的支流。我曾实地造访过几乎所有重要的三江源支流，如果把这些源流所有的源泉串缀在一起，你就会看到一幅万泉汹涌的旷世景象。

那是一幅万千琼果汇集的大气象！

因为神圣而满怀敬畏，藏族人对水的世界也持有各种禁忌。比如，不能将任何杂物和脏东西抛入泉水、河流和湖水，包括血；不能在河水中清洗脏东西，包括衣物、脏手和脚，尤其是内衣和鞋袜；不能直接用嘴接触泉眼饮用，如果口渴难耐又没有舀水的器物，可用双手捧水饮用；不能在天然水体附近大小便，更不能让粪便进入水体；不能用污言秽语亵渎水世界……否则，均视为对神灵的不敬和冒犯，将受到最严厉的报应惩罚，对所有的惩罚后果也都有具体的描述。

如果禁忌是不可逾越的一个底线，那么，它还有一个相对应的习俗遵循系统，那就是敬水、惜水、呵护水源和水体的习俗。在佛堂敬献净水，在桑烟上蘸洒净水，用净水蘸额头等等都是对水的崇敬。

受影视画面的影响，很多人都以为，藏族人只在接受敬酒时，才用无名指轻蘸酒水敬天敬地敬祖先，其实不止敬酒，在任何时候，只要与口福有关，藏族人都会在自己享用之前，一定用无名指轻蘸食物或饮品，向天空弹三下——是蘸三下，弹三下。不仅是敬天敬地敬祖先，也在敬三宝和自然万物。也不只是敬，也有舍散的意思，大千世界、六道众生乃至恶鬼游魂都在施舍的范围，无一遗漏。也不只在表达敬意，更在感恩。

一生二，二生三，三生万物。三，并非实数，而是一个无限大的虚数。

在所有的施舍感恩中，水都是不可或缺的。庄严的时刻、神圣的场所、重要的仪式上，水都居于耀眼的位置，是至纯至净的贡献。即使在日常生活中，蘸洒净水，也是最珍贵的敬礼。一滴水幻化出万般景象，映照水与生命的因因果果，那是生命对慈悲水世界的无限感恩。

习俗对人群行为起着非常重要的作用，除却法律所约束的社会行为和道德底线之外，它几乎规范着人群所有的行为和意识。历史地看，江源牧人社会对自然万物所秉持的情怀态度，实际上起到了根本性的保护作用。

在他们眼里，每一个源泉、每一个琼果、每一条河流都是有生命的，而且与自己的生命息息相关。每一滴水的存在，每一条河的流淌都充满了对生命万物的慈悲关怀，都是大自然无私的奉献和馈赠，而且从来不求回报。它千回百转的都是爱的回响，都是滋润万物、哺育众生繁衍的能量和给养。

无论大小，每一条河流所要完成的不只是属于自己的那一段流淌，而是用自己的流淌去完成一次又一次更加重要的汇合。最终，于天地间成就一次次奔腾呼啸，继而大浪滔天，继而能纵贯千古的波澜壮阔。

正是有了千万条江河的这种百折不回或千回百转，最终也才会有海纳百川的万千气象，世上所有伟大的河流无不如是。

对一条河流而言，每一条源流、每一个源泉都是珍贵的，所汇入的每一粒水珠也是珍贵的。没有无数源流和无数水滴的汇入，就不会有一条条大河。一滴水汇入一条河流，一条河流汇入大海，它依然存在，可望不到它的所在。它无处不在，又无从寻觅。

仰望苍茫星河，地球之有大河奔流实乃万物之造化。

无法想象，一个没有江河流淌的地球会是个什么样子！

地球何幸？生灵万物何幸？人类又何幸？

早在人类出现之前，一条条大江大河就已经在地球上纵横流淌。

纵观人类文明的历史长河，最早的人类文明几乎都出现在那些大江大河的流域，每一条大江大河都曾浇灌过人类文明。从尼罗河流域的古埃及到两河流域的古巴比伦，从恒河、印度河流域的古印度到黄河、长江流域的古中国，人类文明就一直与那些大河相伴。很多古老的文明早已经消失，而那些大河却还依然奔流不息。与一条真正的大河相比，人类文明的长河不过是它身边潺潺流淌的一条小溪。

环顾地球，青藏高原又是何等的神奇造化？

哺育中国乃至东南亚几乎所有最重要的河流都共源于斯。

这片苍茫的土地上，流淌着无数的江河。它们自东南西北从高原面上奔流而下。有人还把青藏高原比作地球女神高昂的头颅，把从那高原上奔流而下的河流比作是女神的发辫。

它们依次是：黄河，长江，雅鲁藏布江——它在流出国境后称布拉马普特拉河，澜沧江——它在流出国境后称湄公河，怒江——它在流出国境后称萨尔温江，森格藏布江——它在流出国境后就成了印度河，甲扎岗噶河——它在流出国境后就成了著名的恒河，独龙江——它就是流出国境后的伊洛瓦底江，塔里木河、黑河——如果没有大沙漠的阻隔，我想，塔里木河与黑河最终也会流入大海——也许沙漠也是一片大海。“每一粒沙都是一滴渴死的水”——这是诗人樊忠慰的诗句。

每一条大河的诞生都是一个奇迹。

尼罗河是世界第一大长河，德国杰出的传记作家路德维希在其《尼罗河的传奇》的开卷就这样写道：

> 一阵咆哮声昭示了一条大河的到来。电闪雷鸣、闪光的水、灿烂的蔚蓝色、紧张的生命、一道双瀑倾泻到一个布满岩石的小岛上。溅起的飞沫浓缩成淡青色的漩涡，疯狂地极速地旋转着，泡沫被卷入一个宿命之中。在喧嚣之中，诞生了尼罗河。
>
> 在一个宁静的水湾、在瀑布的边缘，一张血盆大口张开着。河马懒散地喘着气和咕哝着，仰头出水，从有红边的双耳中间的鼻孔喷出气流。在低处，水流渐趋平缓，青色的龙舒服地躺在那里。黑斑点的背甲和黄肚皮。幻想的仙境变得完整，它们的眼睛镶嵌金边。龙背上站着一只鸟，或者鸟就停在牙齿中间，龙张开嘴睡觉，《圣经·约伯记》中记载了这种河中巨兽——鳄鱼。鳄鱼好像是蕨类植物和森林遍布地球时代和蜥蜴类动物统治世

界时代的奇特的幸存者……

也许，我也应该像路德维希一样，为每一条源于青藏高原的这些大江大河的诞生写一段这样的文字。坦率地讲，这也不难做到，说不定还可以写得更具传奇色彩，至少把长江、黄河、澜沧江的发源写成一段传奇。

因为，在东方各民族的心里，它们原本就是一条条盘踞的巨龙，原本就是传奇。而且，青藏高原远比赤道附近的尼罗河源头壮阔雄伟，也更加高崛险峻。尼罗河源头海拔最高处尚不足 2700 米，这基本上是长江、黄河、澜沧江流出青藏高原以后的地理高度。而此前，它们已经纵横千里高原，身前身后，来路归途，高度都超过了尼罗河的源头。

而且不止一条大河，众多名满世界的大江大河共源于斯，在整个地球上绝无仅有。它们从这里冰川雪山上的点滴水珠开始孕育成长，而后流经万里河山，分别从青藏高原的东西南北流向太平洋、印度洋和北面的塔克拉玛干大沙漠，一路浇灌出地球人类历史上最辉煌灿烂的文明奇观。

青藏高原就像一座宝塔，上面缀满了风铃，清风拂过，梵音飘落，飘落成了文明的火种。站在那塔顶上俯瞰脚下的苍茫大地，它的四周便是人类文明的此起彼落。

青藏高原是人类文明的一个大琼果。

三江源也是一个大琼果，是中华母亲泉。

除了古埃及和古巴比伦，人类最古老的文明都依偎在这座高原的怀抱里，而浇灌出美索布达平原上古巴比伦文明的两条大河——底格里斯河和幼发拉底河则西去不远，虽然它们都源于今天的土耳其高原，但是，最早的时候，那里也是古特提斯大洋（或古地中海）的海底，青藏高原隆起之后，海水才渐渐远去。

虽然，今天的埃及此去尚远，但是，浇灌了古埃及文明的尼罗河却是流向地中海的，而地中海就是古特提斯大洋最后的海湾，就是青藏高原最初的脸庞。而且，尼罗河的源区也是一座高原——东非高原，源头最高处是赤道以南布隆迪境内海拔 2670 米的海哈山，出维多利亚湖又出阿伯特湖，始称尼罗河，一路向北流入上下埃及，从河谷台地上就能望见埃及神庙和金字塔。

远去的古特提斯一路留下了里海、咸海、黑海、爱琴海之后，就退缩成了地中海，用它连绵的海岸线和浩渺的蔚蓝成就了古希腊、古罗马的辉煌灿烂。

我们不能忘了，西方的古希腊还有一座著名的山在人类文明史上高高耸立，那就是宙斯和众神的领地奥林帕斯山。如果没有这座山和发源于斯的众多河流，仅有爱琴海是不会有希腊神话的。

更不能忘了，东方中国有一座更雄伟的山，是黄帝、西王母以及东方众神的领地，那就是昆仑山。就像河出昆仑、众山皆由此起一样，这里也是东方神话的源头。

大自然乃至宇宙万物在它形成和演化的过程中已然昭示的很多神奇奥义，至少现在我们还不甚明了。我以为它们原本就有着内在的联系和呼应。人类文明的史诗就在这高山峡谷间激越回荡。

苏格拉底和亚里士多德一定仰望过奥林帕斯山顶的皑皑白雪；释迦牟尼和古印度的那些圣哲们也曾久久仰望喜马拉雅的雪峰；老子和庄子也一定从遥远的东方注视过冰雪昆仑的巍峨庄严。那不仅仅是一次凝望，更是一次跨越久远时空的领悟和觉察。

其实，他们共同注视着一个方向，像众多的江河同源于一个地方一样。

其实，这也是一种源头。

从这个意义上，说青藏高原是整个人类文明的摇篮也不为过。有越来越多的人类史学家不断指出，青藏高原有可能还是人类最主要的起源地。

那么，古特提斯远去之后，给青藏高原留下了什么样的印记呢？是眷恋和怀想，是回归的路，是魂萦梦绕的故里情结，是对大海深深的依恋。

青藏高原在一天天远离大海的同时，也在一天天地耸入天空，接近了太阳。太阳的照射驱动了整个生态系统的新陈代谢、生息繁衍和进化发展。

在太阳巨大的能量推动下，水分不断蒸发，乘着季风和暖湿气流源源不断地登上青藏高原。水气遇到冷空气后，便在海拔 4600 米雪线以上的地方形成大量降水，并以冰雪的形式存留下来，而后千万年慢慢融化成了养育江河的乳汁，成为江河源头最初的那一滴水珠。

而其他降水则直接被湿地、湖泊接纳形成径流，汇入江河的源流。正南方的孟加拉海湾，是巨大的暖湿气团生成地。当西伯利亚南下的冷空气以较大的较高的速度通过高原时，在高原南部产生强大的负压区，把孟加拉湾的暖湿气团吸附到了高原上。

那水气流，便浩浩荡荡地涌入了雅鲁藏布江大峡谷这个举世无双的水汽大通道，其景象蔚为壮观。它使这个大通道中心区域的年降水量超过 10000 毫米，即使水汽通道中心区外围的降水量也比一般地区大得多。

据王方辰先生的描述，在雅鲁藏布江大峡谷还常常出现天降悬河的雄伟奇观。他说，那就像是一个个大瀑布，把来自天上的圣水喷涌成滚滚的水雾，那水雾像雪一样白。水雾的边缘镶嵌着道道彩虹，绚丽至极。

一条条大江大河就在这一派云蒸霞蔚的旷世苍茫中横空出世，一泻千里。

这是一个怎样神奇的世界？

达才旺说，君曲一带许多如琼果阿妈一样的小泉、小溪那些年都已相继干涸。几乎有一半左右的沼泽草场已严重退化，约有 30%的草场已沦为荒漠。一到冬天，方圆百里的地方找不到水源，人们得到很远的地方驮冰来解决饮水之难，野生动物们就到琼果阿妈来饮水。

他也认为这是一眼无比神奇的泉水。为此，他在泉眼处特意立了一块石头，上面刻着几行藏文字，大意是，水的世界为万物提供了甘露，谨以此向它表示敬意和感恩。他还有一个明确的目的，想以这种方式给人们一个警示，让所有的人都来保护水源，不要弄脏它，不要破坏它的流淌。

8 月 26 日那天，我们开车走了很远的路去看这泉水。

站在那泉水处，注视着它流动的样子，久久说不出话语。我们向那块小石碑献了哈达，而后就在那里拍照留影。达才旺说，他打算在这里立一块像样的石碑，分别用汉藏两种文字刻上“母亲泉”和“琼果阿妈”几个字。说无论是谁，只要看到这几个字就会心生敬意悲悯。

文扎蹲下身子，低头久久望着那泉眼。尔后，用手掬起几捧水喝了起来，末了，舔舔嘴唇说：“很甜”。他的长胡子上缀着一串水珠。受他的感染，其他人也纷纷躬身泉边，用手捧着那泉水喝了起来。

大家开心的样子，像围着母亲的一群孩子。

而母亲泉——琼果阿妈就在眼前微波荡漾，像慈母的微笑。

溯源而上，我们便会发现，几乎每一条河的源头都有一座大山，山是所有河流的母体。我曾经说过，大山是河流的母亲，现在想来，并不确切。大山只是流出乳汁的地方，是乳房，整个大地才是河流的母亲。她通过一座座大山将自己的乳汁源源不断地奉献出来，浇灌着大地，滋养着生灵万物。

当然，你也可以顺流而下，那样你就会发现一条大河是怎样浇灌出两岸的千里沃野和灿烂文明的。河有多长，历史便会多悠久。

一般来说，生活在大山深处或一条大河源区的人，都不会去苦苦探寻源头之所在，因为他们都清楚源头的准确位置。一条河流有多少个真正的源头，在什么地方？在他们看来就像童年的记忆一样清晰，都不是秘密。

这也是为什么，后来确定一些大河源头的地理位置时，我们突然发现，早在几千年以前，当地原住民就已给它们取好了名字。

每一个生活在青藏高原或类似地方的人，若要去很远的地方，就得顺流而下。一旦出门，他们都发现，从自家门前流出的那条河一直跟随在自己身边，一路前行。无论走多远，他们都能从那河水的流淌中辨认出故乡的影子。其实，他们看到的就是河水的流淌。

如果逆流而上是去找寻河的源头，那么，顺流而下一定是去寻找河的去向。一个人要是在深山密林中迷了路，要想找到走出去的路，最好的办法不是往山顶方向走，而是先找到一条河，而后顺流而下，沿河出了大山，你也就走出了困境。

也正因为如此，自古寻访江河源头的人都会把目光投向一座座高山，而世代居于山地的人又总想着顺流而下，跟河流一起走出山外。无论是逆流而上还是顺流而下，都是沿着河流指引的方向不断前行。

逆流而上是在确认来路，顺流而下是在辨识归途。

一条河流所流经的地方不仅是河之道，也是人之道，是人类往来迁徙的通道。这也是为什么几乎所有河谷两岸都有大道通行的缘故——而河原本就是路，水路。江河归大海之后，将会开启更广阔的路，海路。

水既能载舟亦可覆舟，水流的运载能力不可估量。而且，水还有无形无穷的能量，能转化成电与火。水火不容，然水却可以变成电流，变成可以燃烧的能源，变成火，变成光明。这是一对矛盾，而人类的智慧却让它们实现了一次奇妙的转换，以火与光的形态延续水的存在，照亮整个世界。

虽不曾考证，但我有一种感觉，世上最初的道路都是沿着河谷伸向远方的，是受了河流的启示与指引。所以，大河流域也才无一例外地成了人类文明的核心地带。后来受大河文明的启示，海洋文明日渐辉煌，因为比起河流，大海会有更多元的选择，可以通往任何地方。

其实，河流行进的方向也是生命演化的方向。地球上最初的水都来自上苍，来自大气层。以雨滴、雪花的形态飘落之后，又被大地涵养，形成江河流淌，汇聚至低处形成了海洋，而后在阳光的帮助之下，又变成水汽回到了天上，再从天上回到地球。于是，大海又成了河流的源头。

这是水的轮回，每一次轮回都是一次血脉一样奇妙的循环之旅。

其实，自己就是自己的源头，所有的秘密最终都藏在一滴水珠里面。老子所说的道也藏在一滴水珠里面——也许佛家所说的法也藏在里面。

所谓，一滴水中见大海、一粒尘埃中见世界，是也。

水从诞生之初，就昭示了生命繁衍的迹象。水之所以成为生命之源，是因为它成就了大海，开启了自然万物得以孕育演化的生命通道。

所有的地球生命都诞生于海洋，海洋是人类以及所有地球生物最初的故乡。

人类从一条条大河谷地启程，沿着大河流淌的方向，先是逆流而上，后又顺流而下，一路苦苦探索，开创文明先河。最终又走向了海洋，尔后又受到海洋的启示，发现地球是圆的，是一个球体。人类这才意识到地球不过是苍茫宇宙的一粒尘埃，这才将目光投向苍穹。

如果说，河流使人类从陆地重新回到了海洋故乡的怀抱，那么，海洋则指引人类开始认识灿烂星河——一个新的启示出现了：在那苍茫宇宙深处，也许是生命万物新的家园。前提是我们能自由穿越银河系，但银河绝不是一条普通的河流，要走出银河系，也绝不像从一条小河沟涉水而过那么简单。但是，请记住，重要的是我们已经意识到，那也是一条河，有了河，总能找到方向。

说到底，河流将永远是我们可以放心回家的路。

只要江河一直在大地上奔流不息，清澈如故，我们的家园就不会沉沦，生命万物就不会走上绝路。而江河奔流不息的希望就在源头，只要源泉一直安好，河流就不会干涸。

我们为什么要格外强调源头的重要性？当然是“为有源头活水来”，是饮水思源，也因为河流本身。从另一个角度看，本源固然重要，但自源头而下，整个大河流域又有无数的河溪不断汇入，它们又何尝不是源。如果没有全流域无数的源流、支流及其源泉，天地间也不会有大河浩荡。

假如——我是说假如，没有了长江、黄河、澜沧江流域辽阔的大地山河以及芸芸众生，也没有了绵延浩荡几千年、时至今日依然辉煌灿烂的东方文明，我们还会在乎它的源头吗？

从这个意义上说，整个流域的每一个源泉都无比珍贵。是整个流域成就了条条江河，当然，江河也成就了整个流域。我们之所以无比看重长江、黄河、澜沧江的源头，其实是对这三大江河的重视。没有三大江河奔流不息的东方文明是无法想象的，没有众多源泉、源流、支流的江河也是无法想象的。

江河的流淌是地球家园的灵魂。

高山仰止。如果从一座大山脚下溯源而上，我们还会发现，一进入大山的怀抱，几乎每一条大大小小的山谷里都有一条小河向那河谷奔流汇聚。而主河道会一直蜿蜒向上，直到大山最深处还不是它的源头。

源头在更高的地方，你得耐着性子，沿着越来越陡峭也越来越狭窄险峻的山谷往更高处攀缘才能最终抵达。到最后，那里可能已经没有路，甚至不断有悬崖峭壁挡在前面，要想继续往前，须得绕过那些悬崖峭壁，才有可能循着水声重新回到河边去探寻它的源头。

我出生在青藏高原东部边缘宗喀山东端，从那座山脚下启程向西向南，就能走向青藏高原腹地。再往前，也能走向冈底斯和喜马拉雅。越往前，地势也会越来越高，一路走去，你似乎一直在一面山坡上。感觉整个青藏高原就是一座大山，当然，高原面上还有高山耸立。

真正的高峰一定在一座高原上，而青藏高原是世界海拔最高的高原。

要探寻长江、黄河、澜沧江这等大江大河的源头，其艰难程度可想而知——抑或难以想象。因为，无论你从哪里启程前往，最终你都绕不过青藏高原。

众所周知的泰山，它享有“天下第一山”的美誉，孔子登泰山而小天下，然其高度不过 1600 米。青海海拔最低的地方也超过了 1600 米，也就是说，青藏高原最低的地方也在泰山之上。高原面的平均海拔在 4000 米之上，泰山再升高 2400 多米才与高原面平齐。而青藏高原上真正的高山从这个高度才开始一步步抬升，再抬升 4880 米，才会有珠穆朗玛那样的山峰。

毫无疑问，这是地球史上最为壮阔的自然景观。最初的隆起始于高原东北边缘，石炭纪至二叠纪的造山运动造就了古中国西北的昆仑山、祁连山等一系列山脉。大约两亿年之后的新生代，又一次造山运动轰轰烈烈地拉开帷幕，伟大的喜马拉雅运动终于开始了，它也造就了青藏高原纵横交错的一列列山脉。

青藏高原就是一个众多高山组成的王国。

世界最高的山峰都齐聚于此，这是何等样的地理奇观！

而那些大江大河的源头就在一列列旷世大山的怀抱里。你要走近它，不仅要跨越青藏高原冰河、沼泽、险滩的重重关隘，还要翻越数不清的崇山峻岭，最后还要在一座被冰雪覆盖的高山上艰难攀缘……

从这个角度注目长江、黄河、澜沧江及众多大江大河的源头，这又是何等伟大的造化！三江源居于青藏高原的中心，是独一无二的精神高地，至高无上。

是故，自古以来，对长江、黄河、澜沧江源头的探寻从未间断过，至少早在战国时代就已经开始了，可谓源远流长。

现代人类社会把大江大河的源头视为一个国家和民族最重要的地理标志。随着科学勘测技术的飞速发展，近现代以来，针对大江大河源头的各种地理科学考察和勘测更是密度空前，中国也不例外。直到近几年，对青藏高原以及三江源的综合科考还在继续。

古人有关江河源头地理方位的记述中，《山海经》《禹贡》以及晚期徐霞客的《江源考》几种著述对后世影响尤为深远。对《山海经》的成书年代以及作者是谁，至今未有定论，有说战国时代的，有说汉代的，均不可考，也许更早也未可知。

现在只要在电脑上下载一个高清卫星地图软件，就可查看整个地球的每一片山河，误差可缩小到几米之内。有人说，它能使你看到自家阳台上站的一个人，或家门前拴着的一头驴。如果用它来寻找一条河的源头，不会有太大的误差，至少基本方位不会有错。我曾在这样的地图上穿越过雅鲁藏布江大峡谷，到过印度平原。当然，具体到江河源头的源泉，因地貌及植被因素的干扰，我们可能还看不到自己要找寻的那个源泉。

前些年，我看过卫星拍摄的三江源森林分布图，乔木林都在上面，几乎无一遗漏。却看不到广袤的灌木林，它把灌丛与草地都涂成了一种颜色——红色。想来，从太空卫星上看下来，茂密灌丛的枝叶与青草丝毫没有区别。

我要说的是，古代并没有太空卫星。以当时的交通条件，著作《山海经》和《禹贡》的人不可能到实地考察，那么，他们是怎么确定天下地理大势的呢？这是一个谜。一个藏着大智慧的谜。

而这个谜的谜底说不定还另有蹊跷。

比如，《山海经·海内西经》对河源的记述如是："海内昆仑之虚，在西北……河水出东北隅，以行其北，西南又入渤海，又出海外，即西而北，入禹所导积石山。"此乃"河出昆仑"之说的由来，据说，在藏文史书上也有类似的记载。

且不说这里所说的"渤海"究竟在何处？今人但凡谈到"河出昆仑"一说，往往一笑置之，觉得古人可笑。因不能亲历亲见，故而生出臆想，进而妄断，只知有昆仑，而不知昆仑之侧尚有巴颜喀拉、唐古拉，更不知远处尚有喜马拉雅。便以为这是历史视野的局限。

可事实果真如此吗？未必。也许我们不仅低估了古人的智慧和眼界，甚至也过高地估计了自己的智慧和眼界。也许我们忘了一个事实，昆仑是什么？而巴颜喀拉、唐古拉又在什么地方？

那么，就让我们重新打量这些旷世山系吧！

昆仑被誉为是亚洲脊柱，自西向东几乎横贯整个亚洲大陆，巍巍乎高崛，莽莽苍苍，横无际涯。而在昆仑以南，由西向东排列着一列列自西北往东南走向的高大山脉，它们依次是喜马拉雅、冈底斯、念青唐古拉、唐古拉、巴颜喀拉、阿尼玛卿、青海南山、祁连山等纵横千里的大山。这些高大山脉于西北起势的地方无一不在昆仑一侧，与昆仑支脉纵横交错，手牵手，肩并肩，呈现群山浪涌的奇观。

也许我们应该把昆仑与喜马拉雅视做一对兄弟，都起步于帕米尔高原，于青藏高原纵横而去，一个向南高耸为喜马拉雅，一个向东横亘为昆仑。

有朋友在微信里给我说，帕米尔高原是山的玫瑰结——得记住这名字，好听。

试想，帕米尔用天下最雄伟的一群山脉打了一个玫瑰结，而后凌空抛出，纵横天地间，每一座山峰、每一丛余脉都是一串花瓣。而昆仑和喜马拉雅无疑是最瑰丽的那一串花瓣。

如是。我们便可以把念青唐古拉、唐古拉、巴颜喀拉、阿尼玛卿、青海南山统统看作是昆仑的支脉。无论它们多么高峻逶迤，在昆仑身前，也都是些后生晚辈了，也都在喜马拉雅北麓，是喜马拉雅的一道道褶皱。

我们来看看这个山脉打成的玫瑰结。

帕米尔隆起的确切历史可追溯到4.5亿年前的奥陶纪，那个时候的地球还不是今天这个样子——陆地表面整体不是呈现东西两个半球的格局，而是以南北两片古大陆组成了地球陆地最初的基本构架。此后约2.3亿年间，海水和陆地此起彼伏，至2.8亿年前的二叠纪，帕米尔高原最终成为一片辽阔的海洋，特提斯海，或古地中海横贯欧亚大陆南部，将地球陆地分成了南北两半，北方的劳亚大陆与南方的冈瓦纳大陆隔海遥遥相望。

记住，帕米尔高原是从2.4亿年前的古特提斯海底渐渐抬升到今天这个高度的。先是北部昆仑山和可可西里地区因强烈褶皱断裂和抬升成为陆地，又过了约3000万年，随着印度板块继续向北楔入，北羌塘高原、喀喇昆仑山、唐古拉山、横断山开始脱离海浸，露出海面，并不断隆起抬升。

之后，印度板块继续向北漂移，轰轰烈烈的喜马拉雅运动终于拉开帷幕，冈底斯、念青唐古拉随之迅速崛起，成为喜马拉雅运动的旗手。

如是。因为大海才有了青藏高原的孕育和隆起，大海汹涌的波涛才是青藏高原的摇篮曲。

因为青藏高原，众多高大山系才得以在这里会聚，纵横交错。

因为高山，青藏高原才成为众多江河的故乡，汹涌，奔流。大海—大气—高原—高山—江河—大海，一个从源头到大海的水通道就这样形成，一滴水开始循环轮回的旅程。

于是，每一列高大山脉的臂弯里就有了一条万古流淌的江河，无数的山泉溪流自山坡肆意流泻。昆仑群峰一侧就是黄河源头第一峰雅拉达泽。黄河源流卡日曲和约古宗列曲自雅拉达泽山前蜿蜒而下——此去不远，便是长江源流楚玛尔河。

天下众山、众水皆由此缘起的山河气势和天地乾坤就此注定。

不仅众山与河川。昆仑还是东方神话的源头，五千年东方文明的河溪也从这里发端，浩浩荡荡，奔流不息。早在西周时，一些智者先贤就已在频频眺望。

据《山海经》的描述，昆仑乃黄帝在下界的都城，为众神在人间的居所。曰："西南四百里，曰昆仑之丘，是实惟帝之下都，神陆吾司之。其神状虎身而九尾，人面而虎爪；是神也，司天之九部及帝之囿时。

云："昆仑之虚，方圆八百里，高万仞。上有木禾，长五寻，大五围……

又云："昆仑南渊深三百仞。开明兽身大类虎而九首，皆人面，东向立昆仑上……"

这是何等庄严神圣之地！

而三江源——中国第一个国家公园，就在昆仑山的怀抱里。

现在，青海省正在着手促进昆仑山国家公园的建设。若能如愿，像明清皇宫已经变成了故宫博物院一样，神话中黄帝下界的都城也将变成一个国家公园，与三江源共存共荣，在世界屋脊并蒂如莲，盛开极地的灿烂。

从这样一个视野看过去，“河出昆仑”有何不妥？

你不妨打开一幅地图勘察一番，并久久凝望。我感觉，现代地理学在梳理天下山川大势时过分拘泥于板块构造学说，甚至受制于造山运动的影响，未能将视野彻底打开。于是，一座山与另一座山、一个山系与另一个山系之间的内在联系被人为割裂，孤立起来。从宏观上看，整个青藏高原上所有山架形态走势最初的孕育和最终定型都与高原的隆起有关，是一个整体，不可分割。

从民族文化心理上讲，中华民族自古崇尚山河一统、天下一脉的思想，忌四分五裂，忌山河破碎。我们又怎忍将其断裂和分割？

那么，“河出昆仑”与河出巴颜喀拉有分别吗？同为一个山族的谱系，巴颜喀拉亦属昆仑一丛支脉，河出昆仑，有何不可？

文扎有一段文字也写到过昆仑：

> 青藏高原隆起之后，它的边缘有一条雪线环绕起了整个高原。其中南部边缘是东西（实际上是由西北而东南，疑是笔误——笔者）延伸2400公里的喜马拉雅山脉，绵延在中国和印度、尼泊尔、不丹之间；环列青藏高原北缘的昆仑山，西起帕米尔高原，向东一直延伸到黄海之滨；东部边缘是南北走向的横断山脉。这便是雪山环绕的家园。[①]

文扎眼中所看到的世界与我们通常所认识的世界显然是不大一样的，但是，你能确定自己看到或者自以为是的世界一定就是真实的吗？

---

① 引自《寻根长江源》，文扎著，西安地图出版社，2008年11月。

我不确定。

三江源不是孤立存在的。

它是这个整体的一部分，就在高原群山的怀抱里。

山是三江源区地貌的基本骨架，北面，莽莽昆仑山横空出世；西面，绵延的可可西里山神奇壮丽；东面，巍巍巴颜喀拉山高峻逶迤；南面，雄伟的唐古拉山冰雪接天。

水则是三江源大地的灵魂。无数的溪流山泉就从那些冰峰雪山的周身充盈流溢，涓涓汇集，留下一泓泓碧水、一片片湖泊。如果那数不清的源流河溪像东方女神高昂的头颅上披落的发辫，那么，数以万计的大小湖泊就是那发辫上熠熠生辉的头饰。

而山和水加在一起，就是三江源的精髓所在——当然，也是未来国家公园的精髓，看懂了三江源的山和水，你也就读懂了国家公园的精髓。

山中有水，水中有山。山映在水中，与蓝天白云一起浩荡苍茫；水绕山前山后，把山的壮美挺拔、山的雄浑巍峨藏在水底。即使透过一小片水洼，你都能望见远处的雪山和山顶那漫天的霞光；即使站在一座山的顶峰，你也能看见山下水中连绵映照的山峦。

那些巨大的山系纵横错落，在高原面上耸立起2000余座海拔5000米以上的高峰，峰接着峰，山连着山，在相互的烘托和映衬中成就了一幅大山的旷世群像，尽显“天下众山皆由此起”的万千气象和一统中华龙脉的深厚气韵。

这些大山不仅是江河的摇篮，也成为一条条大江大河的分水岭。

那每一座高峰之上便是终年不化的积雪和亿万年凝冻的冰川，以青藏高原为核心的高亚洲地区冰川，总计46298条，冰川面积达59406平方公里，冰川储量5590立方公里，每年可融化水量为446.6亿立方米。

青藏高原上有1091个面积大于1平方公里的湖泊，合计总面积达44993平方公里，约占全国湖泊总面积的49.5%，是地球上海拔最高、数量最多、面积最大的湖群区。在全国面积超过500平方公里的27个大型湖泊中，有10个分布在青藏高原。青藏高原湖泊水资源总储量约6080亿立方米，占全国湖水储量的70%以上。

高大连绵的山脉以及高原冰川、湿地、草原、森林、湖泊和河流共同构成了青藏高原的主体景观和不同类型的生态系统。由于高原和高山谷地，使得湖泊之间存在巨大的落差，从而造就了湖连着湖、河水在湖中荡漾又从湖中流出的源区湖光山色的奇观。

它们和一片片沼泽以及那地表之下的永冻层共同孕育了大江大河的生命之源。及至它们汇集了更多的溪流源泉，得天地之精血，聚日月之光华，从青藏高原上奔流而下时，已是滚滚的江河了。

长江、黄河、澜沧江当是其中的长者。

它们同源于地球之巅，尔后，流经万里河山，大河上下，悠悠五千年，浇灌出东方文明的灿烂星河。三江源则是最初的遥望，满含慈悲的泪光。

姜根迪如冰川，各姿各雅山麓，扎纳日根山脉。

与这里众多誉满全球的那些高大山系相比，它们只是这些山体上的一个支脉，却是长江、黄河、澜沧江最初诞生的地方。

世上再没有哪一眼山泉能与之媲美，它是大琼果，是中华民族的母亲泉。

唐古拉山脉山体宽在150公里以上，平均海拔超过5400米。主峰各拉丹冬堪称江源雪山之首，海拔6621米，有33座6000米以上的雪峰和59条冰川簇拥着晶莹剔透的各拉丹冬。

姜根迪如是各拉丹冬群峰中的一座，它的南北两侧各有一条冰川蜿蜒而下，如一位白发老翁手捧洁白的哈达。南侧冰川长 12.5 公里，为唐古拉冰川之最，长江正是从这里开始它的万里跋涉的。

看着从那冰乳尖上一滴滴滑落的水珠，看着从那冰缝和冰塔林间潺潺而出的最初的源流，看着那一份绝世的美丽和轻盈、仙姿和美态，进而想及万里长江滚滚东去、惊涛拍岸的磅礴之势，想及巴蜀之殷实、江浙之富庶，想及它千万年的流淌中沉淀的故事和秉承的神韵，你便会有一种望见万物起源的感觉。

长江源区的冰川主要分布于青藏高原中部的唐古拉山脉北坡和主峰各拉丹冬雪山地区，江源区平均海拔在 5000 米以上，这里共有冰川 600 多条……

各拉丹冬雪山，是长江源区冰川发育最集中的地方，也是长江源区发源河流最多的巨型冰川水库，是名副其实的固体水库，当之无愧的长江水塔。

各拉丹冬雪山东南西北四个方向都分布有冰川：西南侧的姜根迪如冰川和尕恰迪如冰川发育了长江正源沱沱河（上段叫玛曲、纳钦曲）；北端的打撸迪如冰川和吉饶冰川发育了切苏美曲汇入沱沱河；东侧的岗加曲巴冰川发源了姜梗曲和尕尔曲，与从青藏公路唐古拉山口东西两侧冰川发源的布曲汇合后，汇入长江南源当曲，占据当曲流量的一半以上；另外，在各拉丹冬的西南侧以及南侧分布的冰川群，还分别发源了曾松曲、切尔恰藏曲、旦发曲、支巴曲、格曲、拉萨曲等内流水系，它们是藏北内陆咸水湖色林错、赤布张错、洞错，以及羌塘草原、沼泽、湿地的重要水源。

在各拉丹冬雪山以东的唐古拉山脉南北两翼，还分布着众多规模不等的现代冰川，分别发源了长江南源当曲水系的旦曲、前庭曲、鄂阿玛那草曲、扠吾曲等。同时，在其西南部和东端支脉，还发育了怒江、澜沧江这两条著名的国际河流。这种大河共源的现象在世界上也是罕见的……①

较之璀璨的各拉丹冬，各姿各雅似乎就逊色得多了。它恐怕是山的王国中最不起眼的一座了，它的相对高度尚不足 20 米，但因为有了青藏高原这个巨人肩膀的支撑，也使它有了 4980 米的海拔高度。在东经 90° 50′ 与北纬 34° 55′ 相交处，各姿各雅东麓顺着山沟流出了 5 条小溪，5 条小溪流出山谷后便汇集成了这条宽约 3 米的小河——卡日曲，黄河的一个源头。

在雅拉达泽东麓一面平缓的山坡上，我们找到了那一眼山泉。要是我一个人在那里，即使有那些写有“黄河源头”字样的大小石碑为证，我也断不敢相信那里就是万里黄河的源头。那是一眼很普通的山泉，水流很小很细，一抬腿就会跨过，腿不用抬很高，平时走路的样子就行。不一会儿，我们几个人已经从那“黄河”的身上来来回回地过了十几次……②

下午 6 点多，我们很顺利地抵达黄河正源的那几眼山泉处。站在黄河源泉的近旁，俯身那几股潺潺涓涓的细流时，我们只想号啕大哭。那是一处朝北面敞开着胸怀的小山洼，三面的山坡上直到山顶的草原植被已经完全消失，沙砾地上只残留着几

① 引自杨勇《江源颂歌》（《国家地理》2016 年增刊）。

② 引自《写给三江源的情书》，古岳著，青海人民出版社，2010 年。

株开着碎花的草本植物和一些地衣类的生物。江泽民题写的“黄河源”标志碑就立在那里,稍下方是胡耀邦题写的“黄河源头”碑,周围还有许多来自天南海北的黄河儿女们自发立在那里的小石碑。从那里顺着那几条细流望下去，约古宗列就从山脚下一直绵延开去，远处的滩地上一泓泓、一汪汪在夕阳下闪着银光的就是诸源流汇集而成的约古宗列曲了。①

长江、黄河、澜沧江是中华民族的三大母亲河，她们共同哺育了亿万中华儿女，孕育和浇灌了上下五千年东方文明。她们像三条巨龙，在民族文化心理上具有不可替代的象征意义，成为中华大文化的精魂血脉。三江源是生命的源头，是文明的源头，是历史的源头。三江源是母亲河的摇篮。

世界只有一座青藏高原，中国只有一个三江之源。

在千万年的付出和流淌中，三江源大地给中华文明的孕育，以及繁衍和发展补给了无尽的营养和能量，直到今天，长江、黄河、澜沧江产自青海的水量仍分别占全流域水量的25%、49.2%和15%——我想说，这个数据可能是不准确的，以我对国境内全流域流量的目测估计，澜沧江源区来水量至少也在25%以上，也许会更高，占到30%以上。

请允许我再一次注视各拉丹冬。

文扎在《生命从这里起步》一文中写道——其中的个别字眼，我以为是笔误，故做了修改，但愿没有会错意：

“各拉丹冬”这四个字在我印象中最初是以汉字的形象出现

① 引自《谁为人类忏悔》，古岳著，作家出版社，2008年5月。

的。尔后有了诸多望文生义的藏语翻译。幸好，在雁石坪遇见曾多次带路旅游探险者的一位本地人。他是一位非常健谈的人。我从这座山峰的名称开始请教了有关它的历史。他说有一次带领一批旅行者去了各拉丹东山脚，时间已是下午。当夕阳快要落山时，晚霞染红了西天。从各拉丹冬的背景里他看到了一尊巨佛，慈悲的慧眼中放射出霞光万道……

我想这便是“各拉丹冬”的文化诠释吧！“各拉”有“山身是一尊佛”之意，而“丹东”有“被白色哈达包裹的利剑”之意。我这时更加深刻地感受到雪域祖辈们命名山河的寓意。使我更加感到惊奇的是,各拉丹冬东侧的那几组冰川。从远处看，冰川从雪峰往下涌流，有一种势不可挡的动感，仿佛亮出了冰川涌动的刹那间造型。山下便是神态各异的冰塔林。藏语美其名曰“冈加却巴”——奉献给众生的冰林。这名称本身就是一首晶莹剔透的诗，一首牵动千年文化的史诗。千百年惊天动地地锻造，孕育了献给众生的冈加却巴！巧夺天工的冰塔林，是生命不灭的胎记。[①]

冈加却巴，又一个圣洁的名字，也可以说是一句敬语和颂词。

很多人在写到长江源头的各拉丹东时都会写到姜根迪如——长江正源沱沱河的源头，也会写到旁边的另一条冰川冈加却巴。有人写到冈加却巴时，说那是一盏圣灯，觉得不准确。以文扎的文字，冈加却巴应该泛指青藏高原的冰川，是献给众生的冰林，是生命之源不灭的胎记，而非特指某一处冰川。

① 见《寻根长江源》，文扎著，西安地图出版社，2008 年 11 月。

以我的理解，那是因为这冰川在地球的头顶，远离尘世的浸染，无比高贵圣洁。即便真有一片冰川叫冈加却巴，其他冰川乃至雪山也可以叫这个名字。再往大里说，整个青藏高原就是一个冈加却巴。

我想告诉你的是，实际上，“却巴”一词还不完全是“冰林”的意思，也不是“圣灯”的意思，“灯”在藏语里发“却灭”的读音。藏族人通常只把敬献于佛堂的净水称之为“却巴”，与水有关，冰和雪是水的另一种形态。除了净水，所有神圣的供品也称“却巴”。

冰川都在雪山之上，没有雪，就没有冰川，冰雪同在。三江源原本是一个冰雪的世界。雪才是大江大河最初的源头。

冰雪融化，江河奔流。大中华之山宗水源成矣！

三江源，是中华民族的血脉精魂，是众生的冈加却巴。

老子曰：“大盈若冲，其用不穷。”

唯愿，一直福泽饱满，充盈圣洁！

横空出世三江源

我去长江源之前，源区干流通天河谷地，刚刚举行了一场盛大的仪式，一个特为三大母亲河的源头举行的神圣庆典。

那一天是 2000 年 8 月 19 日。中国历史上面积最大的自然保护区——三江源自然保护区宣告诞生。时任中共中央总书记江泽民亲自为保护区题写碑名。当日，保护区成立暨揭碑仪式在长江源区干流通天河畔隆重举行，玉树藏族自治州万余干部群众载歌载舞为之庆祝。

这不仅是一个自然保护区的成立仪式，也是一个地理坐标的命名仪式。是以国家和全民族的名义重新认识并定义这片土地。着眼于未来的人类文明，也可以看作是一种历史性的地理发现。

我有幸在现场经历了这一光辉时刻。

当天的《青海日报》在一版头题刊登了我们采写的消息《中国最大的自然保护区今日成立》，版面下方还有一篇侧记《中国最大的自然保护区——写在三江源自然保护区设立之际》。这是“三江源”这个名字第一次出现在报纸上。

这两篇新闻稿见报时，真正的仪式还没开始。我们与数万民众一起走向通天河谷地，去见证这一时刻，去经历这一时刻。

当红绸如朝霞从纪念碑上滑落，三名身着华服的藏族儿童把采自长江、黄河、澜沧江源头的圣水浇灌在三株云杉幼苗上时，我有幸就在近旁目睹，便感觉就像神力灌顶，三条江河的水流随之灌入了我的心魂。

那是今生我所经历的最神圣的仪式，那是举国为母亲河的源头施行洗礼的仪式。当那红绸从高耸的纪念碑上轻轻滑落时，我感觉就像望见了有史以来的第一轮朝阳。

当天，中央和当地众多媒体都播发了这条消息，“三江源”这个名字开始广泛传播。因为有全球性生态环境持续恶化的大背景，加上三江源无与伦比的生态价值，青藏高原腹地的这片莽原很快就成了举世瞩目的一个焦点和热点。随后的日子里，有关三江源的话题更是持续升温，日益成为一个世界性的话题，备受国内外关注。

此前，且不说全世界，即使青海本土，也从不曾听说过“三江源”这个名字。我们只知道，因为长江、黄河、澜沧江都发源于此，通常也被称之为“江河源”,我所在《青海日报》自创刊之日开设的文学副刊——“江河源”之名即源于此。

从这一天开始，地球之巅，青藏高原腹地这片河流纵横的广袤大地有了一个新的名字，一个具有鲜明时代特征和国家地理标志意义的名字：三江源。

迄今为止，三江源依然是中国面积最大的一个自然保护区，也是世界上高海拔地区天然湿地、生物多样性最集中的地区。当时，有评论认为，这个保护区的设立不仅对保护长江、黄河、澜沧江的水源地，保护青藏高原生物多样性具有重要的生态意义和经济意义，对三江流域乃至全中国和全球生态环境的保护和建设也将产生积极深远的影响。

在此之前的漫长岁月里，人们只知道中国东北有个“三江平原”，却从未听说过青海高原还有一个地方叫三江源。从这一天开始，一个新的地理标志诞生了。这是世界性地理大发现时代结束数百年之后才发生的事情，它发生在中国的青海。因为这件事，此后的世界不得不记住一个越来越响亮的地名——三江源。

三江源，横空出世。

三江源国家公园开始体制试点是15年以后的事。

当时设立的三江源自然保护区还只是一个省级保护区，保护区地处青藏高原腹地，涵盖长江、黄河、澜沧江整个源区，介于东经89° 24′ ~102° 23′和北纬31° 39′ ~36° 6′之间。保护区海拔3450~6621米，总面积36.3万平方公里，超过青海省总面积的一半。

保护区覆盖玉树、果洛两个藏族自治州全境，涉及海南、黄南两个藏族自治州的泽库、河南、兴海、同德4县，以及海西蒙古族藏族自治州格尔木市的唐古拉乡，当时域内人口超过55万人。

据当时的初步调查，三江源区湖泊总面积超过1万平方公里，有植物80余科、400余属近1000种，有兽类76种，鸟类147种，爬行类、两栖类及鱼类48种，其中包括国家一级保护动物14种。许多为高原特有种，遗传基因丰富，被誉为世界物种基因宝库。

更重要的是，三江源保护区内不仅分布着众多的湖泊、雪山和冰川，是中国乃至亚洲最重要的水源地，是长江、黄河、澜沧江的源头，享有“中华水塔”的美誉，举世瞩目。对这一区域实施积极的自然生态保护对中国乃至世界都有着十分重要的现实意义和战略意义。

2003 年 1 月，国务院正式批准三江源自然保护区晋升为国家级保护区。对青海、对青藏高原、对整个中国这都是一件大事。作为新闻工作者，我们的职责和使命就是记录并报道这件大事，以推动这项史无前例的伟大事业。

就在这一年，从 6 月 23 日至 8 月初，我曾带领一支由十余名记者组成的青海日报采访组深入三江源腹地采访。历经一个多月，行程近万公里，足迹遍及黄南、海南、果洛、玉树四个藏族自治州 18 个县的山山水水，共采写 60 余篇深度报道，还配发大量图片。

我们走进一条条河谷，去探访这些母亲河源流。我们从黄南藏族自治州尖扎县境内的黄河及其支流开始，一直到黄河、长江、澜沧江的源头，三条江河在青海境内的主要源流几乎都不曾遗漏。

“千湖之县”黄河源玛多草原，历史上的湖泊数量都在 4000 个以上，湖泊总面积曾一度达到 1700 平方公里。而到 1999 年，已有 2000 以上个湖泊干涸，湖泊周围已有 121 条有名字的小河干涸，上千条小河断流。致使黄河从源区开始频频断流，流量持续下降，此前 5 年间，青海境内黄河来水量减少 30%……

玛多曾是畜牧业大县，至 20 世纪 80 年代，牲畜存栏头数曾一度超过百万头只，人均收入也曾一度跃居全国前列。与此同时，区域内载畜量也早已越过极限，草原已不堪重负。玛多也是三江源区最干旱的区域之一，干旱荒漠化趋势也在此时快速加剧。气候变化与人类活动两个极点恰好此时在这里重叠，终成大祸，生态灾难开始在域内肆虐。

再以黄河源区达日县为例。全县可利用天然草场 1600 万亩，当时退化草原的总面积已超过 1170 万亩，也就是说，除一小部分草原之外，全县草原均已严重退化。像满掌乡 60% 的草原已沦为黑土滩，一眼望去不见一根牧草。县城四周的山坡上，一片片黑土滩已从山底下的河谷滩地向山顶蔓延，黄河谷地昔日灌草繁茂的景象已荡然无存。

一片片望不到边的黑土滩上到处都是老鼠。黄河源区、长江源区、澜沧江源区大片草原沙化，长江源区、黄河源区河谷已有连绵的沙丘，流沙层已经直抵源区干流。野生动物的尸骸随处可见，淘金风潮过后留下的满目疮痍布满一条条河谷……

在长江源区支流雅曲边的一顶帐篷里，牧人文德告诉我们：雅曲在藏语里的意思是“美丽的河”。过去这里很美，清清的河水，绿绿的草原，皑皑的雪山，蓝蓝的天空，洁白的云彩。他们是1966年从治曲（治渠乡）迁到此地的，当时，这里有数不清的野牦牛和藏野驴，野驴粪也特别多，他们这些西迁牧户用野驴粪当燃料，烧了整整两年还没烧完。河水也很大，从没见过断流，雅曲源头的千年冰川一直伸到山脚下。牧草也很高，普遍都在一尺以上。

后来，慢慢地一切都变了。先是野生动物迅速减少。从三年困难时期县上组织打猎队大量捕杀野生动物开始，野生动物就没有安宁过。各级政府、厂矿企业和牧民组织的打猎队一直到20世纪70年代末还在活动。到80年代初，野牦牛在这一带已经绝迹，藏野驴也很难见到了，草场开始退化。

文德说，现在雅曲下游的大片草原已经全部沙化，最好的草场，牧草也只有半尺高了。雅曲从1996年之后连续5年出现断流，现在夏季天旱时，河里已经没有水了。尤其是那雪山已从他们的视野中永远消失了。这两年，因为加大了保护力度，一些野生动物又开始出现了，有藏野驴，还有藏羚羊。但已经退化的草原和已经消失的雪山再难恢复如初了……

由此可见，一直到20世纪末，三江源乃至整个青藏高原生态环境的持续恶化已经成为举国关注的生态问题，形势已经非常严峻。而三江源的生态保护也绝不是一个地方的事情，它关乎全流域乃至全中国的生态安危！

忧患一直在。以前在，以后也在。

望着这一幕幕惨烈景象，心就在隐隐作痛。我们是否要重新矫正自己的位置，重新审视人类文明的功过呢？大自然养育了人类，人类却在恩将仇报。

全人类对地球资源的过度消耗和消耗速度的日益加快，已使地球大伤元气，全球性气候急剧变暖，生态环境整体恶化。

受其影响，原本十分脆弱的三江源区生态环境也在急剧恶化。加之，三江源周边地区历史上的贫穷落后，决定了人们首先考虑的是生存而不是环境。自 20 世纪 80 年代以来，大批长期受贫困折磨的人受利益的驱使不断涌入三江源，到处乱采滥挖，大肆捕杀野生动物，更加剧了三江源生态环境的恶化。

2000 年 10 月，我国正式提出“国家生态安全”的概念。人们普遍地认同这样一个观点：青藏高原对国家生态安全具有的战略地位无法替代，它是中国最后一道生态防线，是国家生态安全的制高点和平衡点。

三江源则可以说是这个制高点和平衡点的核心枢纽。可当时的三江源已是伤痕累累。三江源区的巨大冰川已整体后移了上百公里，许许多多的雪山和冰川已从人们的视野中消失了。仅存的那些雪山和冰川也正在消失，雪线正一天天升向山顶，冰川正一年年融化萎缩。

江源的传说和游牧文化对大自然都充满了终极关怀。这在当今社会不能不说是一种警世情怀。一些曾经存在的美好正在成为回忆，这种回忆中我们所能体会的就是一种痛苦。因为那些失去的东西将永远无法再回来。

2000 年 8 月的一天傍晚，在雅曲河边，江源牧人文德望着雅曲源头云雾缭绕的山野怅然道："看不到冰川和雪山的日子是无法想象的。"

三江源大地昭示的是人类良知精神的堕落和放逐。

这里是万里长江的源区大野，这里曾经是一片由沼泽、草甸组成的草原,高寒牧草几乎严严实实地覆盖着每一寸土地。而今一片一片的沙丘、沙漠、荒漠正在侵吞着江源。草原正在一天天地退化和沙化，一片片草原不断变成黑土滩、沙砾地，变成荒漠和沙丘。

20 世纪 80 年代、90 年代的 20 年间，整个三江源区的沙漠化面积增加了两倍还多。长江源区干流通天河流域的沙丘已绵延百余里。黄河源区连绵沙丘已逼近河床。玛多县一半以上的草原退化，其中半数在近一二十年间出现严重退化。当时约有 3000 名牧民因草场退化，在那漫长的干冷季节里不得不四处迁徙漂泊。

三江源生态环境的恶化，已使数不尽的小河溪开始干涸和已经干涸，而它们都是江河的生命之源。我曾很多次望着那些挂在山壁或横亘莽原滩地的干河床，茫然不知所措。那一层层的卵石是否还记得曾经在它们身上涓涓潺潺的那些河溪？如果它们有知，它们又该怎样讲述它们今天的遭遇？那些干枯的河床不仅仅是一道道难以愈合的伤口，它们简直就是一道道咒语。

而茫茫四野中随雨水铺天盖地而来的却是滚滚的泥沙。三江源区水土流失日益加剧，黄河源区水土流失面积曾一度达到 7.5 万平方公里，长江源区的水土流失面积则已达 10.6 万平方公里。这两项之和是三个宁夏的面积。

当时，青海境内每年输入黄河的泥沙量达 8814 万吨，输入长江的泥沙量达 1232 万吨，输入澜沧江的泥沙量至少也有 500 万吨。这就相当于每天有 3 万辆 10 吨位的大卡车往江河里倾倒泥沙。黄河已从源头开始断流，长江已从源头开始变混变浊，澜沧江源区生态环境也已急剧恶化。

江河里流淌的是中华民族的血，三江源的灾难已危及民族大动脉的安全。

所有生命物种和自然环境有机地构成了地球生命共同体。

每一片荒野、每一个物种在这个生命共同体的整体演进中都有着不可替代的作用。三江源是世界上目前仅存的几处大型陆生珍稀野生动物种群栖息地之一，在科学研究、生态平衡乃至人文心理方面都具有重要价值。

但是，这些稀有种群曾面临一场浩劫，栖息地曾遭到严重破坏，繁衍无以为继，生物多样性受到威胁，许多物种已处于濒危状态。而每一个物种的消亡，就会危及许多其他物种的安全。

生物链的断裂就如同推倒第一张多米诺骨牌。

过去的几十年间，我们从未间断过草原灭鼠，结果，投放到草原上的药物在灭除部分老鼠的同时也灭掉了几乎所有的鼠类天敌，数十种野生动物的生存受到威胁。结果，一部分残余的鼠类对药物产生了抗体，结果，又开始大量繁殖，而生物链却出现了明显的断裂，大自然似乎已失去了控制鼠类的能力，生态平衡出了问题。

科学家称，草原鼠类原本对生态环境没有太大的破坏力，只是因为人类不当的灭治方法导致了鼠类的过量繁殖。它们自身的生存环境被破坏，它们才以大量繁殖的方式以求种群的延续。

结果，人类背负起一个越来越沉重的灭治包袱，而鼠类却与人类玩起了游戏。它们在地球上的历史远比人类悠久得多，因而与大自然的关系更亲近，有关自然法则它们也远比人类透彻。这就是为什么老鼠越灭越多的缘故。很显然，我们已经灭除了鼠类的天敌。到前些年，曾经反复灭鼠的那些草原上，我们已很难见到鹰、狼、狐等以鼠类为食的禽兽了。

站在冬日的太阳湖畔，望着那只孤独的藏羚羊茫然四顾的样子，悲伤便就在那荒野四处弥漫。无边的白雪已遮盖了大地的伤口和血淋淋的戕残，但却遮盖不住那旷野之上随处可见的尸骸。

太阳湖至卓乃湖一带是藏羚羊集中产仔的地方，所以也就成了集中受害的地方。但是，在每年的某个季节，在这里产仔已是天下皆知的事了，也许第一个人对这一秘密的发现就是给它们带来灭顶之灾的开始。

20 世纪 80 年代末至 90 年代末的十几年间，至少有 4 万只藏羚羊从这片莽原之上永远地消失了。这里是它们的家园，早在有人类之前，它们就已是这里的主人了，你能想象它们一只只、一片片纷纷倒毙身亡的情景吗？

人类之所以大肆捕杀这些无辜的生灵，只是想从它们身上获取每只约 100 克的羊绒，织成“沙图什”披肩，以满足西方贵妇的虚荣和人类对金钱的贪欲。每条“沙图什”背负的便是三四只藏羚羊的生命。

大自然用十几亿年的时间才创造了藏羚羊，人类却只用了十几年时间就已使其面临灭绝的危险。雪山渐远，冰川渐远，绿色渐远，生灵渐远。

直到现在，青藏高原乃至三江源生态环境持续恶化的趋势并未得到根本性的改变或扭转，因为全球性气候向坏的干暖化趋势不仅没有改变，而且还在持续加剧。我们目前所看到的所有积极变化或改善只是局部的变化，而远不是整体。还有一些向好的变化很可能只是暂时的，而非趋势性的长久变化。

青藏高原或三江源因生态极度脆弱，对气候变化极其敏感，人为因素干预生态变化的余地十分有限。目前，我们所能采取的一切保护措施，说到底是尽量减缓生态恶化的趋势，禁绝一切可能会造成生态破坏的人类活动。它的确起到了积极乃至局部向好的作用，但对大自然整体的影响极其微弱。

我们为什么要保护？不就是因为遭到了破坏，生态环境在恶化吗！我们为什么还要继续加大保护力度？不就是因为生态环境还在持续恶化吗！

生态环境的持续改善不是一朝一夕就能做到的，更不可能一蹴而就。在青藏高原和三江源，它更为艰难，更是一项长期坚持的事业。也许通过几代人的不懈努力，才会有初步的成效。什么是久久为功，什么是千秋大业？这，就是答案。

是的，从那个时候开始，三江源生态环境的持续恶化日益引起国家和全国人民的高度重视，设立了自然保护区，随后又成为国家生态保护综合试验区，紧接着又开始国家公园的体制试点，三江源终于迎来一个全新的时代。

但是，我们不能因此而忘记过去的历史，是历史教育了我们，警醒了我们，记住历史是为了更好地把握未来。如果没有过去大肆破坏的那些历史，后来发生的一系列重大变革就显得无足轻重了。如果我们不提或避开那段历史而讨论三江源的生态保护也是不切实际的。

不能因为后来的伟大变革而淡化或者抹掉历史的惨痛教训，否则，可能还会重蹈覆辙。我们得用过往的历史教训时时提醒自己，警示自己，以启示未来。只有这样，正在开创的这个时代才有它的历史意义。

这是一个历史大背景。

国家公园的史册上不能没有这个深刻的历史背景。

两年之后，2005 年 1 月，国务院第 29 次常务会议批准了《青海三江源自然保护区生态保护和建设总体规划》（下称《总体规划》），三江源自然保护区生态保护和建设一期工程启动，批准保护区面积为 15.23 万平方公里。决定投资 75 亿元，历时 8 年，通过实施生态环境保护与建设、农牧民生产生活基础设施建设、生态保护支撑三大项目 22 个子工程，尽快实现三江源生态功能恢复、促进人与自然和谐可持续发展、农牧民生活达到小康水平的三大目标。

据政府部门公布的数据，伴随着一期工程建设任务的完成，工程区林草植被覆盖率明显提高，湿地面积有所增加，水土保持功能逐步增强，水源涵养功能显著提升；农牧民生产生活条件得到改善，整个工程使“中华水塔”的生态战略地位有了新的提升。

从此，三江源生态保护成了国家发展战略。

青海省委省政府确立“生态立省”战略，加强生态文明先行区建设，推动三江源生态保护和建设取得新突破、新成效。

青海成立省、州（市）、县《总体规划》实施工作领导小组，把三江源生态保护和建设工程作为生态立省战略的核心内容，从上到下全面落实，取消项目区GDP考核，推行绿色绩效考核。

青海先行先试，率先在全国制定了《关于探索建立三江源生态补偿机制的若干意见》，确定了11项生态补偿政策，设立了生态移民后续产业发展基金，认真落实国家草原奖补政策和公益林补偿政策，使各族群众共享到了生态保护的发展成果。推广应用96项科技成果，组织专家学者开展和完成14项科研课题攻关，其中7项科研成果分别获国家和省部级科技进步奖，2项成果达到国际领先水平。科技推动了保护工作，提升了科学化水平。

期间，三江源自然保护区生态保护和建设工程累计下达投资76.5亿元，共完成退牧还草5671万亩、黑土滩治理522.58万亩、鼠害防治8122万亩、退耕还林（草）9.81万亩、封山育林365.1万亩、沙化土地防治66.16万亩、湿地保护108万亩、水土保持440平方公里、灌溉饲草料基地建设5万亩、建设养畜30421户、生态移民55773人，推广新能源30421户，解决了13.3万人饮水困难，完成科研项目14项，培训管理干部、专业技术人员和农牧民5万多人次，完成了《青海三江源自然保护区生态保护和建设总体规划》确定的重点保护和建设任务。

这是一段光辉的历程。它展示出三江源区人与自然和谐发展的全新姿态，取得了良好的社会效益、生态效益和经济效益，三江源区走向生态文明的步伐更加坚定。

官方公布的数据显示，2005 年以来，整个三江源区水资源量增加 82.9 亿立方米，主要湖泊净增加 760 平方公里，相当于增加了 130 多个西湖的面积，其中扎陵湖和鄂陵湖分别增加了 32.8 平方公里、74.7 平方公里，生态系统涵养水源能力有所提高，水质达到了国家二类以上标准，世人关注的黄河源头“千湖”湿地整体恢复，又显风采。

三江源地区中等覆盖度草地面积持续呈稳定趋势，高覆盖度草地以每年 2300 平方公里的速度增加，草地平均产草量每亩增加 45 公斤，森林面积净增加 150 平方公里，荒漠面积净减 95 平方公里，项目区沙化防治点植被覆盖度由治理前的不到 15% 增加到了 38.2%，黑土滩治理区植被覆盖度由治理前的 20% 增加到了 80%。

三江源水域生态环境得到极大改善，水生生物资源得到有效保护。野生动物栖息环境进一步改善，种群数量逐渐恢复和增长，其中藏羚羊由保护前的不足 2 万只增加到 10 万多只。各类野生动物种群明显增多，栖息活动范围呈扩大趋势，高原植物种群得到全面保护……

看上去，一切似乎都有明显好转的迹象，都在持续改善。

至少所有统计数据显示的结果都是令人鼓舞的。因而，我也坚信所有付出的努力都是有意义的。

尽管数据不一定说明一切，尤其当很多涉及自然万物的数据过于“精确”时，我们难免会心存疑惑。况且，即使这些数据都真实可靠，它在多大程度上可归结于人类保护的结果——比如保护因素占百分之多少，也应该有一个相对准确的数据。显然，我们尚无法提供这样一个数据。这个数据是需要长期积累的，而后根据多年间一系列数据所呈现的波动划出一条波浪起伏的弧线，对保护前和保护后相对应的点进行科学分析，做出大概的判断——是的，是大概的判断。

对自然界所发生的很多变化，我们一直无法给出非常准确的数据。尤其在涉及生态变化和野生动物的统计数据时，国际通用的习惯表述都采用概数，而非实数、详数。

对“千湖”重现、大湖水位上升等现象，是否与生态保护存在直接因果关系，我持保留和谨慎态度。对部分物种确切的种群数量也存有疑虑，比如藏羚羊种群较保护前的确有明显增加，但究竟增加到了多少只，也许不到 10 万只，也许超过了 10 万只。

除非我们一只一只地仔细清点过，否则，不可能得出这么准确的数据。迄今为止，全世界野生动物种群普查依然采用抽样调查的方式，从而推测出一个大致的数据，也就是说，它只能得出一个概数，而非详数。它对生态保护及决策有重要科学参考价值，但并未是绝对的。

在评价或评估自然生态系统所出现的任何变化时，我们必须本着科学严谨的态度，严格遵循自然规律，着眼于长远，从宏观历史意义上综合考量。

表面上，局部生态功能敏感区域生态环境出现的向好变化与所采取生态保护措施之间到底有多大的直接关系，也许并不像我们所看到的那样简单。那也许是事实，而绝非真相。假如短短一二十年的保护措施就能使生态环境出现趋势性的良性变化，我们大可不必对人类和地球的未来忧心忡忡。

在面对湿地面积增加、湖泊水位上升和草原植被覆盖度提高这样的生态变化时，除了人为的因素之外，还务必得考虑大自然本身的因素。

三江源不是孤立存在的，青藏高原也不是孤立存在的，它们的存在与整个地球的安危息息相关。首先，地球生态环境整体性恶化的大趋势并未出现方向性的根本改变;其次，全球气候趋恶性变化还在进一步加剧;再者，人类文明与地球生态环境的矛盾冲突也还在日益尖锐——也就是说,发展与保护的矛盾关系问题尚未得到有效解决,甚至还在进一步加剧。

人类与日俱增的发展需求与地球日益稀缺紧张的自然资源之间的巨大矛盾已经成为未来地球文明难以逾越的一大障碍。地缘政治在双边或多边关系中扮演着越来越重要的角色，发达国家与发展中国家为各自的发展利益争夺资源，针锋相对，互不相让，最终付出惨重代价的都是地球生态环境。

人类是一个共同体，地球万物也是一个共同体。

任何一个地区和国家生态环境的持续恶化或最终改善都不会是一件孤立的事情，可谓一荣俱荣、一损俱损。青藏高原和三江源也不例外。

我们的眼睛肯定不能只盯着表面，比如湿地和湖泊面积的增加。要知道，在湿地、湖泊面积有所增加时，雪线的全面上升、冰川的大面积消失、冻土层的持续消融和滑塌也同时出现了。

在最近的一千几百年间，全球气候变化经历了三次气温升高的周期性变化，都呈干暖化趋势。第一次在唐朝，第二次在明朝——当时的气温比现在还高，第三次出现在21世纪初——至今还在延续。与前两次不同的是，这第三次在包括青藏高原在内的西部中国却呈暖湿化趋势，降水明显增多。

是的，像青藏高原这种特殊区域的气候变化似乎与整个世界的气候变化结果是不大一样的。近百年来，整个世界气候呈现的是日益干暖化的趋势，而包括三江源在内的青藏高原乃至中国西北部则由干暖化向暖湿化的趋势发展，至21世纪初，这种变化明显加剧。

也许这才是症结所在。

2019年9月10日，新华社向全世界播发了这样一条消息《西北正出现变暖变湿的新趋势》（新华社兰州9月10日电　记者张玉洁　王博），消息称，20世纪80年代，中国科学院院士施雅风关注到西北降水增多的变化。他后来提出西北气候可能正由暖干向暖湿转型的推断。

消息援引国家气候变化专家委员会副主任丁一汇的话说："30多年来的情况证实了这一推断。降水增多主要由于气候变暖，趋势预计持续到21世纪中叶。""自然变暖的正周期与人类活动导致全球变暖的正趋势叠加，导致这一情况。这是趋势，而非周期震荡。"

就此，中科院副研究员李宗省表示，气候变化为西北带来新机遇，但西北干旱的本底环境不会改变，应协调好可持续发展与水资源短缺的关系以应对新挑战。

这"趋势"预计会持续到21世纪中叶，如是，有一两代人正好可以好好利用这天赐良机，来改善我们的生态环境。

是的，我们的森林覆盖率、草原植被度以及江河的来水量和湖泊的面积都有所提高和增加，局部生态状况似乎都在明显改善，但是，请记住，如果全球气候都在不断恶化，那么，青藏高原的气候肯定也在恶化。而且，因为青藏高原对全球气候变化更加敏感的缘故——它被视为全球气候变化的驱动器，其敏感程度甚至远远超过了北极，气候变化带来的任何变故，最早都会发生在青藏高原。

我们把青海湖面积的增大和水位上涨都视为降雨量丰沛和生态环境得到改善的标志，即便这是一个不容忽视的因素，也绝不是主要因素，至少从长远看，不是这样。我个人认为，青海湖水位和水域面积变化的主要原因还是全球气候变化，而全球气候并不是在不断变好，而是在持续恶化。

因为，气候变化，雪山、冰川以及冻土都在迅速融化和消失，不少融水都变成了地表径流，注入了湖盆地带。大部分融水还不是从地表以上注入，而是从地表以下注入的，比如大部分冻土融水。几乎所有的高原大湖都处在一个巨大的湖盆地带，周围曾经都是雪山和冰川，即使现在也依然是广袤的冻土地带。而冻土正在融化，冻土融水从四荒八野的地层深处源源不断地向湖盆汇聚，进入湖区，变成了湖水。

像青海湖、扎陵湖、鄂陵湖、卓陵湖都属此列，都在湖盆地带。有千湖景观的星宿海也是,在一个更加宽泛的地理坐标上，它当属于约古宗列盆地的梯级延伸段，或者是另一个更大的盆地——玛域盆地或星宿海盆地。从近些年青藏高原和南美洲高寒地带大湖区出现的变化看，不止青海湖，全球几乎所有高寒地带大湖的水位都在不断上升，水域面积也都在不断扩大，变化速度几乎是同步的。

与之形成鲜明对比的是，一些高山小湖泊的变化，与湖盆地带的大湖不同，很多地处高山之巅的小湖泊水位非但没有上升，反而正在迅速下降，水面也在急剧缩小乃至干涸。因为冻土融化，高山小湖周边原本被多年冻土层永久封堵形成的天然“堤坝”已然崩溃，原本可以聚集的湖水通过冻土融化形成的地下通道四处流泻，不知所踪。这也正是众多曾经的小湖泊已经不复存在的根本原因。

几年前，联合国（秘鲁）世界气候变化大会期间，我留意过一条新闻报道，说的是秘鲁一些高山湖泊的水位也在持续上涨，湖水淹没了周边大片的土地和草场，致使生活在湖边的土著居民不得不每年搬一次家。他们在本次大会上呼吁，如果不采取积极措施应对气候变化，这些土著居民将失去他们世代栖居的家园。

此前，在一些公开的文字中，我还读到，在西藏一些湖泊密集的地方，也正在发生类似的事情，当地牧人也担心，如果这种现象持续下去，将会危及他们的家园。因为，全球气候的持续变暖，这种现象已经成为一个世界性的话题，越来越受到人们的密切关注。①

时间到了 2011 年。11 月 16 日，时任国务院总理温家宝主持召开国务院常务会议，决定在青海三江源地区建立“国家生态保护综合试验区”。投身于三江源生态保护的青海各级干部和专家认为，这一决定具有里程碑意义，标志着中央开始着手三江源保护模式的创新，三江源地区有望打造成全国生态文明的“先行区”“示范区”。

这是共和国在生态环境保护领域设立的第一个综合试验区。

为此，我们在三江源开始实施有史以来最严苛的保护措施。

生态核心区域实行生态移民；重要生态功能区实行退牧还草、休牧乃至禁牧以恢复草原植被；探索实施生态补偿机制，以确保生态功能区民生改善；域内天然林全面禁伐，严格保护一草一木；江河以及大湖流域推行河长制、湖长制，禁止一切经济活动；对很多曾经遭到严重破坏的河道、草原、山体实施了一系列大规模生态修复工程；全境全面实现禁猎，全面开展生物多样性保护，禁止有关野生动物的所有交易或贸易

① 引自《冻土笔记》，古岳著，《中国作家》纪实版，2019 年 5 月。

活动；在国内率先划定了覆盖全青海的生态红线；关停生态功能区、敏感区域大批采矿及污染企业，还山河以安宁，还天空以湛蓝……

为保护“中华水塔”三江源，为全流域乃至全中国的生态安全，青海宁肯牺牲地方利益，贡献可谓巨大！

党的十八大明确提出，要“建立国家公园体制”，以习近平同志为核心的党中央从实现中华民族伟大复兴宏伟目标的战略高度，加快转变发展方式，整体推进生态文明建设，绿色发展、低碳发展成为未来中国的发展主题，对三江源生态保护的重视更是前所未有。

习近平总书记多次主持召开专题会议，进行专门研究部署。对三江源生态环境保护领域发现的新问题，亲自过问，并多次作出专门批示，提出严格要求。

“绿水青山就是金山银山。”这句话已经响彻神州大地，妇孺皆知，成为这个时代最深刻的记忆和最显著的标志。

细细体会，我们便会发现，这句话不断深入人心的过程也是其思想内涵在国民心里不断升华的过程，这是一粒善的种子，必将开出善的花朵，结出善的果实。

其实，它并未否定“金山银山”的价值，而是在强调“绿水青山”与“金山银山”的历史辩证关系。“金山银山”固然重要，但假如熊掌与鱼不可兼得，则宁可不要“金山银山”，也一定得保住“绿水青山”。

因为“绿水青山就是金山银山”，一座“绿水青山”说不定会不断地变成一座“金山银山”，只要“绿水青山”一直在，就不会没有“金山银山”。而“金山银山”却未必能变成“绿水青山”，说不定，再多的“金山银山”也换不回一座真正的“绿水青山”。

只要绿水青山常在，我们赖以生存的家园就常在，子孙后代的宁静安详便可延续久远，民族的繁衍与文明的创造便可持续永久。而一旦没有了绿水青山，有再多的金山银山，我们的生存也无法维系。

可以说，绿水青山就是生态文明的核心价值所在，也是人与自然生命共同体的根本所在。不仅对三江源、对青藏高原、对中国如此，对整个世界和地球文明也是如此。这也是“人类命运共同体”这一伟大构想的根基之所在，是精髓。

这是人类文明的历史视野中全新的地平线。

国人开始重新打量脚下的土地和眼前的山河。也用一个全新的视角打量青藏高原和三江源，并读出前所未有的深意。

可以说，青藏高原就是中国乃至全世界、全人类最高最大的绿水青山和金山银山，而三江源是这座绿水青山和金山银山的核心部位。

很多年前，我几次去地质勘探部门采访，每次我都会问同样一个问题：在青藏高原找矿一定很难吧？每次得到的回答几乎都是一样的，难，那是肯定的，因为条件艰苦。在人迹罕至的地方找矿，当然难了。

也有不难的，每到一地，他们指着一座山或一条山谷问：那个地方叫什么名字？听到当地藏语地名，他们又会问第二个问题：那名字是什么意思呢？一般矿藏就“藏”在这名字里。比如说，那座山叫德尔尼，那一定是有铜矿在里面，只要有铜矿，都会伴生银矿，说不定还有金、锡、铅、锌等稀有金属。一处处宝藏就是这样被找到的，至少最初的那些矿藏是这样。

而像德尔尼这样的山名，还有传说。这几个译音的汉字在藏语中的意思就是阿尼玛卿山神的宝库，里面有数不尽的金银财宝。后来，就成了青海著名的矿山，一直在开采。

我不知道现在怎么样了，直到三江源自然保护区成立之后的一段时间里还在开采。离它不远的一条山谷里还有一个矿山，我去看过，直到前几年还在开采。大型挖掘机、装载机在雪山之顶轰鸣。都是平时把责任与担当挂在嘴上的国内大企业在开矿。当时，我就骂了一句：这都挖到雪山顶上了，这大地还能安宁吗?

当然，他们都有合法的手续，甚至可以说，他们的开采一直受法律保护——那合法权益早在自然保护区成立多年之前就已经有了。这些开采机械是在国家实施西部大开发战略的大背景下，一路开到雪山顶上的。当年，德尔尼铜矿开采时，我所在《青海日报》曾有报道，我还是这篇报道的复审编辑，我还记得精心为此稿制作的标题《阿尼玛卿宝库之门正缓缓打开》。

现在我们随处可以看到“绿色矿山”“绿色矿区”这样的标语，甚至一些正在大肆采挖的矿山之前还挂着“绿水青山就是金山银山”的巨幅标语——显然，他们把这句话当成了“挡箭牌！”但是，矿区就是矿区，当你把一座座绿水青山都变成了一片矿坑废墟之后，绿水青山尚在否?金山银山尚在否?

从西宁方向翻过巴颜喀拉山，由清水河往曲麻莱县，走不远会进入一条河谷，以前有清澈的河水流淌，河谷草原牧草丰美，有畜群在河谷散落，有牧人依山傍水而居，一派宁静祥和。后来，这一切都消失了。

问题也出在那名字上。这条河谷名曰“赛柴沟”。翻译成汉语，这条河谷的名字可写成“黄金谷”。因为这名字，整个河谷曾一度机声隆隆，几艘大型采金船昼夜不停地采挖黄金。几年过后，金矿已将那一片谷地采挖得面目全非，整条河谷望见的只有堆积如山的沙土和矿层，河水不见了，草原也不见了，牛羊也不见了，牧人也不见了，当然，家园也没有了，只见满河谷的石头和沙砾。

一次路经此地时，我看到金矿已经关闭，满河谷那些矿坑也已经填平，但是，河谷里再也见不到绿草，河水也埋到砂层里了。几艘锈迹斑斑的采金船还停在河谷，像几头张牙舞爪的巨型怪兽。一个此前从不曾见过那条美丽河谷的人突然经过这里，一定会被眼前的景象震撼，以为自己正置身早已失落的史前文明或外星文明遗址，像科幻大片的实景现场。

2020年6月，我最后一次路过赛柴沟时，那些废弃的采金船也不见了。重新填埋的河谷里也长着一些稀疏的青草，然而昔日绿草丰美、溪水潺潺的河谷再也没有了。

我以前曾写到过这条河谷——其实，我写的不仅是曾经的绿水青山，也是曾经的金山银山。我曾多次从那河谷穿行而过，最初，一切好像是本来的样子，宁静安详，那是我所见过的最美的草原。后来突然建起一片厂房，一大群来自天南地北的人身着鲜艳工装、头戴安全帽，满河谷开着挖掘机和采金船，白天黑夜地忙碌。美丽河谷成了热火朝天的矿区。

再后来，金矿关闭，河谷被废弃，那群人也不知所踪，像是从那河谷直接蒸发了。可是他们却毁掉了原来生活在这里的那些牧人的家园，这些牧人再也回不到自己曾经的家园了。

如果我们从未动过那条河谷，即使再过千年万年，那片绿水青山也会一直怀抱金山银山，也许还会不断升值增值。可是我们毁掉了那片绿水青山，同时也毁掉了金山银山。

更让人痛心的是，挖掉了一座“金山银山”，无论是物质的还是精神的，几乎未给当地或国家留下任何与“财富”相关的东西——至少没有可存续的“财富”，好像那不是开发，而是毁灭。一经采挖，一切皆成泡影，瞬间，全消失不见了。而今，那河谷曾经的一切已成为历史，所以更值得铭记。历史需要铭记。

在文中写到赛柴沟时，我曾有如此感慨：

诚然，在一片“机器一开、黄金万两”的口号声中，我们原本无比拮据的财政状况可能的确会有所改善，原本十分困难的州县可能会因此而有能力购买若干车辆，修盖若干大楼甚至也会建一两所学校、一两座小桥。但是，假如有一天，那里所有的黄金都被采挖一空之后，等我们偿还了所有的贷款和债务，除了几堆废铁之外，那里还会剩下些什么呢？那条绿水碧草的河谷还会再现吗？

也许，即使我们用10倍于所采挖的黄金去恢复那条山谷，它也未必会重新出现在我们的视野里。也许，有人会说，采矿的收益远远高于那条山谷的畜牧业收益，甚至几十倍乃至千万倍于畜牧业收益。但是，大自然永远不会从经济（统计）学的尺度来评判人类的行为。那条山谷原本的存在将永远超越所有的（经济）利益。

何况那山谷里的金矿永远不会因为没有开采而消失，却因为开采而永远不复存在了。即使仅从人类的（经济社会）利益出发，那山谷也绝不仅仅属于这一辈人，它同时也属于子孙后代。①

是的，绿水青山原本就是金山银山。而包括三江源、包括青藏高原在内的大好河山，曾经的很多金山银山原本也是绿水青山啊！

无论是德尔尼还是赛柴沟，如果我们从来没有乱采乱挖，它既是金山银山，也是绿水青山，可我们为了得到里面的金山银山，毁掉了绿水青山，之后，既没有绿水青山，也没了金山银山。

为了“金山银山”，我们曾一度把一座座“绿水青山”都挖坏了，变

---

① 引自《写给三江源的情书》。

成了矿坑、废墟和不毛之地，“绿水青山”尚在否？

在当地牧人心里，所有的矿藏都是大地生命的营养，如果这些营养成分都被榨干了，大地就会死去。绿水青山也会死去。

人与自然是否和谐，最终的抉择还在人类这里。因为一直是人类在祸害大自然，而大自然早已不堪重负，却还在忍辱负重，一如既往地养育着人类。

从这样一个角度来历史地思考“绿水青山就是金山银山”的发展理念，或许会来得更加直观，也更加深刻。也正是在这样一种历史性的深刻变革中，我们才逐渐认识到选择生态文明之路的必然意义。

这是开创历史的方向性抉择。有了这个方向，国家战略层面上的生态保护力度才能成为一种果断的政策行为，才能凝聚起全民族的力量，自然生态系统综合科学治理和改善的步伐才得以切实加快。

三江源也才一步步迈向国家发展战略的重要位置，举世瞩目。

2013 年 12 月 18 日，国务院总理李克强主持召开国务院常务会议，部署推进青海三江源生态保护、建设甘肃省国家生态安全屏障综合试验区、京津风沙源治理、全国五大湖区湖泊水环境治理等一批重大生态工程。会议指出，三江源地区是长江、黄河、澜沧江的发源地，素有“中华水塔”之称。

会议通过了《青海三江源生态保护和建设二期工程规划》，二期工程规划将治理范围从 15.2 万平方公里扩大至 39.5 万平方公里，以保护和恢复植被为核心，将自然修复与工程建设相结合，加强草原、森林、荒漠、湿地与河湖生态系统保护和建设，完善生态监测预警预报体系，夯实生态保护和建设的基础，从根本上遏制生态整体退化趋势，使支撑民族长远发展的“中华水塔”坚固又丰沛。

这次国务院常务会议还指出，守护绿水青山，留住蓝天白云，是全体人民福祉所系，也是对子孙后代义不容辞的责任。必须贯彻落实党的十八大和十八届三中全会精神，始终把建设生态文明、保护生态环境放在突出位置，强化科学治理，推广适用技术，实行最严格的源头保护制度，严守生态保护红线，以重点区域和关键领域为抓手，实施重大战略性生态工程，充分发挥市场作用，调动各类社会主体投身生态保护和建设的积极性，坚持在保护中发展、在发展中保护，让当代人受益，为中华民族永续发展奠定坚实基础。

由此可见，三江源及其所处的整个青藏高原对中国乃至整个世界的生态战略意义。

据相关部门监测结果表明：2012 年与 2004 年相比，三江源自然保护区内林草生态系统水源涵养量增加了 11.88 亿立方米，占三江源区水源涵养增量的 41.88%。同时，三江源自然保护区内土壤侵蚀量减少 3510.23 万吨，占三江源区土壤侵蚀减少量的 50.94%。

仅仅过去二十几天后，2014 年 1 月 10 日，青海三江源国家生态保护综合试验区建设暨三江源生态保护和建设二期工程启动大会在西宁隆重举行。玉树藏族自治州干部群众在通天河畔通过视频与西宁主会场连线。

时任中共中央政治局委员、国务院副总理汪洋出席三江源二期工程启动大会并讲话。他指出，三江源在保障国家生态安全、建设生态文明中，具有不可替代的战略地位。我们要深刻认识加强三江源生态保护和建设的重要性、紧迫性，切实增强责任感、使命感，坚持不懈地抓好规划实施，不断巩固扩大保护和建设成果，守住绿水青山，留住蓝天白云。

自 2005 年国家启动实施《青海三江源自然保护区生态保护和建设总体规划》以来，三江源生态保护和建设工作取得显著成效。生态系统逐步改善，林草植被覆盖度快速增加，湖泊水域和湿地面积明显扩大，水源涵养、水土保持功能不断提升，黄河源头初步重现水草丰美、生物繁茂的景象，对下游供水能力也明显增强。与此同时，经济持续稳定增长，社会事业全面发展，人民生活水平逐年提高，一个团结、和谐、美丽的三江源展现在世人面前。在平均海拔 4000 米以上的高寒地区，生态保护和建设能够取得这样的成绩，实属不易。

三江源地区是亚洲最重要的生态安全屏障和全球最敏感的气候启动区之一，20 世纪末，由于人类活动加剧和气候变化等因素，使这一地区草原、湖泊、冰川等生态系统发生退化，自然生态环境持续恶化。

自三江源自然保护区成立 15 年来，累计投入的资金近 300 亿元，近 10 万牧民搬离了草原，超过 7 万户牧民主动减少了牲畜养殖数量。

也许我们还能让一座座荒山再次披上绿色，重新变回绿水青山。

这一切似乎都在等待一个更重要的时刻，乃至一个新的纪元。

2015 年 5 月 18 日，国务院批转《发展改革委关于 2015 年深化经济体制改革重点工作意见》提出，要在 9 个省份开展“国家公园体制试点”。这也是后来很多媒体报道“国家公园体制试点”时，说全国“10 个国家公园体制试点”从这时已经开始的历史依据。

2015 年 9 月，习近平主席访问美国期间，国家发展改革委与美国国家公园管理局签署了《关于开展国家公园体制建设合作的谅解备忘录》。双方认为，备忘录的签署，对于深化中美双方国家公园体制建设合作，更好地借鉴美国国家公园管理体制方面的经验，进一步拓宽中美合作领域，加强中美双方交流，具有积极意义。

2015 年 11 月，青海省委省政府向中央上报《三江源国家公园体制试点方案》。我们有必要记住，其实青海省委省政府最初设想的国家公园不是三江源，而是“青海省玛多国家公园”。后来经过慎重考虑和反复调整，才形成“三江源国家公园试点方案”的。一波三折，透着的不仅是主动担当的勇气和作为，也有开创一项全新事业时的谨慎和小心。

2015年12月9日，中共中央总书记、国家主席、中央军委主席、中央全面深化改革领导小组组长习近平主持召开中央全面深化改革领导小组第19次会议，审议通过了《三江源国家公园体制试点方案》。三江源成为党中央、国务院批复的中国第一个国家公园体制试点。国家公园的概念才真正提升到国家长远发展战略的高度得以确定下来。这次会议的精神为中国国家公园未来的发展定了调子，明确了方向。也正是在这次会议上，第一次明确提出，在黄河、长江、澜沧江三大源头选择典型代表区域开展国家公园体制试点，提出了“一园三区”的构架。

会议指出，在青海三江源地区选择典型代表区域开展国家公园体制试点，实现三江源地区重要自然资源国家所有、全民共享、世代传承，促进自然资源的持久保育和永续利用，具有十分重要的意义。

我们必须得留意“国家所有、全民共享、世代传承”“自然资源的持久保育和永续利用”这样的表述。这是一个全新的表述，这样的表述还是第一次出现。

《三江源国家公园体制试点方案》对三江源国家公园体制试点的目标定位是，把三江源国家公园建成青藏高原生态保护修复示范区，三江源共建共享、人与自然和谐共生的先行区，青藏高原大自然保护展示和生态文化传承区。要通过艰苦实践、开拓创新，使三江源国家公园成为中国生态文明建设、国家重要生态安全屏障的保护典范，给子孙后代留下一方净土。强调要突出并有效保护修复生态、探索人与自然和谐发展模式、创新生态保护管理体制机制、建立资金保障长效机制、有序扩大社会参与主要试点任务。

时隔3个月，2016年3月10日，习近平总书记在参加十二届全国人大四次会议青海代表团审议时强调："在超过12万平方公里的三江源地区开展全新体制的国家公园试点，努力为改变'九龙治水'，实现'两个统一行使'闯出一条路子,体现了改革和担当精神。要把这个试点启动好、实施好，保护好冰川雪山、江源河流、湖泊湿地、高寒草甸等源头地区的生态系统，积累可复制可推广的保护管理经验，努力促进人与自然和谐发展。"

2016年8月22日至24日，习近平总书记在青海视察时再次强调："保护好三江源，保护好'中华水塔'是青海义不容辞的重大责任，来不得半点闪失。"他说："青海最大的价值在生态，最大的责任在生态，最大的潜力也在生态。必须把生态文明放在突出位置来抓。2015年底，中央全面深化改革领导小组已经批准了你们三江源国家公园体制试点方案，这是我国第一个国家公园体制试点，也是一种全新体制的探索，要用积极的行动和作为，探索生态文明建设的好经验，谱写美丽中国青海新篇章。"

根据《三江源国家公园体制试点方案》要求，青海以"一年夯实基础工作，两年完成试点任务，五年建成国家公园"为目标，将园区打造成经济社会持续发展、人与自然和谐相处的生态文明先行区，为全国同类地区提供示范经验。

2016年4月13日，青海省召开三江源国家公园体制试点动员大会。

2017年9月，中共中央办公厅、国务院办公厅正式印发《建立国家公园体制总体方案》。指出，国家公园是指由国家批准设立并主导管理，边界清晰，以保护具有国家代表性的大面积自然生态系统为主要目的，实现自然资源科学保护和合理利用的特定陆地和海洋区域。建立国家公园体制是党的十八届三中全会提出的重点改革任务，是我国生态文明制度建设的重要内容，对于推进自然资源科学保护和合理利用，促进人与自然和谐共生，推进美丽中国建设，具有极其重要的意义。

2018 年 1 月 26 日，国家发改委发布《三江源国家公园总体规划》，明确至 2020 年正式设立三江源国家公园。

2019 年 2 月，青海省政府发布《三江源国家公园公报（2018）》（以下简称《公报》)，对 2016 年至 2018 年三年的试点成果进行梳理总结。《公报》写道：

> 三年来，青海省发挥先行先试的政策优势，把体制机制创新作为体制试点的“根”与“魂”，先后实施了一系列原创性改革，确立了依法建园、绿色建园、全民建园、科技建园、智慧建园、和谐建园、科学建园、开放建园、文化建园、质量建园的理念，逐步形成了三江源国家公园规划体系、政策体系、制度体系、标准体系、生态保护体系、机构运行体系、人力资源体系、多元投入体系、科技支撑体系、监测评估体系、项目建设体系、宣传教育体系、公众参与体系、合作交流体系、社区共建体系，初步走出了一条富有三江源特点、青海特色的国家公园体制创新之路……
>
> 按照山水林草湖一体化管理保护的原则，对三江源国家公园范围内的自然保护区、重要湿地、重要饮用水源地保护区、自然遗产地等各类保护地进行功能重组，优化组合，实行集中统一管理，增强园区各功能分区之间的整体性、联通性、协调性。开展三江源自然资源和野生动物资源本底调查，建立三江源（自然）资源本底数据平台，发布三江源国家公园自然资源本底白

皮书……

建立牧民参与（国家公园）共建机制，夯实生态环境保护的群众基础。准确把握牧民脱贫致富与国家公园生态保护的关系，创新建立并实施生态管护公益岗位机制，全面实现了园区“一户一岗”，共有17211名生态管护员持证上岗，三年来省财政共投入资金4.8亿元，户均年收入增加21600元……

与美国黄石国家公园、加拿大班夫国家公园、厄瓜多尔国家公园、智利国家公园正式签署合作交流协议……

难能可贵的是，《公报》直面依然存在和面临的突出问题和严峻挑战，没有回避。不得不说，目前和今后一段时间里，体制试点最大的困扰仍然是“体制”，这个问题或许在试点结束以后会依然存在。从2019年起，如何有效化解这些突出矛盾、着力解决这些突出问题成为国家公园体制试点的重中之重。《公报》写道：

体制试点范围生态系统完整性问题尚需科学评估，公园最终范围确界、自然资源所有权的确权登记等基础工作尚需加强，生态保护与绿色发展相协调、园区内外民生政策相一致、社会参与配套体系建设、人兽矛盾冲突、公园建设经费保障等问题有待深入研究，任重道远。

垂直管理与各级地方政府“互利互助互促共同发展”的体制机制有待全面强化。国家公园范围与四县县域行政界线不吻合……三江源国家公园面积与三江源国家级自然保护面积重叠近95%，试点期间满足生态保护和原住民生产生活的基础设施建设仍受自然保护区法律法规约束，《条例》（三江源国家公园条例）不能得到有效执行……

经过长期不懈的生态保护建设，三江源生态系统退化趋势得到初步缓解，但区域生态环境整体退化的趋势尚未根本遏制，草地退化、土地沙化荒漠化、水土流失等问题依然存在。园内仍有80%的黑土滩退化草地、60%的沙化土地尚未完全治理，38%的天然草地未实现退牧还草……

据2019年《三江源国家公园公报》（以下简称《公报》）的反映，为推动2020年批准设立三江源国家公园，青海省及国家公园管理部门已经对体制试点的经验进行了全面的总结，对所存在问题也进行了系统梳理。总结梳理出13个专题、49条经验、47个突出问题。

单从这些数字看，问题和经验一样多，但经验就是化解矛盾、解决问题的。虽然很多问题依然存在，甚至将长期存在，但所有的经验也都在不断完善和成熟。这就是试点的意义。当年，中国改革开放之初，我们设立经济特区时的情形也大致如此。

《公报》还列出了2019年实施三江源生态保护和建设二期工程项目，共5大类15项。其中：黑土滩综合治理21万亩，湿地保护50万亩，草原有害生物防控940万亩，沙漠化土地防治2.7万亩，牧草补种2万亩。

《公报》说，国家发改委生态成效阶段性综合评估报告显示：三江源主要（生态）保护对象都得到了更好的保护和恢复，生态环境质量得以提升，生态功能得以巩固，水源涵养量年均增幅6%以上，草地覆盖率、产草量分别比十年前提高了 11%、30% 以上，生态状况呈现出总体稳定的局面，进入局部好转与局部退化并存的新阶段。

青海省环保厅和中科院地理所完成的三江源保护和建设二期工程阶段性综合评估显示，三江源宏观生态格局总体继续好转。中科院和国家发改委组织的第三方综合评估认为："三江源区生态系统退化趋势得到初步遏制，重点生态建设工程区生态环境状况持续好转，生态保护体制机制日益完善，农牧民生产生活水平稳步提高，生态系统服务功能日益提升，生态安全屏障进一步筑牢。"

我曾在多处文字中写道，在经济社会诸多领域，青海都处在全国比较落后的位置，但在生态环境保护领域，青海一直走在前列，至少近一二十年是这样。

27 年前，青海就有官员为保护野生动物献出了生命，这在整个亚洲都属先例；20 年前，青海已将大半国土辟为自然保护区，三江源一些地方甚至已经涌现了一批牧民环保组织和民间自行设立的自然保护区，这在全国绝无仅有。

11 年前，三江源作为全国第一个"国家生态保护综合试验区"正式设立；6 年前，全国第一个国家公园体制试点在青海启动……

这当然得益于中国正迈步走向生态文明这样一个伟大时代的历史机遇，得益于青海地处三江源这样一个无可替代的国家生态战略要地，得益于世代栖居于斯的原住民对自己的家园无比珍惜和呵护的历史文化传统，也得益于青海省委省政府历届班子对生态环境保护与建设的重视。

新一届青海省委省政府对生态环境的重视程度更是前所未有，"生态优先"是青海未来发展战略的首要目标。继第一个国家公园体制试点之后，青海又率先启动了"国家公园示范省"建设。它意味着，青海不仅要保护好、建设好、管理好三江源国家公园，还要陆续设立一批国家公园，使青海成为国家公园的集中分布带和理想目的地。也许在未来的某一天，你走进青海，就是走进了国家公园，所到之处，都有国家公园。

三江源是一个开始，不是结束。

2019年8月19日，首届“国家公园论坛”在西宁开幕。习近平总书记专门发来贺信，向论坛的召开表示热烈祝贺。

他在贺信中指出，生态文明建设对人类文明发展进步具有十分重大的意义。近年来，中国坚持绿水青山就是金山银山的理念，坚持山水林田湖草系统治理，实行了国家公园体制。三江源国家公园就是中国第一个国家公园体制试点。中国实行国家公园体制，目的是保护自然生态系统的原真性和完整性，保护好生物多样性，保护生态安全屏障，给子孙后代留下珍贵的自然资产。这是中国推进自然生态保护、建设美丽中国、促进人与自然和谐共生的一项重要举措。

习近平强调，中国加强生态文明建设，既要紧密结合中国国情，又要广泛借鉴国外成功经验。希望论坛围绕“建立以国家公园为主体的自然保护地体系”这一主题，深入研讨、集思广益，为携手创造世界生态文明的美好未来、推动构建人类命运共同体做出贡献。

本届国家公园论坛的一个重要成果是，达成并诞生了《西宁共识》。尽管篇幅不长，主体条款部分只有729个汉字，但思想内涵丰富，所凝练出的八个方面的重要共识，意义深远。我不知道，除了参加论坛的与会代表，其他人是否仔细留意过这则文字。我个人以为，它足以成为包括三江源在内的每一个国家公园的基本准则。

我们来读一段其中的文字，这是第六条的内容：

保护自然是人类社会的共同义务和责任。人类只有一个地球，良好的自然生态是全人类共同的生存基础，建设好每一个国家公园等自然保护地都是对全球生态的巨大贡献。保护自然生态人人有责、国家有责……

中共青海省委书记王建军在首届国家公园论坛致辞时说，在青海建设国家公园示范省是青海省贯彻落实习近平生态文明思想的重大抉择。它让我们更加懂得了以一颗谦卑的心尊重自然、顺应自然、保护自然的极端重要性，用智慧和理念能动形成人与自然和谐发展现代化新格局的极端重要性……中国国家公园建设行稳致远应当借鉴全球经验。用全球眼光，博采众长，以生态文明交流来维护生态环境友好，以生态环境友好构筑人类赖以生存的美好家园。要有善待自然、关爱人类，不负今天、无愧后人的情怀，按自然法则、生态规律和人与自然是生命共同体的理念缔造承载着梦想与希望的国家公园。

现在，三江源国家公园体制试点已经结束，三江源已经交出一份答卷。

那么，这是一份怎样的答卷呢？

2020 年 9 月，国家评估验收工作组第四小组对三江源国家公园体制试点进行了评估验收。随后完成的《三江源国家公园体制试点评估验收报告》（以下简称《验收报告》），对照国家公园体制试点评估验收指标体系，对所有体制试点评估验收指标的评价结果令人振奋和鼓舞。

自然禀赋 10 项指标，8 项为 A，2 项为 B（B 为达标）；试点任务完成情况 24 项指标，21 项为 A，3 项为 B；试点区建设与整改落实情况 2 项指标为 D（D 为最佳指标）。三江源国家公园体制试点评估验收 40 项指标中，评估为 A（D）的指标有 31 项，占比 77.50%，评估为 B 的指标有 9 项，占比 22.50%。

对评价为 B 的也做了说明，比如自然禀赋中，原真性方面，试点区核心区内有少量原住民居住，因此人类干扰强度指标为 B；完整性方面，试点区包含了较大面积成片的具有代表性的自然生态系统，群落结构和动植物区系比较完整，但是尚未将三江源区域全部纳入试点区域，因此结构完整性指标为 B。

评估认为，青海省在三江源国家公园体制试点工作中，全省上下高度重视，深入领会习近平生态文明思想，认真贯彻落实中央各项部署，按照试点方案要求，将顶层设计与基层创新相结合，大胆先行先试，全面高质量完成了试点阶段各项任务，积极探索了诸多可复制可推广的经验和亮点，取得了显著的生态和社会效益，初步摸索出一套具有中国特色的国家公园治理模式。

无疑，三江源国家公园已经成为青藏高原生态保护修复示范区，三江源共建共享、人与自然和谐共生的先行区，青藏高原大自然保护展示和生态文化传承区。这是国家重要生态安全屏障的保护典范。

绿水青山将永远成为青海的优势和骄傲。

作为中国生态文明建设中一项新的战略举措，以国家公园为主体的自然保护地体系建设也早已拉开大幕。这是未来中国生态文明建设最生动的伟大实践，它所具有的时代意义无疑也会超越时代，在历史长河中留下光辉的一页。

2020 年 9 月 30 日，习近平主席在联合国生物多样性峰会上通过视频发表重要讲话时倡议，“共建万物和谐的美丽世界”。这不仅是对生物多样性的观照，更传递出对人类文明未来走向的深远思考，充满思想智慧的光芒。万物和谐是美丽世界的基本前提，也应该是人类守护地球家园的最终理想。建立以国家公园为主体的自然保护地体系就是实现这一理想的伟大实践。

2021 年 3 月 7 日，习近平在参加十三届全国人大四次会议青海代表团的审议时再次强调指出，这些年来，青海在生态文明建设方面作了很大努力，但生态环境保护任重道远。把生态保护放在首位，体现了生态保护的政治自觉。要优化国土空间开发保护格局，严格落实主体功能区布局，加快完善生态文明制度体系，正确处理发展生态旅游和保护生态环境的关系，坚决整治生态领域突出问题，在建立以国家公园为主体的自然保护地体系上走在前头，让绿水青山永远成为青海的优势和骄傲，造福人民，泽被子孙。

三江源国家公园的建设或设立只是一个开始——也只能是一个开始。更长远、也更具挑战性的生动实践是要在国家公园正式设立以后才要去逐步完成和完善的事情，是一项关乎久远未来的宏伟事业。因为，人类生存与长远发展的需要，世界能否实现永久和平安宁的不确定因素也将一直伴随人类文明前行的步伐。从这个意义上说，万物和谐的追求与梦想好像永远不会有结束的日子。

万物和谐永无止境。

美丽世界永无止境。

精灵与山河共舞

生命的存在是地球的骄傲。

在这个世界上，再没有什么东西比生命的存在更美丽。

有关生命的起源，我们依然所知甚少，唯一能够确定的就是，地球的每一个角落里都有生命的繁衍生息。即使在南北极的冰天雪地里，即使在撒哈拉大沙漠的茫茫黄沙中，即使在被誉为地球第三极的青藏高原腹地，生命的历史从未间断过。

三江源大地不仅托举着众多的大山，孕育了无数的源流，而且以世界最高的高原保全并珍藏了大自然美妙的生命形态。在面对三江源大地时，我们常常为那些生命的原始美而感动。

虽然，现在我们再也无法看到上千头野牦牛在那莽原上奔腾驰骋的壮观景象了，也无法觅见数以万计的藏羚羊在那江河之源如云飘浮的至美画面了。但是，三江源还能望见它们的身影，它们还在那里生息和繁衍。

我曾不止一次驻足凝望过那些藏羚羊奔跑的样子。那是何等的优雅！它们好像不是在跑，而是在紧挨着山野飞翔。当那四只灵巧的小蹄子如鼓点般敲向大地时，那身子就在那鼓点之上如鹰在滑翔。

一般它们都不会跑得很远，跑着跑着，它们会突然停住，回首观望，就像一支乐曲戛然而止。有时在奔跑的过程中，它们会突然一跃而起，像受惊的烈马。有位熟悉藏羚羊的朋友告诉我，每次看见藏羚羊奔跑的样子，他都会止不住热泪盈眶。我想，那肯定是出于对生命至美的感动。

藏羚羊的迁徙是一个谜，藏着它们的生存密码，一个有关生命的秘密。

对这个秘密，迄今为止，我们依然所知不多。藏羚羊是青藏高原特有的精灵，其栖息地覆盖了包括可可西里、羌塘、阿尔金山在内的广袤大地，其总面积可能比一个青海省的面积还要大。除了一个季节，每年的大部分时间，它们一群群地分散栖息在如此辽阔的高原大地上，生存区域东西相跨 1600 公里。据我的观察分析，它们就像是一个个原住游牧部落，每一个部落都有自己专属的牧场和相对固定的家园，无论怎么迁徙，最终它们还会回到曾经的草原，继续亿万年苦苦坚守下来的那一种生活。

可是，有一个季节不是这样。这是一个迁徙的季节。

到了这个季节，它们像是听到了一种召唤，会从高原的四面八方向一个地方迁徙和集结，而后又从那里原路返回。这是地球上最为恢宏的三种有蹄类动物的大迁徙之一，场面壮观，气势宏伟——另两大有蹄类动物是非洲角马和北极驯鹿。藏羚羊大迁徙的集结地就是卓乃湖、可可西里湖和太阳湖一带。这是一次迎接新生命的迁徙之旅，它们之所以历尽艰辛赶往这里，就是要在这里产下自己的孩子。所以，有人把这个地方称为藏羚羊的天然大“产房”，当然，你也可以说这里是藏羚羊的摇篮。

它们在每年的 11 月至 12 月完成交配。来年 4 月底，公母藏羚羊开始分群而居，当高原的夏天来临时，大迁徙开始了，包括雌羔在内的所有母羊都会向着那个地方集体迁徙。大约一个月之后抵达目的地。而后稍事休息，一调整好身体状态，便会在那里产下新的生命，数万藏羚羊一起产羔。尔后精心哺育，过不了几天，小羊羔就能活蹦乱跳了。回迁之旅又要开始，又是一次漫长的生命跋涉。这种生命之旅，每年重复一次，一代代藏羚羊都不会忘记迁徙的季节和路线。如此循环往复，从未改变。即使20世纪末，藏羚羊由此引来灭绝性的灾难时，一到那个季节，它们依然会踏上那条迁徙之路。

藏羚羊为何不在原栖息地产羔，而非要冒着生命危险经过长途跋涉，集结到那个固定的地方去共同迎接新生命的降临呢？如果那是命中注定的选择，那么，又是谁确定了这样一个方向，划定了这样一片特殊的领地，专门用来迎接新的生命？如果那是它们自己的选择，那么，它们又是靠什么来取得联系，以致在某个特定的日子，数万乃至十数万之众的生灵从不同的方向同时启程，向一个共同的地点集结？那个地方有什么特别之处吗？是什么吸引着它们、召唤者它们？百思不得其解。

一次次走向那片荒原，去寻访藏羚羊时，我与很多人讨论过这个话题，也曾设想过无数的可能，但一直没有找到一个理想的答案。依照常理，一个临产的母亲不适于远距离跋涉，应该就近找个适宜的地方准备分娩才对，可藏羚羊不是。临产前，它们都会踏上这样一条迁徙之路，亘古不变。

唯一合乎情理的解释是，这迁徙也许与种群的繁衍有关。如果分散在如此广袤的大地上产羔，小生命很容易受到其他猛兽的攻击而难以成活。如果成千上万的藏羚羊在一个地方产羔，即使有天敌攻击，也不至于造成灭顶之灾，其中的大部分小生命依然可以躲过一劫。从临产地多年的观察结果看，这个季节，并未发现其他动物也向这个方向集结的明显迹象。虽然，也总会看到狼、棕熊、狐狸甚至雪豹等猛兽的踪迹，也会看到鹰鹫类猛禽，但那当属于正常现象，而非有意集结。如此则真可以大大降低新生命出生时面临的诸多死亡风险，从而保障种群安全。

这里面涉及一系列问题。譬如，一年一度，如此大规模的迁徙怎么能瞒得过其他生灵？那并不是一个隐蔽的行动，而是声势浩大，像是有意要惊动一切的样子。其他生灵又怎么会毫无觉察呢？如果这是某一年的一个临时的决定，每一年的集结地都不一样，还好理解，而如果每一年都是如此，其天敌类猛兽也不难发现这个秘密，那岂不是会招致更大的危险，蒙受更大的灾难吗？

也许秘密就隐藏在它迁徙的路径里面，迁徙之前，它们散落在高原荒野之上，开始迁徙时——甚至在整个迁徙途中，它们都像是三三两两随处走动的样子，步履中没有显出丝毫匆忙的样子，一天天，只是缓慢地移动，日出日落，它们每天的生活与往常并没有太大的变化。还因为其迁徙距离的不同，开始迁徙的日子也各不相同，它们只在意抵达的日期。所以，看上去，藏羚羊种群的迁徙之旅乱象丛生，扑朔迷离。而且，整个种群移动的方向也是不一样的，那是由它们栖息地的所在方向决定的。如果它们栖息于羌塘以西，那么，它们就会往东；如果它们在南部草原，则会往北；如果原本在阿尔金山腹地，则需要南下……启程于不同的方向，又向着不同的方向缓缓移动，再将这种大迁徙置于无比辽阔且山河纵横的高原大地上，谁都无法窥探并知晓其迁徙的秘密。

如果你仔细留意，这个季节，它们只会朝一个方向移动，那方向在它们的心里，每一只藏羚羊都心领神会。在这个季节，假如你从高空长时间注视青藏高原的这一片土地，你就会看到一个奇观，所有的藏羚羊实际上都是朝着一个方向在移动，最终都会汇集到那个神秘的地方，好像每一个步子都经过了精确地推算。于是，无论它们从何时何地开始迁徙，抵达的日期都惊人的一致。抵达之后，新生命降临，生命欢乐的盛宴开始，一代又一代生灵的繁衍继续。

2020 年 5 月 18 日至 24 日，整整一周的时间里，我和我的两位年轻同事姚斌、张多钧以及司机小朱一直在可可西里守望藏羚羊一年一度的大迁徙。大部分时间，我们都在不冻泉到五道梁两个保护站之间不到 50 公里的青藏公路上来回穿梭，偶尔也会从不惊扰藏羚羊的边缘地带进入可可西里，或者东往昆仑山口，西至沱沱河、唐古拉山顶的青藏公路沿线去守望察看。

我们的目标只有一个：藏羚羊大迁徙。我们把观察记录的现场见闻，写成了一组系列报道，以“2020 藏羚羊大迁徙现场报道”为题，发在 5 月 19 日至 25 日的《青海日报》上，除了文字，还有大量图片和视频画面，是一次立体呈现的报道。

每天从早到晚，我们都守在这段路上，观察去可可西里腹地卓乃湖一带产仔的藏羚羊是怎样穿越青藏线的。五道梁是一个主要的迁徙通道，那里有几个摄像头全天候观察记录藏羚羊迁徙的画面。我们与保护站约定，只要发现有迁徙的藏羚羊群走近，即可电话通知我们，无论在什么地方，一个时辰之内，我们几乎都能赶到五道梁做实时观察和记录。

保护站的记录显示：2020 年的迁徙季节，通过五道梁穿越青藏线的藏羚羊，4 月 30 日，中午 43 只，晚上 133 只；5 月 1 日，上午 61 只；5 月 2 日，上午 131 只……5 月 22 日，清晨 98 只，上午 46 只，中午 54 只，下午 8 只；5 月 23 日，下午 123 只……据五道梁保护站记录统计，从 4 月 30 日至 5 月 24 日 18 时许，共有 2153 只藏羚羊穿越了青藏线，走进可可西里腹地。

除了在五道梁守候，其他时间，我们都在这段青藏公路沿线，一只一只地数藏羚羊，生怕数错，来回反复地数，直到确定一天的记录没有太大出入。这当然不只是在数数，我们要通过自己多日的实地观察和记录，对每天从四面八方进入可可西里产仔的藏羚羊种群得出一个基本的判断。

从可可西里几个保护站调查采访的结果看，近几年藏羚羊产仔大迁徙已经出现了一些明显的变化。

一个变化是开始迁徙和回迁的时间越来越提前，2020 年最初的迁徙开始于 4 月 30 日，比上年提前一天，而比十年以前大约提前了半个月，比二十年以前，大约提前了一个月。迁徙时间大约也会持续近一个月，其中有规模集中迁徙的时间大约会持续一周到十天时间，前后两头每天迁徙的藏羚羊数量逐渐呈现递增或递减的趋势。

另一个明显的变化是，产仔迁徙的藏羚羊群中公羊的比例呈上升趋势。十年二十年以前，分批陆续往可可西里腹地产仔的藏羚羊群中，纯粹的母羊群多见，偶尔会看到一群藏羚羊中也会自始至终跟随着一两只公羊。后来，发现跟随母藏羚羊群迁徙的公羊数量也越来越多。从今年在现场看到的情况看，已经几乎见不到纯母藏羚羊群了，哪怕是十几只的小群，母羊群里也总是混杂着若干公羊。稍稍大一点的藏羚羊群里公羊的数量更多，有些群，母藏羚羊和公藏羚羊的比例几乎是对等的。

第三个明显的变化是，继续往可可西里卓乃湖一带迁徙产仔的种群数量呈下降趋势。据卓乃湖保护站的观测记录，十几年以前，他们曾拍到超过 3 万只藏羚羊在湖边一起产仔的画面，这几年，他们最多也只拍到过万只左右的藏羚羊在湖边产仔。他们估计，2020 年最多不会超过 5000 只。而且，2020 年所产小羊羔，死胎有所增加。

那么，没进入可可西里腹地卓乃湖一带的藏羚羊是否把产仔地改到了其他地方呢？这种可能性是存在的，但是改到什么地方了？分布在什么地方的藏羚羊改变了迁徙方向？目前尚未有进一步的观察结果。至于死胎的增加，保护站管护人员的分析是，迁徙途中对藏羚羊的干扰造成的。

比如出于好心进行的不必要的护送，出于保护目的进行的拍摄，出于好奇受到的游客的侵扰，等等。

从我们在现场看到的画面分析判断，迁徙中的藏羚羊群对任何人类活动行为和目标都极为敏感，甚至对自然天敌的动向也比平时格外敏感。

一天，我们在可可西里边缘，远远目送一大群藏羚羊进入可可西里。在通过一道山梁时，它们突然改变方向迅速奔跑起来，速度很快。要知道，这可是一大群“孕妇”，它们和人类一样清楚，这样的急速奔跑意味着什么！可它们还是义无反顾，做迅速逃离状。后来，我们发现，那山梁一侧正有一只狼远远尾随而来。原来，它们看到那只狼了。

如果没有意外惊扰，在越过青藏线之后，它们行进的速度会适当放慢。天气变化似乎也能影响到它们的行进速度。风雪天，它们都会走得很慢，甚至会停下来，一边觅食一边等太阳出来。

我们还发现，它们对一些不太明显的人为标识也很敏感，尤其对颜色，会表现出害怕甚至恐惧！

一次，在五道梁，我们从监控画面看到，一大群藏羚羊朝青藏公路慢慢走来。在通过青藏铁路下开阔的桥洞时，它们先是放慢了脚步，快到桥底下时，加快步伐奔跑起来。那里除了横跨两山之间的大桥，什么也没有，很显然，即使那大桥也令它们恐惧。

一穿过大桥，它们又放慢了脚步，三三两两，排成一条长队，缓慢前行，但方向很明确，就是前方几公里以外最低的那一段青藏公路。保护站民警提前做好了护卫它们通过的准备，在公路两头很远的地方竖起警示牌，切断了来往的车辆，让它们通过。我们也站在远处守望。

离公路约 1000 米的地方，它们突然再次放慢速度，行进的方式也发生了变化，有一些藏羚羊开始向两侧迂回。虽然依旧排成一长队，但大多集中在中间部分，前后都只有很少的几只藏羚羊。剩下 500 米左右的时候，事先没有任何征兆，一只领头的藏羚羊突然加快速度奔跑起来，遥遥领先。整个藏羚羊群也紧随其后，奔跑起来。迁徙的队伍又排成了一个长队，走在最后的几只藏羚羊被远远落在后面了。

这时，跑在最前面的那只藏羚羊已经来到公路边了，前蹄甚至已经踩在路基上了。我以为，它会一鼓作气，越过公路，进入公路另一侧的可可西里。可是，它却收住脚步，戛然而止。站在那路基下，回望着自己庞大的家族成员，耐心等待它们跟上迁徙的队伍，等待一一抵达。不到一分钟时间，群里几乎所有的藏羚羊都已经到它身边了。

可是，它还在等待。看到它焦急的样子，所有的同伴也都回过头去张望。这时，我们才看到，还有一只弱小的藏羚羊在后面很远的地方，正向这里慢慢跑来。藏羚羊群开始发出焦躁的声音，像是在催促，也像是在给那只落在后面的同伴加油。也只剩下 500 米了——好像这是一个命定的长度，突然，那只弱小的藏羚羊也拼命地奔跑起来了。它也是用了不到一分钟时间，就跟上了同伴。可是，它好像把所有的力气都用尽了，再也动不了了。四肢纤细的小腿在刺骨的寒风中瑟瑟发抖。

站在最前面的那只健壮的藏羚羊好像吭了一声，就开始爬上路基。当站到公路边的路面上之后，它又匆匆回头看了一眼，这才迅速穿过公路路面，一下就下到公路另一侧的草原上。但是，它并未向远处走去，而是站在路基之下的草地上，等待所有的同伴。

可能只用三四秒钟的时间，这群足有 160 多只的藏羚羊群都已经越过青藏公路——除了那只弱小的藏羚羊。其实，它也跟其他同伴爬上了路基，但是，当它等待所有的同伴都已经穿越公路，下到公路另一侧的草原上时，它却不敢迈步了。

它一次次退回到刚刚爬上来的路基之下，又一次次重新爬上那路基，而后，站在那里望着公路，好像那不是一条并不宽展的公路路面，而是一片汪洋。它望而却步。有几次，它甚至小心翼翼地向路中间走去，但每次都止步于那道只有手掌宽且并不鲜亮的黄线一侧。当它第八次止步于那道黄线一侧之后，它几乎没有丝毫犹豫，就迅速退回到刚刚爬上来的路基之下了。再也没有试图翻越眼前的公路。它似乎彻底放弃了。

而已经穿过公路的藏羚羊还在原地等待。大约又过了不到十分钟。堵在公路两头长长的车流开始放行。已经穿过青藏公路的藏羚羊群，这才离开公路一侧，向远处慢慢跑去。跑到一道山梁上，它们稍稍停顿，回头看了一眼落在公路另一侧的那只小同伴。

那天下午，它一直在那里，很孤独。第二天早上，它已经不在那里了，不知道它去了哪里。此后的很多天里，我一直在想它的去向和着落，却不知所踪。

可以肯定，曾经在可可西里此起彼伏的枪声已经听不见了，藏羚羊的盗猎现象已经禁绝。但是，人类对藏羚羊的侵扰似乎却有所增强，因为青藏公路，又有了青藏铁路，穿行于青藏线的车流人流明显增加。此其一也。

其二，藏羚羊迁徙的季节，青藏高原正好迎来一个温暖的季节。但凡经过此地，天南地北的过客都愿意停住脚步，看看可可西里和藏羚羊，以表达他们对这些高原精灵的喜爱。而大多游人对藏羚羊的习性并不了解，更不明白，任何不当的亲近方式都会造成伤害。

对现在的藏羚羊来说，最好的保护不是亲近，而是保持一定的距离，让种群感到安全——也许在未来会是这样。从目前的情形看，500 米到 1000 米，对于它们也许是个安全的距离。最终，这个距离得有多远，要看藏羚羊自己的反应，最好以它们不感到紧张和害怕为宜，直到它们彻底消除对人类的敌意和警觉为止。也许那个时候，人与藏羚羊才会有真正的亲近。

不仅藏羚羊，对所有野生动物来说也是如此。

对一只或一群狼而言，50 米以外也许就已经是安全的距离了；对一只狐狸，100 米以外才是安全的；对一头棕熊，这个距离可能还不够，也许得需要 5 公里；而对一群野牦牛，也许还要远一些，我判断可能需要 7 公里左右的距离——如果是一头野牦牛，这个距离还不够，也许需要 10 公里。

越过这个界限，如果对面只有一头野牦牛，你可得当心，说不定它会先发制人，突然向你冲过来，而且，事先不会有任何迹象。发起冲锋之前，它顶多会跺跺蹄子，晃晃头和犄角，可能还会摇摇尾巴，算是已经跟你打招呼了——有时，在安全距离以外，它也会有这些举动，但那多半是虚张声势。它为什么要这样？不是逞强，而是害怕。它感觉自己受到了侵犯，感觉到不安全。

我感觉，藏野驴的安全距离比藏羚羊的远一些，比棕熊的近一些，越过了这个界限，它们也会有警觉，进而感到害怕，继而奔跑起来。也许是出于对自己奔跑速度的自信，一开始，它们一般不会离开你的视野，也不会撒开腿飞奔而去。它们似乎很愿意让你看到它奔跑时的优雅，并为之赞叹。直到它们感觉到你已经越过了安全界限，让它们感觉到危险之后，才会向远处一路狂奔而去。

藏野驴是自然界最擅奔跑的动物之一，也是大型陆生动物中奔跑姿势最为优雅的物种，即使在快速奔跑时，它们也会高高地昂起头颅，从不会摇头晃脑，更不会低下头颅。步伐也是惊人地轻松奔放，从不会出现惊慌失措的现象。尤其是当一头藏野驴独自狂奔时，你甚至会感觉奔跑之于它是一种何等的享受。那是一种舞蹈，是一种近乎人类之舞而又融于大自然的舞蹈。

以前青藏高原腹地很少见到汽车，如果有一辆车进入一头藏野驴的视野，它肯定会从很远处飞奔而来，与车进行赛跑。它会不断地飞跑，不断地超过奔驰的汽车，站在前面，等车赶上。然后，又绕开一旁与车平行飞奔，等超过之后，又会站在前面等你。如此反复多次，直到它感到无聊之后，才会站在那里目送你远去。

后来，汽车也像一种动物到处跑来跑去，见得多了，藏野驴们也已经见怪不怪，再也见不到藏野驴与汽车赛跑的奇观了。大老远看见，它们顶多歪过头来看一眼，如果发现那也只是路过，并无意冒犯它的领地，它一般也不会为之感到紧张，更不会撒腿就跑。只是发现那车向它的方向驶来时，它才会跑开，但已经不是平行方向的赛跑，而是向着另一个方向逃离。

据我的观察，藏野驴讨厌汽车，也讨厌人类，更讨厌人为设置的那些障碍和铁丝网围栏。如果一头藏野驴进入两面都有网围栏的狭窄通道，迎面再来一辆汽车——很多时候，前后都有汽车驶来，那么，它就会非常紧张。它会忽前忽后地紧张奔跑。如果长时间找不到入口或出口，它会气急败坏地向水泥杆子上撞上去，不时有撞死者……

在青藏高原大型陆生野生动物中，野驴是我所见到的数量最多的一个种群了，其真正的名字叫西藏野驴，为野生马属动物青藏高原特有种，分布在世界各地的斑马群是它的表亲，它们分别是普通斑马、山斑马、细纹斑马、野驴和非洲野驴，还有野马。

从昆仑山麓到巴颜喀拉、唐古拉的那些开阔的山谷滩地上，我都曾望见过它们的身影。据我的观察，野驴堪称是大型圆蹄类哺乳动物家族中的智者。恕我不敬——它们具有英国绅士的风度和法兰西贵妇一样强烈的虚荣心。它们有着孩子般争强好胜的顽皮性情，也有着老人般沉静自若的闲淡心态。它们在草地上啃噬青草时安静得就像古代中国的江南淑女，在莽原上争斗和驰骋时刚烈得就像古代罗马和希腊的斗士。它们陷入沉思的样子像哲人般深沉，它们悠然踱步的儒雅风采就如同孔老夫子的学生。

而当地藏族人对野驴的观察则更为细致，在他们的形象描述中，野驴几乎无所不能：当一头野驴站在山顶上时，它就像一个哨兵；如果一头野驴走在一条山谷里，它就像一个密探；野驴在河边饮水的样子像背水的牧女；如果一头野驴走在你前面，你就会把它当成一个牵着羊行走的老牧人；而当一头野驴迎面而来时，你也许就会把它看成一个骑着马、背着杈子枪的猎人……走近牧人的帐篷时，它像一个小偷；列队前行时，它们俨然就是一支训练有素的军旅；一群聚在一起的野驴仿佛集会的人群；而一群野驴在草原上吃草的样子就是一支驮运茶叶的商队……

野驴，从下腭到臀部，朝向地面的部分是纯白色，全身其他地方的毛色全是棕色。乍一看，那一溜儿白色就像是胸前露出的白衬衫，而那罩在白色之上的棕色就是一件标准的燕尾服了。它们是高原野生动物世界真正的“白领”。在它们相互争斗或偶尔心血来潮时，它们就会用两条后腿将整个身子竖起来，用两条修长的前腿攻击或者只是做做伸展运动。目睹那优雅的风采时，你可能就会想到身着燕尾服的卡拉扬在舞台上的情景。当然，它们有它们自己的舞台，它们从来就没想过要到别的舞台上去表演，更不会想着有一天要去指挥著名的柏林爱乐乐团。那样愚蠢的想法只会出现在人类的大脑里。对生命万物而言，人类的大脑里除了生存的智慧就全是愚蠢残忍的坏点子和无限膨胀的贪婪欲望，而在野驴的大脑中除了生存的智慧还是生存的智慧，除了食欲、情欲、爱欲和奔跑的欲望之外似乎就没有什么别的欲望了。饿了就吃，发情了就疯狂地做爱，产了小驹，就刻骨铭心地去呵护，之后就是无忧无虑地走在沼泽和草原上的日子了。

每年7月底到8月初是野驴集中产驹的时节。每年的这个时候，高原腹地都会有连续七天时间的晴朗天气。牧人们说，这七天时间的天气是由野驴家族在掌管。因为，野驴大都生活在高寒沼泽草地，而刚刚出生的小驴驹儿的蹄子十分嫩软，如果没有晴朗的天气，它们的小蹄子就很难长得坚硬。而坚硬的蹄子是它们能够立足沼泽草地的本钱，它们的蹄子就是狼的牙齿，就是豹子的尾巴，就是野牛的犄角。有了坚硬的蹄子，它们才能纵横驰骋，才能穿越无边的沼泽地，也才能在遇到危险时保障自己的安全。它们的蹄子常常使草原狼闻风丧胆。当成千上万的野驴在莽原上飞奔而过时，那坚硬的蹄子在大地上敲打出来的声音就像是万钧雷霆。成千上万的野驴在大草原上迁徙时，整个草原就成了棕色的草原，那就是野驴的草原。

包括人类在内的所有动物都不敢轻易涉足沼泽地，唯独野驴将沼泽视为家园。在高原腹地的那些沼泽里，到处都留下过它们迁徙的足迹，那就是野驴走过的路。那是一条弯弯曲曲的细线，那是一条被水草掩盖着因而很难辨认的水路。只有特别熟悉野驴生活习性的高原牧人才能发现并辨认野驴走过的路。只要你能准确地辨认野驴走过的路，你就能穿越青藏高原上所有的沼泽地。在不同的季节，野驴会穿越不同的沼泽，去找寻

> 它们梦中的水草。千万年来，那无边的沼泽不仅养育了它们，也是它们得以保全自己的生态屏障。只要那无边的沼泽依然存在，就不会有什么太大的危害降临在它们的头上。[①]

野牦牛也是青藏高原特有种，但种群数量也已到了严重濒危的程度，其濒危程度甚至远远超过了藏羚羊。目前的藏羚羊种群可能已经恢复到20世纪80年代末的样子，可可西里及周边荒野已经随处可见。但野牦牛种群数量依然非常有限，如果不刻意去寻找，即使在三江源腹地，也难得一见。

> 昔日青藏高原上的野牦牛群可与北美大草原上曾经有过的野牛群相媲美，当上千头乃至几千头一群的野牦牛从那亘古莽原上走过时，天地都会为之动容。北美大草原上的野牛群随着欧洲殖民统治者的侵入渐渐退出了人类的视野，尤其是西部大淘金的狂潮使野牛群遭到了灭绝性的杀戮。德国著名记者洛尔夫·温特尔在他《上帝的乐土》一书中对北美大草原上的那一段历史作过这样的描述："在印第安人世世代代精心保护的地区曾有6000万头野牛，白人出现在那里仅仅30年，这巨大的野牛群消失了。驻扎在阿肯色河畔的陆军上校理查得·L·道奇证明说：'1872年还有数百万头野牛吃草的地方，到了1873年到处都是野牛的尸体，空气中散发着恶臭，大草原东部成了一片死寂的荒漠。'"
>
> 青藏高原野牦牛群的消失也与大淘金有关，而且关系重大，

---

① 引自散文集《黑色圆舞曲》，内蒙古文化出版社，2013年6月。

只是，时间要晚得多。在北美大草原上已难以觅见野牛踪影的时候，青藏高原上的野牦牛们还在灿烂的阳光下有节制地繁衍着它们的子孙。直到20世纪中叶，它们才开始遭遇大规模的杀戮。饥饿是它们惨遭杀戮的罪魁祸首，先是三年困难时期，人民公社为了社员的活命组织进行的大规模猎剿，这是它们和人类的首次交锋。之前的亿万年里，人类从没有真正靠近它们，或者说，人类从没有以试图伤害的方式接近它们，虽然高原土著一直与它们相邻而居，但却视它们为友，相敬如宾。它们对人类的感觉就如同自己的同类，在它们的眼里，人类无疑是弱者，他们渺小，他们不堪一击。所以，它们从不设防。

100年前，在昆仑山麓，当瑞典探险家斯文·赫定和他的随从第一次用火药枪对准它们，并向它们射击时，它们还以为那是在和它们开玩笑，但是，那粒小小的弹丸却差点射穿它们身上厚厚的铠甲。于是，它们第一次抬眼望了望对面的那些异类，那些异类头上的目光第一次让它们感觉到了恐惧。于是，那个受伤的同伴就向那些不远万里跋涉而来的异类冲杀而去，但是，又一粒弹丸向它飞来，接着，又是一粒，这一次差点命中要害，它被彻底激怒了，它用尽全身的力气，冲向那些可恨的家伙。

我后来猜想，当那头野牦牛快要冲到跟前时，斯文那小子所表现出来的样子肯定不是他在著名的《亚洲腹地旅行记》中所描述的那样镇定自若，而是惊恐万状，脑子里甚至是一片空白，他唯一所能想到的是他的瑞典老家和他年迈的白发老母。我想正是这一闪而过的念头救了他的老命，昆仑山神为这个念头而心生悲悯，让他们从一片惊慌之中回过神来，向那头野牦牛射出最后的那颗子弹，野牦牛就倒在了他的脚前，而他却可以把这作为炫耀后世的资本。后来，他们甚至把家养的牦牛当成野牦牛胡乱射杀，为他的这次经历增添传奇色彩。

但是，无论如何，他都无疑是一位杰出的思想者，他有一间令人艳羡的书房，那书房里充满了森林的芳香，他坐在那宽敞的书房里回想他在亚洲腹地的经历时，那些野牦牛们早已把他忘在脑后了。就在那间书房里他成就了《亚洲腹地旅行记》，在这本书中，他除了详尽地罗列在他看来离奇和有意思的见闻之外，他也颇有文采地描述了很多野生动物的生活场景。

据说，野牦牛可以循着子弹散发的火药味向猎人一路追杀而来。如果是顺风，它们灵敏的嗅觉可以嗅到几公里以外的异味儿，尤其是人类的体味。自然界很多的野生动物都有这种奇异的本领，所以，有经验的猎人都会守在逆风的山口等待猎物。野牦牛是一种具有团队精神的生灵，当一群野牦牛在一起时，它们就是一个整体，在不同的环境里，它们中的每一个个体都有自己的职责和分工。带领和指挥它们行动的是一头大家都诚服的公牦牛，无论面对怎样的严峻形势，它都不会忘了自己的使命。它总会让自己处在相对危险的位置来保证群体的安全，当灾难来临时，它又总会自觉地冲在前面，它会用自己的生命来换取群体的安全。①

像狗的祖先是狼一样，家养牦牛的祖先就是野牦牛，而且，它们被驯化为家畜的历史可能要晚得多——至少可能晚几千年，甚至更加久远。

科学研究证实，野牦牛的驯化是7300年前才出现的事情。而古岩画

① 引自古岳《走向天堂牧场的野牦牛》《黑色圆舞曲》。

上的那些狩猎图告诉我们，大约在3000年前，牦牛的驯化过程也许还在继续。那时，几乎所有家畜的驯化都早已完成，野牦牛是人类最后才得以驯化的野畜——也许直到今天还没有最后完成。因为以野牦牛为亲本资源（这是一个育种学专业术语，泛指用来杂交、培育新品种的父辈和母辈或雄性和雌性）的牦牛品种改良仍在继续。

除了与人类关系的密切程度，其实，直到今天，一头家养牦牛的习性和生存环境与真正的野牦牛并没有太大的区别。家养牦牛虽然都被人类放养——偶尔也会圈养，但它们依然还在山野，山野之上原本也是野牦牛的家园，因为它们原本就是一个家族里的成员。

后来，可能因为越来越多的野牦牛被驯化成家畜，与人类相伴，渐渐失去了野性，野牦牛看不下去，一气之下，才从它们身边渐渐远去。它们不仅是要离开家养牦牛，更重要的是离开人类。如果再不离开，迟早它们都会失去野性，成为人类身边的牲畜。假如它们肯与我们分享它们之所以远离的感受，我想，它们一定会说:靠近人类是一件很危险的事，凡是与人类接近的动物，最终都会被它们驯化成家养的牲畜，失去全部的野性。而野性是它们区别于其他万物生灵立足于天地之间的根本。

也许是最后才驯化成功的缘故，在所有家畜中牦牛也是唯一从未完全丧失其野性的动物。你要是把它们整日里圈起来，即使给它们吃最好的饲草，它们也极不情愿。这一点从它们的神态和表情就能看出来，刚圈起来时，它们一个个心急火燎地又蹦又跳，恨不得立刻破门而去。时间长了，它们慢慢地就会陷入绝望，一个个垂头耷脑，提不起精神。而一旦被放出去，到了山野，它们就像是逃离似的，一门心思地往远处走去。直到足够远了，视野中见不到人影了，才有了精神，停下来啃噬青草……

以前草原上所谓的牛圈，其实就是扯在帐篷前草地上的几条毛绳。毛绳用钉进草地上的铁桩或木桩牢牢固定着，牧归的牦牛依次拴在毛绳上，一来防止走失，二来是为挤奶方便。牦牛被一条毛绳拴着，虽然也不大情愿，但是也不会过于对抗。反正都吃饱喝足了，夜间剩下的事情就是安卧和反刍，拴着就拴着吧，除了那条毛绳，一切都没有什么变化，何况那毛绳也是用它们身上的毛做成的，没什么不舒服。再说了，挤惯了牛奶，不挤，乳房会涨疼。挤完了，才会舒坦。这是驯化过程中，人类对它们的最大改变，它们对人类产生了依赖。

所以说，牦牛即使在驯化以后，它身上的野性也未彻底驯服，至少在所有家畜中，它是唯一还存有野性的牲畜。而且，直到近现代，家养牦牛与野牦牛野合的事在草原上依然时常发生，一群家养牦牛中也常常会看到一两头野牦牛的后代。牧人们说起这样的趣事时，就像是在谈论人间的风流韵事一样乐此不疲。因而，不但不反对，不阻止，而且还怂恿鼓励，设法成全，家养牦牛身上的野性也由此得以保全和延续。

直到很久以后，随着人类的数量越来越多，野牦牛的栖息地才不断被挤占，其种群数量也才日益锐减。这时，人们突然发现，家养牦牛的种群正在退化，先是个体越来越小，再后来，它们的性子也越来越温顺了，野性也好像在一天天消失。也在这时，人们又忽然想起曾经在旷野上飞奔呼啸的野牦牛。可是，它们也好像突然消失了，即使苦苦寻找，也难得一见。

有人开始去寻找野牦牛，目的是想找回家养牦牛昔日健壮的体魄，当然还有野性。毫无疑问，将无数野畜驯化为家畜是早期人类文明最主要的成果。从现在的情形看，不可否认的一点是，驯化家畜的历史证明，生物除了进化也会退化，而当自然进化遭到干预时，退化的趋势则会加剧。这是家养牦牛品种退化的主要原因。

于是，一项自远古就已开始、至今尚未结束的动物驯化运动，又找到了一个新的名目，曰：畜种改良。而家养牦牛品种改良最理想的亲本资源就是野牦牛，可是到哪里去找野牦牛呢？历尽艰辛，人们终于逮住了几头野牦牛，并在人类的帮助下，用它们的精血让家养牦牛受孕。一次次失败之后，一代又一代的野血牦牛被成功驯化，草原上又能看到雄壮无比的牦牛了。

可是，这时人们又发现，野牦牛亲本资源越来越稀缺，无以为继。虽然，随着保护力度的加大，野牦牛种群数量已有所恢复，但是也已处在极度濒危的程度。

根据野生生物学家的观点，用野牦牛来改良家养牦牛的结果有可能导致野牦牛自身的品种污染和退化。比如，乔治·夏勒对此就非常担心。也许，最终我们会找到一个能保全牦牛种群的路径，但是目前还没有找到。所以，我既不悲观，也不乐观，只是心存希望，哪怕这是最后的希望。

三江源因为至今留存着大片荒野，像可可西里这样的地方更是世界少有的无人区，除了20世纪八九十年代的一段时间曾遭受严重破坏之外，几乎没有受到太多的人类侵扰。很多地方，至今仍保持着大自然的原真性和完整性，固有的原始风貌依然在延续。

很多时候，站在一片荒野上，环顾四周或望着脚下的草地时，我都感觉那里从未留下过人类的足迹，仿佛你是第一个走进这片荒野的人。如果你从不曾经历这里曾发生过的一切，而是今天才第一次走近这片荒野，你一定会觉得，自古以来，它就是这个样子，好像从未有过丝毫的改变。

因而，它才成为生灵万物的天堂，是青藏高原众多野生动物理想的栖息地。区域内共有125种野生动物，多为青藏高原特有种，且种群数量众多，兽类47种，鸟类59种，鱼类15种……其中，雪豹、藏羚羊、野牦牛、藏野驴、白唇鹿、马麝、盘羊、金钱豹、黑颈鹤、白尾海雕、胡兀鹫、蓝马鸡等十余种国家一类（级）保护动物，藏狐、石貂、兔狲、猞猁、藏原羚、岩羊、豹猫、马鹿、棕熊以及大鵟、雕鸮、鸢、兀鹫、纵纹鸮、白马鸡等十余种国家二类（级）保护动物。

我想说的是，其中有些列在二类保护级别的野生动物，其种群濒危程度并不比列在一类保护的那些动物好。我还想说，对人类来说，现在这里已经成为一个国家公园，是中国第一个国家公园，但是对这些珍稀野生动物而言，这里却一直是——而且应该永远是它们的家园。因为它们的繁衍栖息，我们的国家公园肯定会显得更加富有魅力，而因为国家公园，它们的家园也会显出万物和谐的勃勃生机和活力。这样的景象不就是人与自然的和谐共生吗！

前面我已经写到了藏羚羊、野牦牛，现在该写写雪豹了——其实，前面我也写到过雪豹，只是未及细说。

雪豹是青藏高原标志性野生动物，被誉为旗舰物种。要是在 30 多年前，说起雪豹，全世界见过雪豹的人要是有，也是屈指可数。据我的了解，当时，在世界野生生物学界见过雪豹的也没有几个。其中一位是乔治·夏勒，而另一位，可能是 1973 年曾跟随乔治·夏勒前往尼泊尔研究喜马拉雅蓝羊的彼得·马修森。

后来，马修森记录灵性探索的著名自然经典《雪豹:心灵的朝圣之旅》所写的就是这一段传奇经历。迄今为止，我都认为这是人类历史上最伟大的自然文学作品，其自然质地和文学品质无可替代。

马修森在书中写道：

夏勒在湖泊上方的高处等我，手不知指着路面的什么。我跟上去，凝视着那些粪便和足印良久。四周都是悬岩，只长了薄薄一层发育不良的柏树和蔷薇。夏勒呢喃道：“它也许就在附近，正看着我们，我们却永远看不到它。”他捡起豹子粪，我们继续前进。到了高山转角，狂风阵阵刮来，夏勒的高度计指着一万三千三百尺。

他又写道：

夏勒搜寻多年，只见过两只成年的雪豹和一只幼豹。第一次见到雪豹是1970年在巴基斯坦的奇特拉尔；今年（当为1973年——笔者注）春天在同一个地区用活山羊作饵等了一整个月，才拍下雪豹的照片，这是全世界头一遭。

当然，那之后，夏勒多次见过雪豹。20世纪80年代以后的30余年间，夏勒博士一直在青藏高原寻找和研究雪豹。当然，他不仅研究雪豹，后来还调查研究涵盖了青藏高原所有的野生生物种群。我也是因为夏勒的研究才密切关注雪豹的，可是我只见过一具雪豹的尸骸，那是唯一的一次。我所见过的活着的雪豹都是在图片和视频上。

乔治·夏勒（George Beals Schaller），1933年5月26日生于德国柏林，十几岁时随家人移居美国。1955年获阿拉斯加大学生物学学士学位，1962年获威斯康星大学博士学位。大多文字中是这样介绍夏勒的：他是一位美国动物学家、博物学家、自然保护主义者和作家，长期致力于野生动物的保护和研究，在北美洲、非洲、亚洲、南美洲、北极圈都曾广泛深入地开展过野生动物及生物学考察和研究，足迹遍及世界各地。曾被美国《时代周刊》评为世界上三位最杰出的野生动物研究学者之一，现任野生动物保护学会副主席。

他给我的名片上印着“乔治·夏勒博士，Panthera基金会副主席，国际野生生物保护学会资深保护专家，北京大学自然保护与社会发展研究中心兼职教授”等字样。就我的了解和认识，他可能是20世纪以来世界上最伟大的野生生物学家，也是第一个受委托在中国为世界自然基金会（WWF）开展工作的西方科学家。

他的卓越贡献在于，他让全世界都意识到了保护野生生物的极端重要性，让今天的人类认识到野生生物的保护已经到了刻不容缓的地步。如果再不加以妥善保护，我们的子孙后代就只能在已灭绝的生物名录里去查找它们的名字并想象它们的模样。而所有这一切都具有永久的启示意义。

据我的了解，目前全世界至少有5个野生动物保护区是因为夏勒的努力奔走而建立的，其中包括受石油开采威胁的阿拉斯加的北极自然保护区。此外，肯尼亚的马赛马拉和坦桑尼亚的塞伦盖蒂保护区，中国的卧龙大熊猫自然保护区、羌塘和阿尔金山（藏羚羊）保护区等世界著名的自然保护区也深受他的影响。

如果说，他这一辈子只干了一件事，这件事就是野生动物的保护和研究，仅在中国开展此项工作的时间就超过了30年。每次出去搞田野调查，少则个把月，多则一年半载，而且，所去的地方大都在人迹罕至的那些山地荒野和丛林，他把那些地方称之为“荒野碎片”。他写道：“我们都在为实现个人的价值而努力，我现在渴望一种超越科学的理想：帮助那些荒野碎片永存。”

我曾问夏勒：“青藏高原到底有多少只雪豹？别的地方还有雪豹吗？”

夏勒笑了一下说：“整个青藏高原和周边地区的雪豹有人猜测是3000只左右，有人猜是7000只左右，到底是多少，谁也说不准。不过，有一点是肯定的，那就是中国境内的雪豹栖息地面积要占世界雪豹栖息地面积的60%以上，是最多的。2008年，在北京开过一次世界雪豹大会。那个时候，有关雪豹栖息地的分布情况仍然不是很清楚，现在也不完全清楚。我们只知道，哪些山系有雪豹分布，但仍然不是很详细、很具体。”

夏勒说，雪豹在3公里以外就可能发现我们，而我们即使离得很近也难得一见。这就是我们为什么很难掌握准确数据的原因。夏勒在他的著作中，不止一次地写到过这样的情景:他正在一处山岩上攀缘，一抬头，可能突然发现，一头雪豹就静静地安卧在几米远的地方——而如果你不仔细观察，不熟悉它的生活习性，即使离得这么近，你也未必能发现它的存在。因为，它跟它身边的那些花白色岩石几乎一模一样，你很难分辨哪是石头哪是雪豹。

他在书中写道：“每次看到关在笼子里的雪豹，我都会暂时忘记那些铁栏，想起我们曾在大雪纷飞的荒凉山坡上见面。希望其他人也能获得这种个人记忆中的美景，直到永远。”

这几年，见过或拍到过雪豹的人越来越多。跟所有猫科动物一样，雪豹也喜欢在夜间活动。所以，大白天亲眼所见或拍到雪豹清晰图片的人，大多是三江源的牧人，而不是专业摄影师，其余多为隐藏于雪豹栖息地的红外摄像头夜间所拍摄。而且，还不是一只两只，不是在一个地方，而是在整个三江源的很多地方，拍到过成群结队的雪豹。

记得有一段视频上，至少有两只以上成年雪豹走来走去，还有好几只幼崽一起嬉闹，其乐融融，憨态可掬。看上去，它们的夜生活才刚刚开始，后面会有什么好戏上演，视频并未拍到。

大约是两年前的冬天，称多县一个牧民还救了一只受伤的雪豹幼崽，不知道该怎么办？打电话给三江源国家公园管理局求救，后来森林公安部门专程将其送往野生动物救护中心，为其疗伤，而后送回了栖息地。

夏勒后来的调查研究也涉及棕熊，棕熊也徜徉在三江源国家公园里。

当然，“在起伏的山峦与沟壑以及溪流与峡谷沿岸那繁花似锦的花丛中，那里充满了音乐和瀑布，是伊甸园般的公园，在这种地方，人们指望见到的是天使，而不是熊”（引自约翰·缪尔《我们的国家公园》一书，郭名倞译）。也许吧。

也许熊不会这样看，在人类，这里是公园，而在熊和这里其他所有野生动物来说，却是它们亘古以来的家园。如果它们都不在这里了，它还会成为国家公园吗？想来也不会。

乔治·夏勒调查研究的范围除了青藏高原之外，也扩展到周边区域，有可能会有棕熊出没的所有山地。一次，有机会曾与夏勒深入交谈，他刚从天峻祁连山麓调查棕熊回来。

我问他：“棕熊为什么喜欢扒房子呢？”

他说，他也一直在关注这件事，可是没法做出合理的解释。末了，又补充道，以前棕熊为什么不扒房子？因为草原上没房子可扒。现在，为什么喜欢扒？可能有房子可扒了。

这是大实话。以前草原上的确没房子，只有帐篷。可它很少扒帐篷，虽然也会经常光顾牧人的帐篷，但它不会将帐篷掀翻。它一般也不会钻过帐篷的门帘进出，而是从帐篷的一侧钻进去——当然是选没人的时候，而后翻箱倒柜，吃饱喝足了，还会把糌粑曲拉撒在地上，把酥油涂抹在帐篷上，似乎那样很好玩儿——我以为它就是觉得好玩儿才这样的。等它折腾累了，不好玩儿了，如果天气不错，它还会在帐篷里小睡一会儿。好像在替主人看护帐篷，因为只要它睡着了，在主人回来之前，它是不会醒过来的。帐篷的主人当然不知道有“客人”来，等他们放牧归来，或者从别的什么地方回来，便会径直走向帐篷，一掀门帘便往里走。这时，他们才会看到棕熊，一般都会感到惊讶，随后也会发出一些虚张声势的动静来。听到动静，棕熊才会醒过来，但是，它不会急着离开。它先会睡眼惺忪地瞪上一眼，像是在责怪把它给吵醒了。而后也不发脾气，一骨碌爬起来，伸伸懒腰，一缩头，还从进来的那个地方爬了出去。

很多牧人给我讲过这样的故事——当然是有棕熊的那些地方的牧人，因为并不是随便什么地方都有棕熊的。我在青藏高原的很多地方都见过棕熊，都在旷野上，都离得很远。每次，看到它的时候，它都是孤零零的独自行走，不慌不忙的样子。一边低头走路，一边摇头晃脑，偶尔还会弓一下腰，甚至会用两只前掌拍打一下——可能有东西挡在路上，妨碍到它的行走，一副心事重重的样子。我在野外看到的棕熊几乎都是这个样子，好像它们从不奔跑，也许在它看来，这世上根本就没有什么事情必须要心急火燎的。我以为，它一直都是这样，可是后来看到牧人们拍摄的一些视频画面，才发现，它也能奔跑，而且还会跳跃。如果不是在草地而是在灌丛中，它就会一跳一跳地从前面的灌丛上翻过去，远远看上去，就像是一个巨大的毛球在那里翻滚。细细一看，才明白，原来它离牧人的畜群太近，牧人有意发出一些吓唬的声音，让它离开的。最后一跳之后，它便消失在那灌丛里面了。

我看到的棕熊大多在照片上，照片上的棕熊都离得很近，都是特写镜头。我感觉，离得太近了，反倒不好看。毕竟是一头猛兽，离得近了，就能看出些凶相来。也许是吓人的故事听多了，印象中几乎所有的猛兽都有一张血盆大口，它倒不是这样。

与它那壮硕无比的个头相比，它那张尖嘴，甚至可以称得上小巧。但总体上，我还是更喜欢远远看到的棕熊，尤其是它在旷野上独自漫步的样子。只看到一头笨熊行走，却看不到凶相，显得朴拙憨厚，显得可爱。

草原上的帐篷都变成房子是这几年才有的事。一开始，房子也还是很少。一条山谷或一片草原上，孤零零地突兀着一两间小土屋，也算是新鲜事物。可能棕熊也发现了它的特别之处，于是去造访。门是开着的，可它不走门，而是要从窗户翻进去，窗户是关着的——还有玻璃，它就一掌把窗户推开，如果窗户是从里面扣着的，一掌过去，窗户就没了。它就呼哧呼哧地一跟头翻进去，还是翻箱倒柜那一套，像恶作剧，像一个老顽童的恶作剧。每每令主人哭笑不得。而在藏族的传统文化习俗里，这种事一般还被视作是吉兆，像是家中突然来了贵客，也喜欢张扬出去，生怕别人不知道。后来，随着一项项游牧民定居工程的实施，草原上的房子越来越多了，最后，帐篷已经难得一见了，到处都盖起了房子。而同时，棕熊也似乎多了起来，虽然，夏勒博士说，还没有足够的证据来证明棕熊是否真的多了，但这样的故事却是越来越多，也越来越离奇了。

我想，如果不是棕熊的原因，那一定跟房子有关了。据我的猜想，棕熊之所以喜欢扒房子，除了贪吃之外，多半是出于好奇。它生性顽皮，见到什么新鲜东西总想去看个究竟，但是到了现场，翻了个底朝天，也没看出个名堂来。便觉得无聊，只好倒头大睡。可糟糕的是，它记性又不好，前一天做过什么，经历了什么，到了第二天，或换了个地方，一概抛于脑后，不记得了。于是，故伎重演。还有，它为什么不走门，是帐篷，它要从旁边钻进去，是房子，它要从窗户翻进去呢？我以为，那是熊的一种经验，是有意为之。你想，无论是帐篷还是房子，无论是门帘还是门，那都是人走的通道，一天到晚，男女老幼不知道要进出多少次，它会留下印记和气味了——在熊看来说不定还是一种奇臭无比的味道，安全起见，它要进去，必须得避开那个人走的通道才行，以显示它与人类的区别，这样它才会感觉踏实。毕竟那是人住的地方，而非熊窝。你见过一头熊走人走的路吗？别说熊，几乎所有的野生动物都有它们自己的路，都有自己行进的方向。很多野生动物的行进路线还非常隐蔽，像野驴和麝之路。一旦它们误入歧途，走上人道，定会凶多吉少。同样的道理，人也不会走兽道畜牲道。如果一个人要去熊窝，肯定不敢走熊的通道，从洞口直接爬进去。不入虎穴焉得虎子，那也只是说说而已。真实的情况也许是，他们事先已经挖好了陷阱，或下好了套，做好了埋伏，才敢装出一副直入虎穴的样子，迈出这一步——即便如此，他们也断不会靠得太近，以免落得个虎子没得到却将自己送入虎口的下场。[①]

走遍三江源大地，举目所及处，你随处都会发现这种人与自然和谐与共的情景。尤其是那一幕幕大自然原本的美态、美质和美感，是那样的古朴、宁静，是那样的具有穿透力和冲击力，以致每一个细节都会令你刻骨铭心，以致你会坚信，那种美才是生命所真正需要的精神品质。

在长江南源区一片望不到边际的湿地上，我曾在其沼泽里左突右拐，几乎陷入绝境，企图走近那群翩翩起舞的白天鹅，但最终还是没能走近。

① 摘自《棕熊与房子》，古岳著，青海人民出版社，2019 年 7 月。

我只能远远地望着它们在那湖畔唱着跳着舞着。当它们一起展开了翅膀，像要起飞几乎快要飞起来了，但却总是不起飞，只是舒展着双翅，用那洁白的羽毛舞成一片。那一刻里，你便会听见柔美的《天鹅湖》就在那空旷的湿地上空久久鸣响。

我曾经很多次从隆宝滩那片著名的湿地前路过。每次都会在那里下车凝望那片水灵灵的滩地。那里是黑颈鹤的家乡，望着那些鹤踏水而唳的样子时，那一份高洁与闲淡就会令你相形见绌。它们总是高高地仰着头，即使在水草之间漫步时，也不愿垂下它们的头颅。我想，那是生命的美质赋予它们的自豪和骄傲。从它们总是望着天空的那一份执着里，我们还可以体会的是“天为鹤家乡”这句名言的真谛所在。它们在大地上栖息的日子只是为了等待飞翔。

我于天地间不期而遇的那一对鹤，正是黑颈鹤。不是一次两次，而是很多次，也不是个别地方，而是很多地方——但都在青藏高原，大多在青海境内。我所记得的是，每次远远看到它们的时候，我都在路上。因为视野中出现了它们的身影，每一次，我都会停住脚步，而后慢慢靠近它们。当然，我不会走得太近，那样它们会受到侵扰和惊吓，并离你远去。当走到一个能看清它们的地方，我一定停下来，不会再往前靠近。即使这样，很多时候，它们也会觉得你已经越过了一条界线，于是，款款迈步，缓缓移动，渐行渐远。每次看见它们，都是在一片草原上，都在一片湖水边，它们在湖岸上走走停停。偶尔，一只鹤会发出一声长唳，像呼唤，像低语，像沉吟，另一只听见了，也伸长脖子鸣叫一声，像呼应，像回答。因为，我所见到的黑颈鹤都是一对一对的，心想，它们应该是长相厮守的情侣，是恋人。

我第一次看见一对黑颈鹤是在黄河源头。那是一片辽阔的草原，几千个湖泊点缀其上，站在高处俯瞰，宛若繁星点点，故得名“星宿海”。我看到的那一对黑颈鹤住在其中一颗“星星”的岸边。那天，我向那片湖水走去时，打老远就看见了那一对鹤，它们忽而一前一后、忽而一左一右地在岸边草地上漫步。我向它们走去时，它们也开始慢慢迈动脚步，沿着湖岸走动。因为湖面不是很大，不一会儿，它们已经在湖对岸了。

我最后一次看见一对黑颈鹤的地方离此地也不远，也在黄河源区，也有一片湖泊，但它不属于星宿海，而是一片独立的湖泊，那是我所见过的最美的湖泊……每到秋天，湖滨草地上一派缤纷绚烂，金黄色、紫红色的水草像一个巨大的花环环绕着湖水，与皑皑雪山、碧蓝湖水交相辉映，将一幅绝世的湖光山色挥洒在荒野之上。

此湖名曰“冬格措纳”，意思是有一千座山峰簇拥着的湖泊。其西北是开阔的托素河源区河谷，河谷一侧有一金字塔状小山，山下立有石碑，上刻“吐蕃古墓葬遗址”字样，下方还有几行小字，据说有学者称这里是古白兰国遗址。湖东南有山谷，两面山峰怪石嶙峋，疑是火山岩，千奇百怪，形态各异，如十万罗汉坐卧山野。进得山谷不远，豁然开朗，突兀一奇峰，曰“珠姆煨桑台”。

珠姆是雄狮大王格萨尔的王妃，想来，格萨尔征战四方降妖伏魔时，也曾在此久久盘踞。据说，六世达赖喇嘛仓央嘉措最后一次远行时，也曾路经此地。当地藏族人确信，他是特意绕道经过这个地方的。想必,他早就知道这是个神奇美丽的地方,因而一路往东向青海湖方向跋涉时，刻意走进那条山谷，来看看这片湖光山色。也许正是受到这片蓝色湖水的启示，才促使他从一片蔚蓝走向另一片蔚蓝。虽然，在他流传于后世的那些情歌中，我并未找到有一首情歌是属于这个地方的，但是，我也确信，他一定为冬格措纳写过一首情歌，在心里。

那天，我们走到那湖边时，清澈的阳光令人目眩。好像那阳光不是从一个地方洒落下来的，而是从很多地方洒落的，它们相互交织，变幻着光芒的色彩。也许是因为海拔的缘故，在海拔超过 4000 米的地方，我常有这样的感觉。即使太阳在你的这一侧，那阳光好像也能从另一侧照彻过来。

正恍惚间，我看见了那一对鹤，像两个仙女——其实是一位公主和一位王子，它们正在那湖边悠然踱步。在这样一个地方见到一对鹤，在我看来，有着非同寻常的意义。也许，当年仓央嘉措走到这里时，也曾与一对鹤不期而遇，说不定，他就是为一对鹤而来。如是，我所遇见的这一对鹤是否就是他所遇见的那一对鹤呢？如是，这鹤应该还记得他的那首情歌。

不仅如此，这一路上，仓央嘉措可能与一对又一对黑颈鹤不期而遇，在羌塘，在唐古拉，在巴颜喀拉，在冬格措纳和青海湖。他曾在情歌中写到过白鹤，我以为，他诗中的白鹤即是黑颈鹤，黑颈鹤除颈部有环状黑色羽毛，全身几近洁白。那时，黑颈鹤还没有被命名，世人只知有白鹤，而不知有黑颈鹤。

他在诗中写道：“洁白的仙鹤啊，请把翅膀借给我；不飞遥远的地方，只到理塘就回。”这是记忆中的仓央嘉措情歌，谁的译文？我已记不清了。不过，这一次他不是去理塘，而是未知的远方。“远方，还在那里吗？那个心已经去过，脚步还不曾抵达的地方。”这是我一首情歌的开头。远方，其实是一个并不确定的地方，但是，我们依然会想念，甚至会因为想念在暗夜里落下泪来。对鹤、对我、对仓央嘉措来说都是这样。所以，人们总是梦想着有一天能放下一切独自去远行。

藏族传说中，格萨尔有一个忠诚的牧马人，一生都在为格萨尔放马。他去世后，他曾经放马的地方出现了一只黑颈鹤，鸣叫着，久久不愿离去。那里的人便说它是“格萨尔可达日孜”——意思就是格萨尔的牧马人。

我第一次看见黑颈鹤的地方正是格萨尔赛马的终点，历经各种磨难大获全胜的格萨尔在那个地方登基称王。立于那方经幡飘展、嘛呢石簇拥的高台闭目遐想，似有马蹄声自天边响起，仿佛又有万马奔腾的场景浮现眼前。天地之间，那一对鹤寻寻觅觅，像是在寻找曾经的牧场，又像是在追寻失落的马群。也许那一对黑颈鹤还在继续牧放，牧放一群隐于无形的骏马，只等格萨尔重返人间。那时，它们便会立刻显形于山野天地间，长啸嘶鸣，开始新的征程。

某种意义上说，像黑颈鹤一样，仓央嘉措也是一个牧人，不仅因为血缘、祖先和草原牧场，还因为他牧放的心灵和深情吟唱的情歌。无论遭受过多大的人生磨难，其心灵一直在辽阔的精神疆域中自由驰骋，绽放自在。我总感觉，在踏上最后的这段旅程时，他就像一只孤独远行的鹤。

可是鹤不会独自远行，一只鹤总会有另一只鹤相伴。也许，对仓央嘉措而言，所有的陪伴都已结束，或者说都已留在了身后，最后的这段旅程注定了他要独自面对。所以，他径自往前，却无法回头，因为他知道，所有的羁绊都已解脱，所有的缘分都已放回原处，所有的轮回都已开成花朵，长成慈悲，剩下的只是一次远行。

当我回想遇见过黑颈鹤的那些地方，再把一对又一对黑颈鹤与一个地方、一些人、一些往事联系在一起时，它便具有了某种令人怀念的意蕴，会在心头久久萦绕，于是沉浸其间，流连不已。即便是想象，岁月深处，一个地方能有如此众多的人和事与一只鸟儿联系在一起，这不能不说是一种辽阔久远的记忆，它远远超越了一个人所能拥有的人生经历和生命体验。而且，这还不是一只普通的鸟儿，它是黑颈鹤，是仙鹤。况且，这还不是想象，而是经历，是记忆。

一只鹤就这样纵贯我的人生，时时地让我萌生出一种自由飞翔的冲动来，或许这也是一次远行吧。

有道是：海为龙世界，天为鹤家乡。而我看到的鹤都在地上，大多与我栖息在同一片土地上，因而似乎感觉自己的身上也多了些高洁的品性。这自然是妄言。你不是鸟儿，更不是鹤，你就是你。不过，这并不妨碍你能遇见一对鹤，更不妨碍你去喜欢所遇到的那些鹤，让它永远留在你的记忆里。

在青藏高原所有的珍稀鸟类中，黑颈鹤给我留下的印象最为深刻。在所有的鹤类中，我只对黑颈鹤做过近距离的观察，而且是在野外。

黑颈鹤是唯一生长繁殖于高原的鹤类，栖息在海拔2500~5000米的高原。北起阿尔金山—祁连山，南至喜马拉雅山麓—横断山，西起喀喇昆仑，东至青藏高原东北边缘，都是它的栖息领地。

有如此辽阔的家园，正好可以满足它们喜欢分散居住的喜好。黑颈鹤通常不喜欢聚在一起过拥挤的生活，它们喜欢小家庭的生活，并以小家庭为单位分散居住，而且，一个小家庭与另一个小家庭之间会保持一定的距离，以避免相互侵扰。而一个小家庭就是一个繁殖对，一个繁殖对至少都拥有1平方公里以上的领地。

人烟稀少的青藏高原正好给它们提供了足够宽松的生存空间，所以，一年的大部分时间它们都生活在这里，不愿离开。直到11月中下旬严寒来临，小鹤的羽翼也已经丰满，可以展翅飞翔了，它们才暂时离开家乡，飞到云贵高原和雅鲁藏布江过冬，像是去度假。它们是鸟类中真正的乡绅和贵族。

如果在青藏高原只选一种代表性的鸟类，我一定会选黑颈鹤。尽管还有一些鸟类更加稀有珍贵，譬如藏鹀——迄今为止目睹藏鹀的人更是屈指可数的，然而，我仍偏向于黑颈鹤。如果把视野限定在我所栖居的青海这片土地上，那么，我更会坚定地选黑颈鹤。

科学界认定的第一只黑颈鹤也发现于青海。1876年，俄罗斯探险家普尔热瓦尔斯基在青海湖发现了它，并取得标本。有消息称，科学家经过多年追踪观察发现，全世界至少有一半的黑颈鹤是出生在青海的。据科学家测算，全球黑颈鹤数量在9000只左右，有繁殖对3000~4000对，其中至少有1500~2000对在青海繁殖。单凭这一条，青海作为黑颈鹤的家乡，也当之无愧。

不过，我也发现，喜欢远离同类分散而居的黑颈鹤也有特别喜欢的地方，这样的地方总会有很多它们的小家庭，譬如玉树隆宝就是这样一个地方。早在20世纪后期，那里已经设立了国家级黑颈鹤自然保护区。那是一个开阔的草原湿地，在那里你经常会看到几十对黑颈鹤其乐融融的场景。虽然也是一对对分散开来的，但这一对与另一对不是离得很远，而是毗邻而居，从这个小家庭里能听到另一个小家庭的动静。

我想，像隆宝这样的地方大概就像是人类社会的城市，人口相对稠密。但是总体上讲，这种地方毕竟是特例，黑颈鹤不像人类这样热衷于城市化。它们偏安一隅，不求繁华，却拥有辽阔旷远的疆域，以期驰骋和飞翔。

也许，正是相互之间总是保持适当距离的这种栖居方式，才使它们过着悠闲自在的生活。自由和自在都需要足够的空间距离。但凡拥挤，节奏就会加快，竞争就会激烈，压力就会加大，情绪就会紧张，因而免不了冲突和剑拔弩张。我从未见过匆匆忙忙的黑颈鹤，它们总是一派静谧恬淡、从容优雅的样子。

因为，它们从不拥挤。①

有关黑颈鹤，我听到过一个故事——这也是我所听到过的最感人的故事。据说，这是个真实的故事。有人说，它发生在长江源区的隆宝滩国家级自然保护区，也有人说是在黄河源区的年保玉则。

有一年，黑颈鹤离开的季节，所有的鹤都已经飞走了，有一对鹤却迟迟不肯飞走。仔细留意之后，有一个牧人发现，它们不飞走的原因是，其中一只鹤的翅膀受伤了，飞不起来，而另一只鹤却不忍独自离去，天天陪在它身边，等待它伤愈之后，再一起飞走。

---

① 引自《草与沙》，古岳著，百花文艺出版社，2019年10月。

等啊等，那只鹤还是飞不起来。再也等不下去了。再等。它也飞不走了，那样它们都会葬身北方的冰天雪地，再也回不到温暖的南方过冬了。

最后,它终于飞走了。牧人看到,它飞起之后,曾久久盘旋在隆宝上空。一次次飞远，又一次次飞回来，不忍离去……终究还是飞走了，留下一声声哀鸣在草原上空久久回荡，像锥心叮咛，也像泣血诀别。那只受伤而不得不留在原地的鹤也在一声声哀鸣，像是在催促另一只鹤赶紧离开。

一只鹤飞走了,牧人把那只受伤的鹤抱回家里细心照料,过了几个月,伤才好，但还是飞不起来。一天，它突然向天昂首高歌，很开心的样子。这时，天空中也传来一声声鹤鸣，原来那只飞走的鹤又飞回来了。

没有丝毫犹豫，它直接飞落在那只鹤的身边。

它们终于又团圆了。它们一声声欢唱、一遍遍相拥着翩翩起舞，最后用长长的脖颈相互缠绕着转圈起舞，脖颈越缠越紧。最后，就那样缠绕着，抱在一起双双倒地身亡……

写到这个故事，突然意识到，还有很多感人的故事未及书写，也才意识到，要对三江源所有的野生动物逐一加以描述是一件非常困难的事情，即便只写代表性物种，也不可能无所遗漏。而且，你用文字所呈现的只是自己的印象或者记忆，那些野生动物的故事远比文字要精彩得多。

在三江源国家公园，给我留下深刻印象和美好记忆的动物中，我还没有写到白唇鹿、藏狐、旱獭、鼠兔、藏原羚、岩羊、盘羊、麝、野兔……以及高山兀鹫和各种各样的鹰……

细细想想，在整个青藏高原的野生动物中，我最熟悉的当属啮齿类的鼠族，尤其是鼠兔，鼠类当是目前青藏高原乃至地球最繁盛的哺乳类动物。

迄今为止，我只对高原鼠兔和旱獭进行过长时间近距离的观察，而且也不止一次两次，只要一有机会，我都会走近了去观察它们。

> 走很远去如厕时，感觉自己像做贼。终于完事了，往回走时，我沿途仔细观察鼠兔的洞穴，竟发现鼠兔的厕所都建在洞穴外面，大多在一个凹陷的露天坑洼处。其厕所一般还都比较宽敞，还因为有足够的深度，隐蔽性好，一只鼠兔钻到里面，从任何一个方向都不会看到它如厕的场景。想来，它们在如厕时也不希望有一双眼睛盯着，无论何种动物，毕竟如厕的场面都不雅。
>
> 也许正是这个缘故，我从未看到过一只鼠兔（包括其他啮齿类动物），竟然在大庭广众之下如厕的情景。其厕所也不在洞口，如厕时，鼠兔须穿过洞穴之间的一片空地。除了厕所，在其他地方很少看见粪便，说明鼠兔是一种不喜欢随处大小便的动物，所以也看不到“不得随处大小便，违者罚款”的警示标语。由此可以看出，鼠兔对环境卫生的重视和讲究。[①]

旱獭、鹿和麝，无论如何都不能只字不提。

前些日，青海摄影家鲍永清的一幅作品因为荣获英国野生动物摄影大赛金奖，很是火了一把。一只藏狐冲向一只旱獭，快到跟前了，旱獭猛地像人一样站直了身子，伸出两只前腿，像是准备拥抱的样子，又像是在质问藏狐：你要干啥？藏狐给吓到了，它也猛地收住脚步。尽管感到很愤怒，可也不难看出，接下来究竟该怎么办，它自己心里也没底。只好虚张声势，张牙舞爪一番，好给自己找个台阶下。

① 引自古岳《冻土笔记》。

鲍永清还有一幅画面构图几乎一模一样的图片，所不同的只是藏狐换成了藏狗，其所处位置也从旱獭右侧换到了左侧。这幅作品收录在一部九卷本大型画册的野生动物卷，我对这幅作品印象深刻。我给这幅作品配的文字是：一条藏狗扑向一只旱獭，可它没想到的是这只旱獭突然直直站了起来，并挥了挥手说："嗨，老弟，你这是要干什么呀？"这使藏狗想起，自己的主人也常说这样的话，弄得它瞠目结舌，无言以对。

旱獭是三江源以及青藏高原最常见的野生动物，胖乎乎的，憨态可掬。在发现异常或感到危险时，它能发出鸟鸣一样嘹亮、清脆、悠长的叫声，提醒别的同类警觉。当几只或一群旱獭在一起活动时，你会发现，它们的很多举动很像人类，它们喜欢交头接耳、追逐嬉闹，甚至能发出跟孩子一样的哭喊声。也喜欢跟人类亲近，尤其是僧人。我见过不少僧人与旱獭亲密相处的情景。僧人莞尔告诉我："它们好像喜欢我们这些穿袈裟的人。"

据说，早些年生活困难时，很多人都捕杀旱獭食其肉，曾引发鼠疫，祸及人类苍生。后来生活条件大为改善，加之其能传染鼠疫，情况大为好转，但个别的捕杀行为至今一直未能禁绝。据说，在遭遇杀戮时，其求饶的哀鸣酷似幼儿嘤嘤啼哭，令人心碎……

我此前也写过鹿和麝……

在青藏岩画中，有很多骑鹿狩猎的场景。它告诉我们，古代先民竟然是骑着鹿狩猎的，你能想象这是一种何等样的景象吗？鹿在成为先民的坐骑之前，曾经也一定是他们眼中的猎物，尔后捕获，尔后像高原的牦牛和马匹一样被驯化成了家畜和坐骑。它使我想到了李白的诗句："且放白鹿青崖间，须行即骑访名山。”李白“一生好向名山游，千里寻仙不辞远”。

原以为骑着一头白鹿去远行只是李白一厢情愿的浪漫情怀，是一个梦想，不曾想却在这些岩画上看到了真实的画面。也许李白真的养过一头白鹿，也曾骑着白鹿遍访名山，至少是偶尔骑乘白鹿的，因为他正好也生活在那个年代。其时，他与杜甫、高适等好友相聚，畅游天下，临别，友人执手相问，别君去兮何时还？李白如是作答，豪爽淋漓，不禁神往。[①]

据说，阴历每月十五日前后几天，雄麝的香囊会自行打开，释放麝香，它所经过的地方到处都会弥漫着它的芳香。山野所有植物都会吸收这种芳香，所有食草的动物从那山野经过时不仅闻到了这种芳香，也会吃了那些植物。一种循环就这样形成了。这种循环能使苏门羚等高原动物免遭病毒和细菌的侵害。

不仅麝，不仅动物，山野之上的许多植物对空气、土壤、水体都有净化的意义，甚至对整个大自然都会产生极其微妙的调节和平衡作用。当然，还有各种各样的矿物也在其中扮演着重要的角色。那应该是一个由分子、原子和粒子组成的微循环系统，它调幅生命万物的神经，并疏通其筋脉，使其运行自在圆满。何为自在？自在就是你在，你在就是他在，就是一切都在。

一切的自在，就是圆满。[②]

即便是简单罗列，至此，我也只写了很少几种三江源的野生动物。而且，多属大型陆生有蹄类，都是脊椎野生动物。而对数量更众多、种

① 引自《生灵密码》，古岳著，青海人民出版社，2017 年 10 月。

② 引自《生灵密码》，古岳著，青海人民出版社，2017 年 10 月。

群也更庞大的爬行类脊椎动物、无脊椎类以及无以计数的蠕虫和昆虫类，几乎没有只言片语的记述。

那却是一个既无比繁盛又精妙绝伦和丰富多彩的生命世界，单写某一种昆虫，比如蝴蝶、蚂蚁或七星瓢虫，都可单独成章成书。三江源一位叫土巴的僧人朋友多年拍摄昆虫，已拍到数百种，每一幅都是生命自在的安详表情。

三江源正是有了这些生命万物的存在而充满无穷魅力。

在庚子年大年初二写这一节文字时，一种叫“新型冠状病毒感染的肺炎疫情”正在肆虐。先是武汉，尔后，几乎是全国，大有席卷之势。在时刻关注疫情动态的同时，我也注意到一个焦点问题，野生动物保护与公共安全之间的关系问题。也就是说，大肆猎杀和食用野生动物已危及人类社会的公共安全。

这不是第一次，也不是第二次，而已经是无数次了。近百年来，由此引发的大规模疫情也有多次，最近的一次是2003年的“非典型肺炎”——据说，它们是近亲。山吃海喝对大自然造成的伤害再次危及人类，可是，人们依旧我行我素，无所顾忌。人类的贪婪似乎永无止境。不懂得忌口，不懂得敬重别的生命，当是国人之耻辱！（这后面，我原本还写了一段更加尖锐的话，考虑到大疫当前，怕有刺疼，于心不忍，删了。）

这些天，几乎每天都有很多人会在他们的文字中写到一种动物，我也不能不提及。因为众所周知的缘故，只是提及，不展开写了。是的，此物正是蝙蝠。

像老鼠一样，它亦属啮齿类，也跟人类同属哺乳类。蝙蝠绝非等闲之辈，它是整个地球哺乳类动物中唯一能展翅飞翔的物种。它有鸟的翅膀，翅膀还带有爪子，有老鼠的体型，上唇却分裂两半，耳长且直立，奇丑无比。

藏族传说中，蝙蝠具有九种伟大的品质，只要不加伤害，其非凡品质会惠及生命万物，尤其是人类。在藏族苯教经典文献的记载中，它被称之为凶神，是一种黑色的幽灵，手持长鞭，威力无穷。最好敬而远之!

对大自然满怀敬畏绝不应该是一句口号，而应该是每个人实实在在的行动和自觉。我为此深感悲哀，不仅为人类，也为自己。已经有 30 年了，我一直在写这样的文字，也许有人读过，也记住了，可推及全社会，它所能发挥的作用微乎其微。感觉我们都病了，像是一种疯病，或麻木的病，而且，病得不轻。

而且，随时都有可能一种新的、更严重的病找上门来。像一个等在门口的魔鬼，随时会敲响你的门——如果你不打算开门，它便会破门而入。而很多时候，我们却是敞开大门，请它进来的。

由此想及三江源的这些野生动物，顿生悲悯。未来，可能会有很多人来看三江源国家公园，也会看到那些野生动物。多么希望，眼见的一切能长成一颗善的种子，在人们的心里发芽、开花、结果。如是，则未来安详，大地安详。

也许我们还应该谨记，它们一直是那里的主人，以前是，以后也是。早在没有人类出现之前，它们已经在那里生活了很久。

它们与山河共舞，与精神同在。假如这世界真有神灵，它们也许是最接近神灵的生命，是现实世界的精灵。

因为，它们还没有学会堕落。

因为，它们的世界似乎更为圣洁。

第三极的花园

一棵守着岁月静静生长的柏树，一株迎风雪而立的牧草，一朵独自在荒野灿然绽放的花朵，在那高寒奇绝的地方，都会令人心动。

如果我们对生命演进的历史仔细打量，就会发现，在这片高大陆上几乎每一个生命种都经历了无法想象的苦难和跋涉，却也锤炼了生命的坚毅和顽强。

高原亿万年隆升的过程其实就是一段万物生灵不断演替变迁的历史。

许许多多的生命就在这隆升的过程中消失在岁月的缝隙里，也有许许多多的生命种不但千万年繁衍不息，而且还有了许多的变种和亚种。许许多多的物种还在消失，许许多多的物种还有待发现。

在地球生命史上，植物的存在比任何别的存在更加繁盛，也更令人惊叹！

但是，我们之中有多少人曾驻足思考：植物究竟有多了不起，它们对地球生命历史的改变有多深刻，它们对于塑造地球气候有多重要……在全球范围内，森林和草地操控着二氧化碳和水循环，影响着岩石侵蚀的速率，调节着大气的化学成分，以及影响着景观对阳光的吸收和反射……

植物在地球历史的这场大戏中如何描绘出一幅幅生动且具有启发性的画面……这场雄心勃勃的冒险，其时间跨度长达 5.4 亿年，在地球历史上称为显生宙，复杂的植物和动物进化产生，它们定义了我们的现代世界。①

地球之所以成为生命万物的家园，植物具有绝对意义！没有植物的存在地球就是一块岩石，甚至不会有土壤，更不会有生命万物的进化。

如果我们把宇宙比作是一个广袤盛大的宫殿群，把银河系比作无数宫殿中最为普通的一座宫殿，那么，位于银河系边缘的地球则无疑是这宫殿前的一座星系花园。因为它的存在，银河系才显得格外璀璨和耀眼。

而这一切都有赖于植物。植物不仅用自己的根茎、枝叶、花朵和果实把地球变成了银河系的一座大花园，也为所有陆生动物的繁衍生息提供了绝对的物质基础，使所有的地球子民都生息于这座大花园里。

迄今为止，除了地球，我们还没有发现，银河系亿万星辰中的任何一个星球上有任何植物存在的迹象。假如真有什么造物主，地球一定是它在银河系精心创造的一座花园，这座花园的创造是以一颗完整的星球来呈现的。园中所有的动植物以及亿万生灵都是这个花园的组成部分，其中，植物是整个花园最赏心悦目的主体景观。

① 引自《植物知道地球的奥秘》，戴维·比尔林著，梁文道译，长江文艺出版社，2018 年 8 月。

也许——也许直到最后，它才有意选择人类这种动物来当花园的园丁的。

植物的存在是地球绝对的骄傲！

宇宙形成之后，大约过了100亿年，地球才开始孕育。当初它可能只是一团燃烧着在太阳系边缘飘浮的气体星云，混浊不堪。之后不断冷却凝聚，清气不断上升为天，浊气不断下沉为地，在46亿年前后才成为一个球体。但当初的地球还只是一个燃烧的熔岩体。

时间又过去了十几亿年，可能才有了第一场雨。如果没有那场如期而至的雨，至今，地球可能还在熊熊燃烧，也或者它早已在那燃烧中化为一缕灰烬了。那场瀑布般倾泻而下的瓢泼大雨终于如期而至。

一切在冥冥之中就已注定。此前，肯定有巨厚无比的茫茫云层携带着大量水气覆盖了地球，虽然，我们依旧无法想象当初的第一朵云出现在天空中的情景。我们所能想象的是，当第一滴雨落在可能还在燃烧的地球上时，甚至没有溅起一丁点儿的火星。

在开始的几万年里，那从未间断的大雨还不曾浇灭燃烧的地球之火。大量的雨水在没有落到地面之前就已蒸发了，它为以后的地球准备了足够的云层和水汽，使那场雨得以下个不停。而后，地球之火才开始慢慢熄灭，而后有更大的雨飘落地面。地球在缓慢地冷却。等那亘古大雨也渐渐停息时，地球表面已经是河流纵横、汪洋一片了。

这是地球领受的第一次生命洗礼，它为生命的诞生和繁衍准备了足够的空间和最初的养分。这是地球生物圈的神圣奠基和启蒙。雨过天晴的地球迎来了第一缕温暖的阳光。晴朗的天空开始出现在地球的上空，太阳的照射也开始变得温和，清风开始在地球的表面吹拂。但离生物的出现还非常遥远。

直到最后的10亿年前，地球上可能才出现了最低级的海洋生物。又几千万年之后才出现了三叶虫那种海洋生命。又是亿万年过去，可能才出现了最初的陆地轮藻类和蕨类植物——它们是地球植物的祖先。

而直到5亿年前后，才出现了鱼类和无颚类生物。2.7亿年前才出现了爬行纲动物和裸子植物，1.8亿年前才出现了鸟类的祖先始祖鸟和苏铁类植物。至1亿年前后才出现了真正的鸟类和被子植物。再至2000万年前才出现了近代脊椎动物和被子植物及开花植物的繁盛。

期间却已经有许许多多的生物从地球上消失了。譬如三叶虫和恐龙。地球整整用了几十亿年的时间才哺育了地球生物群落。直到最后的一刻人类才开始出现。《海洋》的作者伦纳德·恩格尔说过："如果把整个地质年代浓缩为一年12个月的话，人真正脱离动物上升为人，还是第365天夜晚10点以后才发生的事情。"

可是人类却用了最后的一个多小时改变了整个地球。人类是地球生命史上最后一个迎来繁盛时代的生物种，它的繁盛结束了整个生物圈繁盛的时代。三叶虫从诞生到灭绝在地球上自然演化繁衍的时间长达2.5亿年之久。恐龙在地球上生存繁荣的时间也差不多有2亿年。人类的历史至多不会超过400万年，而就在这几百万年时间的最后几千年中，因为人类的过度繁盛已使 75% 的生物种灭绝了。其中的绝大多数物种的灭绝是近 300 年间发生的事。

在石器时代，全球人口的总量估计不超过 4000 万，还不及一条青鱼六次的产卵量，而今，全球人口总量却已超过 60 亿之众了。在恐龙时代，平均每千年才有一种动物灭绝，20 世纪以前，也大约每 4 年才有一种动物灭绝。而现在每年却有约 4 万种经历千万年进化的生物灭绝。近 100 年来，物种灭绝的速度超过其自然灭绝速度的 1000 倍，超过自然形成速度的 100 万倍，而且这种速度还在加快。

你瞧瞧吧，地球上原有的绿色植被已所剩无几，而没有绿色保护的地球在人类释放的大量二氧化碳等有害气体的污染下，正在变成一个温室。过多的二氧化碳会带来什么样的后果，只要我们看看离我们最近的星球就能想见。金星的大气层 90% 是二氧化碳，它的表面温度高得可以熔化铅。

尽管地球还没有成为一颗金星的危险，但大气中的二氧化碳含量已经到了十分危险的程度。它有可能导致更大范围的生物灭绝，从而使正在延续的这个大灭绝时代变得更加惨烈。①

感恩地球，感恩植物。

是一片绿叶开启了地球现代世界的大门。

一片叶、一株草、一朵花、一粒种子、一棵树，成就了一个世界：地球花园。

① 引自古岳《谁为人类忏悔》，作家出版社，2008 年 5 月。

三江源在地球最高的高原，是地球第三极，是花园的顶层，是第三极的花园。

2020年5月下旬，可可西里刚下过一场雪。这也许是一年中的最后一场雪，看雪后灿烂的阳光，就知道可可西里的夏天就要来了。但即使夏天，这里也会下雪，只是夏天的雪，落在地上很快就化了。

五道梁保护站后面有一条小河，河谷舒缓开阔，站在高处看，河谷低洼处已有星星点点的绿，当是最早返青的草叶。有几天驻守此地，看藏羚羊迁徙。得空，我就独自去小河边走走，看河谷开始返青的植物。山坡地带土地沙化严重，能看到的只有几种沙生植物和日益稀疏的牧草。河谷仅有的一片水草紧挨着河床才得以存活下来，已经开始绿了。星星点点，从远处看到的绿是新长出的嫩草芽，尚未来得及伸展开来，上一年衰败枯黄的草丛一层层小心遮掩着它们，只有走近了细看，才能看到那些嫩芽儿。

就在这片水草的边缘，我看到了匍匐水柏枝，一种因为高寒直接将枝干长进砂土层的木本植物。时间已经到夏天了，它已经来不及先长出叶子，再开出花朵。它必须先开出花朵，再等叶子出来。

除了匍匐水柏枝，我还发现了别的植物。我在5月19日、20日的微信“日记”里写到过这些植物：

也许是太高的缘故，在海拔超过4600米的可可西里，发现匍匐水柏枝是平平长在砂土层里的。它的叶子还没长出来，花却已经开了……今天听到雷声了，这是可可西里今年的第一声雷。雷声过后风雪交加，雪停了之后，天开始放晴，可是风依然在大声吼叫。那叫声很有力量，站在旷野，身子会晃……

虽然似乎可以确定，有几种植物我可能是认识的。一种植物新长出的叶子像花朵，一种植物去年开花结果之后干枯的果壳也像花朵。还有一种——实际上有两三种，我看到上年败落枯干的叶片中间已经有星星点点的色彩，很碎，以为是新芽，用镜头拉近了细看，竟也是花朵，是红景天，惊艳无比……

在长江源区的一些河谷滩地上，生长着一种叫“西藏沙棘”的木本植物，也会像匍匐水柏枝一样生长。初看上去根本不像是树木，而更像是草本类植物。它们一簇簇、一株株紧贴着地表生长，最高的也只有三五厘米。在几乎没有无霜期的高寒地带，它们凭借着滩地沙砾的保温作用，一年一度艰难而从容地完成着开花结果的生命过程。它们原本可以长得十分高大，只是在高原不断抬升的过程中，为了求得生存才逐渐变得矮小。看着那些不得不结到沙砾中的小果子，生存的艰难以及生命的坚毅和美丽也尽在其中了。

与西藏沙棘一样，金露梅、银露梅在海拔 3000 米左右的高山林地，也可以长到一两米的样子，甚至还可以长得更高，花朵也很大。但这并非它在青藏高原的极限分布，在海拔超过 4000 米的地方仍能看到它的身影。不过，它也已不能像真正的木本植物一样生长了，甚至比很多草本植物还要低矮，呈垫状生长，花就开在地面上。

金露梅、银露梅，在没有开花以前，单从植株和叶片上看，你根本无法区分它们，至少我没有看出它们的区别。区别是开花以后才有的，金露梅开着金黄色的花，银露梅开着白色的花。花形、花瓣和花朵大小也一样，每朵花都是五片花瓣，像梅花。它们喜欢成片簇状生长，开花季节，远远望见一片金黄与洁白的花朵相互映衬着开满了山野，那一定是金露梅和银露梅了。

这是一种在青藏高原广为分布的近代开花植物。其植株挺直，且坚硬柔韧，耐寒耐旱，皮棕色，像麻。以前，高原农家喜欢用它扎成刷锅洗碗的刷子，用很久也不易磨损。高原藏地诸多佛教寺庙，佛殿、经堂类建筑大墙顶部土木之间有一道棕红色装饰就是用它做成的。先要在放有棕红色颜料的水中久泡甚至久煮，尔后晾干了，扎成一束一束，再把两端切割整齐，置于墙头，挤紧压实，两头再用榔头砸平整。它有几大好处，既可透气通风，亦可吸热、吸湿和保暖，而且还有极强的装饰效果。

在我看来，西藏沙棘和垫状金露梅、银露梅是极少可以远离森林地带生长并永久存活的木本植物。它们与青草为伍，放下身段混迹于草丛。只有俯下身子或蹲在地上细看，你才会发现，它们原有的质地本色。

还有几种木本植物尽管在高海拔地区也有少量分布，比如鲜卑花、忍冬、高山杜鹃等，但它们却无法远离森林地带，独自存活，其身影顶多能到林缘地带。出了林缘地带，再往前，如果没有成片灌丛的伴随，就看不到它们的踪影了。它们也不是林缘地带高山灌丛的主角——柳类才是林缘地带的主角，它们只是柳类的配角。只不过，因为它们能开出比柳絮更好看的花朵，才在万木丛中显得独树一帜。

山生柳也许是三江源区唯一能将自己群落的生存境域抬升到更高极限的植物。即使在海拔超过 4500 米至 4700 米的高寒山地，偶尔也会在一座高山的阴坡意外地发现它们郁郁葱葱的繁茂景象。除了深秋叶子红黄的季节，如果不走近山坡，从远处你几乎看不出它跟草地有什么区别。只有进到里面，你才会发现，山上都是柳类灌丛。

细看，你还会发现，那山上还不全是山生柳。柳丛中，间或还藏有忍冬、鲜卑花、细枝绣线菊、头花杜鹃等开花植物，像是借柳类的茂盛遮掩自己不合时宜的生长。有一就有二有三，就会有很多，甚至成群成片的分布，这是大多生物在地球上的分布规律，即使极地生物也一样，尤其是植物，像头花杜鹃这样的植物。

不止一次，不止一个地方——我在海拔超过 4500 米的地方见到过头花杜鹃,宝蓝色的花朵开满了一大片草地。那是一座开满杜鹃的高山花园，远远望去，像一大群蝴蝶拍打着一对宝蓝色的小翅膀落在草地上。而头花杜鹃的花形也真像一只蝴蝶——印象中，蓝色的蝴蝶最为稀有。

开蓝色花朵的头花杜鹃也非寻常物,藏语中称为“苏鲁”,汉语俗称“黑香柴”，藏族人煨桑时除柏树枝叶之外的主要香料——还只是枝叶，而非花朵。另一种小叶杜鹃，有“百里香”或“千里香”之美称，除了植株比头花杜鹃稍稍高大一些，品貌皆与头花杜鹃很像，俗名亦为黑香柴，亦可配入煨桑。桑烟随风飘散时，一个熟悉其香气的人都能嗅出里面有没有配放苏鲁。其花之清雅高洁、超凡脱俗，由此可见!

我原以为，头花杜鹃一定是将自己的芳香推向海拔极致的木本类开花植物了，在其之上的整个青藏高原再也不会有杜鹃花盛开了。直到我见到那一片海绵杜鹃，我对杜鹃花科植物的极限分布才有了一种新的认识。这片海绵杜鹃的存在，甚至颠覆了一直以来我对青藏高原植物分布规律的基本判断。

海绵杜鹃是一种大叶杜鹃，常绿，叶下面被一层分枝密毛，呈海绵状，有表膜,灰白色或红褐色,花冠如钟,花白色,稍带粉色,有深紫色斑点……其植株也远比头花杜鹃高大，单从身高看，如果说头花杜鹃处在灌木底层的话，那么，海绵杜鹃一定在中高层。而且，主干胸径粗壮，根部双手几乎不能合围，它要再往前跨一步，便跨入乔木的行列了。

我是在巴颜喀拉主峰的山坡上看到海绵杜鹃的，独生，却并非只有一株。尽管它也与高山柳类等为伍，甘愿隐身于更繁茂的灌丛，但是它苍劲孤傲的枝杈依然将一片片宽厚的深绿色叶片顶出了灌丛。一眼望去，宽大的叶片泛着柔和的光辉，片片光彩照人。而它生长的海拔竟然超过了 4700 米。

有一种柏树，如果不凑近了细细端详，你根本看不出它竟然长着柏树的枝叶。我曾采摘一两片叶子点燃，放在鼻子跟前闻过，它散发出来的味道就是柏树的味道，与煨桑用的圆柏枝味道一模一样。但它就在林子边上，甚至就在林区里面没有高大树木生长的山顶岩石缝儿里。

当然，像匍匐栒子这样生命力极其顽强的植物，在高海拔地区也能依附着岩石将自己坚韧无比的枝蔓伸展得很远。这是我所见过的分布最广的木本植物了，从云贵高原到青藏高原的广阔山地到处都能见到它的身影。

因为它紧贴着地表或岩石生长，在我老家，它的汉语俗名叫：地树儿。像水栒子一样，它也能结出一串串珍珠样的果子，到秋天果子就红了，一直到冬季，还挂在小树枝上。远远看过去像火把，所以，云贵高原很多地方，它还有一个更好听的名字：火把果。

三江源国家公园里面，除个别地方，就无森林分布。所以，三江源国家公园的不少地方，虽然也能看到西藏沙棘、金露梅、银露梅这样的木本植物，一些高山柳类甚至能将根扎在雪线以下的山坡乃至流石坡上，但大部分地方，即使像匍匐栒子、匍匐水柏枝这样的植物也难得一见。

三江源有限的几片森林分布在河谷山地，长江、黄河、澜沧江上游河谷山地均有大片分布。稍稍有点遗憾的是，从国家公园规划图上看，除了澜沧江上游一片森林在国家公园之内外，长江、黄河上游的森林均划在国家公园之外了。

长江流域极限分布的森林带无疑是地球上海拔最高的一片森林了，林地多为千年古柏。位于治多县、曲麻莱县和称多县的交界处，从 3450 米到 4500 米的通天河谷高山地带都是这些柏树独有的领地。除忍冬、鲜卑花、细枝绣线菊、高山瑞香杜鹃等极少的几种灌木之外，地球上所有乔木家族的植物成员都无法靠近它的领地。

离它最近的云杉类乔木林也在200公里以外的下游河谷。

200公里，这点距离在地球、在青藏高原都不算远，但千万别小看这点距离，在奇妙的生物圈或生命世界里，它却是一道无数物种无法逾越的障碍界限。

虽然，云杉才是青藏高原森林主体的建群树种，它甚至也能长到海拔接近4000米的河谷山地潮湿的阴坡地带，比如大渡河上游和长江、澜沧江下游河谷，但是，随着地球纬度的升高变化，在长江和澜沧江上游，它从不敢长到海拔超过4000米以上的地方。

> 云杉（青海云杉——笔者补注）可谓是青藏高原森林王国中的佼佼者了。它在海拔3000米以下的地方可以长到45米以上，是世界高海拔地区最高大的乔木之一。在青海几乎所有的天然林区，它都是绝对的统治者。
>
> 从远处望去，云杉林透着一股黑森森的凉气，在山坡上，在谷地里，绵延起伏，以它高大的身躯将森林文明的种子也播撒到地球的最高处。每每走进一片云杉林，站在一棵云杉树下，举首向天时，便感觉自己就像是林下的一株小草。但见它盘根错节、威风八面。那种气度和神韵让人叹为观止。
>
> 就是这样一种乔木，在青藏高原日益隆升的过程中，也不得不为其折腰，委曲求全了。以致在海拔3500米以上的地方，它的极限高度也只有十几米。从3000米到3500米尽管只有500米高的落差，而云杉的身高却低出了两倍。[①]

① 引自古岳《谁为人类忏悔》一书。

然而，川西云杉却能突破这个极限。即使在3600米左右的地方，它也能长到40米以上。大渡河上游玛可河林区，有一片高大的川西云杉，其中一棵据称是青海境内最高大的树，号称“青海树王”。它静静而立于班玛县灯塔乡格日则村的哑巴沟脑的小河边。

据介绍，这棵树的估测树龄622年，树高43米，胸径1.28米，平均冠幅13米——东西14米，南北12米。属裸子植物，松科，云杉属，川西云杉种，为浅根性常绿乔木，分布在海拔3300~4300米的高山地带。球果紫红色，卵状长圆形或圆柱状，长5~11厘米，花期5月，球果10月成熟。

> 站在一棵树下仰望，竟有眩晕的感觉。这是极致对视觉的冲击，任何事物——尤其是生物的繁衍生长，一旦到了极致，人类的心理层面就会油然生出一种莫名的敬畏感。
>
> 我想，这是生物界与生俱来的一种本能反应。如果有一天，人类心理学能推及整个生物圈，也许我们就会发现，最初神话与宗教信仰的产生就跟这种本能反应息息相关。也许是因为人和树木都向上生长的缘故，当一个人走进一片如云杉这般高大的乔木林时，一棵云杉所能达到的生长高度，在人类就成了难以企及的高度。站在一棵高大的云杉树下仰望，树梢上挂着流云，树头上顶着苍穹和日月星辰，想想，都会令人肃然。[①]

无论刮风下雨还是晴空万里，任何时候，一片森林都闪耀着醉人的光芒。我以为，那是慈悲的光芒。

---

① 引自《雪山碉楼海棠花》，古岳著，青海人民出版社，2019年1月。

澜沧江流域和黄河流域的森林极限生长的海拔也超过了4000米。

澜沧江上游，在源区干流杂曲河谷的昂赛山地也有一片千年古柏。黄河流域森林从下游河谷一直爬到了阿尼玛卿山麓，再往上就是雪线了。而且，与长江源区一样，这两片森林也都是柏树林，里面也都是千年古柏。

如果将国家公园长江源和黄河源两个园区的规划面积再放大一点，将治多县城东南和曲麻莱县城西南通天河谷，以及阿尼玛卿雪山也纳入国家公园的范围，那么，你就会看到，三江源国家公园三个园区靠近下游河谷都是一片森林，都是千年古柏，都属圆柏，都生长在国家公园的门口。

只不过，品种有所不同，分布于长江、澜沧江上游河谷广袤山地的都是大果圆柏和密枝圆柏，而生长于阿尼玛卿山麓的却是垂枝祁连圆柏。

实际上，三江源国家公园的规划面积也完全可以再扩大一些。比如将三江源自然保护区更多具有代表性、标志性，同样具有生态景观价值的地方纳入园区规划，作为国家公园的主体，也未尝不可。

不一定非得一园三区，一园五区或一园七区，是否也同样可行？为了避免与现行行政区划及州县建制交叉重叠产生的矛盾，可综合考量，在兼顾人类活动区域的基础上，科学、合理划定和明晰公园界限。

那样，三江源几乎所有具有国家地理标志意义的自然景观和人文景观都在国家公园里面了，比如通天河谷（连环大拐弯）及尕朵觉悟（藏地四大神山之一），阿尼玛卿雪山（藏地四大神山之一）及年保玉则（藏地著名神山，被誉为“天神的花园”），甚至囊谦澜沧江大峡谷，长江源多彩、治曲河谷，黄河源达日、甘德以及玛沁拉家河谷，每一处都是具有世界级景观价值的大景致，绝无仅有，无可替代。

总觉得，那才是一个更完整的国家公园——也许，我会在稍后的文字中专门讨论这个问题，暂且不表。

如是。如果我们从下游河谷溯源而上，一进入国家公园，门口都有一片连绵苍翠的千年古柏迎接我们，莽莽苍苍，郁郁葱葱。

我在这三片森林里，对一个当地藏族人说过这样一句话：如果一个人在其中的一棵大树下出生，活到一百岁，他几乎看不出那棵树身上的变化。那棵树长了2000年之后，说不定，佛祖释迦牟尼还没出生。

几千年岁月，对一个人意味着什么?

几千年岁月，对一个民族意味着什么?

几千年岁月，对一种文明又意味着什么?

不一定非得回答这样的问题。对活在现实当下的人来说，这样的问题几乎太过久远。但这样的问题是值得思考的，它会让我们懂得一棵树、一片森林与地球的关系远比我们想象的要亲密得多，也长久得多。

一棵柏树的年轮几乎就是一部中华文明史的长度。

人类，却只用几分钟时间就可以让一棵生长了几千年的柏树消失。地球上的大部分森林都是这么消失的……

如是。一旦进入国家公园，穿过了高大的乔木森林带，便有千百个花园在里面……

和高大的乔木不同，几乎所有灌木都呈簇状生长，少则七八株，多则上百枝，一簇簇、一片片根茎相连、枝叶相接，在一面面山坡上，自河谷山脚向山顶蔓延而去。进得里面，它们又是交错丛生，几乎没有空闲之地。与乔木林不同的是，因为没有林上乔木的遮盖，阳光雨露可直接倾洒林间，使得灌丛生长茂密，林间花草覆盖了几乎所有的土地。因而使这些灌木林的覆盖郁蔽度也远高于乔木林……

也许正是由于灌木的低矮，才躲过了从山顶呼啸而过的寒

> 风，在一千年又一万年的生命跋涉中，渐渐适应了那日益高寒的严酷环境，而得以存活下来。即使如此，它们的极限分布基本上也限定在4500米以下。而且同类植物从海拔2000米到3000米时其状貌会有明显变化，从3000米到4000米以上时，会发生更大的变异。也许，从生物学角度考察发现的许多青藏高原变种及亚种均属此列……①

从森林或国家地理自然景观意义上说，现在的三江源国家公园稍稍有些局促了，把很多更具自然景观魅力和文化精神内涵的区域划在其外了。

好在，三江源国家公园里还有一片森林。好在，我们还在试点。

目前三江源国家公园唯一的一片森林，就是澜沧江上游昂赛河谷的那片柏树林。我曾多次去昂赛探访那片森林，第一次是很久以前，2013年，为写《玉树生死书》那本书，又去了第二次，是去采访灾后重建的。除了去看灾后重建现场，我也去看过一片森林。一进入昂赛段澜沧江河谷，举目所及到处都是森林。

由此往下游，这森林一直苍茫浩荡，覆盖了整个澜沧江流域山野，与川西、滇西，与横断山长江流域大森林连成一片。我曾说过，在全中国，除东北大、小兴安岭大森林之外，这应该是最大的一片森林。两片大森林之间隔着森林稀少的大西北。

有人特意让我去看的是大森林伸向河谷滩地的一角，是一小片柏树林。站在那绿草地上，他指着那片柏树说："你猜猜看，这片柏树有几棵？"我不知其意，随意说了个数字。他笑道："猜不出来吧，我告诉你，有56棵。"听得数字，我只是"噢"了一声，还是没反应过来。他这才得意地抛出

① 引自古岳《写给三江源的情书》。

谜底："我给这片林子取了个名字——中华民族林，其中的每一棵柏树都代表了一个民族。"这片柏树是否真有 56 棵，我没有数过。觉得这不重要，重要的是这种情怀。

第三次是专门去看这片森林的，几天之后，又去了一次。此后，至 2020 年 6 月，又去了好几次。我几乎到过每一条山谷，也曾爬上几道山梁和山坡，进到森林里面，去看那些柏树——我应该说，是去拜访。我在迎面而来的每一棵高大柏树前停住脚步，左看右看，百看不厌。

在昂赛下游河谷，一面陡坡上，我跪在那里给那些古老的柏树拍照。它们在上头，枝叶婆娑，须发垂肩，裸露地表的粗壮根须盘根错节，像是盘腿打坐的尊者。我在下面，像一个孩子跪伏在地，像是顶礼膜拜。

山前，林间山坡芳草萋萋，黄刺、忍冬等几丛灌木疏朗点缀，多为开花植物。草丛中，也袅袅婷婷地开着各种花朵，多为多年生菊科。一只蜜蜂落在一朵花上流连沉醉，几只小巧的彩蝶在花间飞舞。声声清脆鸟鸣自山林深处洒落下来，与山涧鸣泉、山下流水唱和。

大地之上能有如此美景，是人类无尽的福报。有朋友说，拍摄的态度决定着成像效果。我想，此刻，我的态度是虔诚的，心里充满无限敬畏和感恩。

据早年在柴达木地区的科学测定，祁连圆柏的生长速度为每百年一寸，千年才长一尺。而三江源这几片柏树林中根径超过 1.5 米的柏树并不少见，也就是说，林中很多柏树的年轮超过了 4500 年。从一些伐桩截面的年轮判断，这里曾生长着很多树龄超过 3000 年的柏树，年龄最小的，也多在千年以上。

在林间穿行时，我一次次停在一棵棵千姿百态的柏树前，触摸过它的肌肤，看过它的婆娑，听过它与清风的絮语，闻过它散发的香气。

我感觉，它们已经不是一般的植物，或树木，或森林，它们已然长成了精灵。那是一个精灵的王国。是的，我想说的是，只有这样的树木才配得上中国第一个国家公园的名头。

而且，昂赛不止有柏树林。

地质地理学家杨勇先生无数次在三江源腹地跋涉，以考察山河地理。几乎每次去三江源，我都能听到他在那里穿行的消息，心怀敬佩。也曾有缘在那里邂逅，并请教过有关冻土滑塌等科学问题。

他曾写过一篇文章，记得标题就是《昂赛，我心目中的国家公园的模样》，以一个地理学家的视角，科学诠释昂赛的精妙。期间，罗洪忠也写过一篇文章《昂赛丹霞：如何成为国家公园的点睛之笔》（均见2016年7月1日《青海日报》第九版），讲述杨勇在昂赛的发现和对昂赛的思考。

可能与杨勇先生专业背景和著者的切入视角有关，这些文字的焦点都是昂赛广为分布的白垩纪丹霞地质景观。2015年10月4日中新社的一则新闻也报道过此事，说中国横断山研究会首席科学家杨勇在澜沧江上游重要的支流扎曲河（实为澜沧江源区干流，一般会写成杂曲——笔者注）流域发现了300余平方公里的白垩纪丹霞地质景观。

他认为，这一区域应是“青藏高原最完整的白垩纪丹霞地质景观”。报道称，此景观位于玉树藏族自治州杂多县昂赛乡境内，它或由于水平巨厚红色沙砾岩经过长期风化剥离和流水侵蚀等原因，形成了平顶、身陡的方山、石墙、石缝、石柱、陡崖等千姿百态的地貌形态，是名副其实的青藏高原“红石公园”。

文字中还提到，这里不止有丹霞，还有更丰富多样的自然景致。域内植物丰茂，生物多样性保存完好，宗教历史文化底蕴深厚，民风淳朴，是一处自然与人文交相辉映的乐园，也是青藏高原发育最为完整的白垩纪丹霞地质景观，对青藏高原新构造运动、气候变化影响以及第四纪地质、气候变化条件下的山地地貌演化等研究，都具有十分重要的价值……为地貌学、冰川学、河流学、构造地质学、植物学、历史学、宗教学和人类学等学科研究的一处天然博物馆。

也列举了很多景点的名字，比如果道峡谷、格萨尔王遗址、乃邦神山坐佛、猿人山、生命之根、神龟山、吉日沟古佛塔、佛头山、雪豹沟、手掌山等。并划分出果道峡谷、扎曲峡谷两个景观带，以及熊达至萨拉玛、东卡至日朗科两个风景区。也提到了那些柏树，说它有“森林活化石”之称。

对一个景区而言，这样的描述也许已经足够了。可对昂赛来说，还远远不够。也许，对大自然所呈现的鬼斧神工来说，人类语言所有的描述都是有局限的。我们手中的笔无法精确地表达眼睛所能看到的自然之美，而再明亮的眼睛也无法捕捉到心灵所能抵达的全部层面。

昂赛在那一片山野峻岭所肆意铺排的是大自然的造化之妙，后又经过亿万年提炼打磨，以漫长岁月精心雕琢，将日月之光华、风霜雨露之色泽浸润其内，生命气息不断充盈饱满。它有血脉，有气息，有体温，有吐纳循环，有演化成长，甚至有生息繁衍。它因之成了一个生命整体，是活的。

相对于生命，语言是死的。

昂赛带给我的不只是美的震撼，还有感动。每次面对那一派美景时，我都会满怀感恩。造化之恩大于天。

即便这样，对那些柏树也不能一笔带过。

那疏密有致的柏树，那高低起伏的柏树，那千奇百怪的柏树，那婀娜婆娑的柏树啊，你无疑是江源生灵的护卫和旗帜。

那超凡脱俗的柏树，那妩媚妖娆的柏树，那道风仙骨的柏树，那风姿卓越的柏树啊，你无疑是昂赛山野的精神和魂魄。

昂然立于山冈之上
仰而可触高天流云
俯则可瞰江河长峡
伴万古明月
沐天籁清风
这是一种植物吗
渺远，淡泊，宁静
它分明已长成了一种图腾
一种境界①

自昂赛、通天河谷、阿尼玛卿森林带再往上，整个三江源区再也看不到乔木林的分布，即使生命力顽强又耐寒的云杉、圆柏等暗针叶林也无法突破这个极限，再往前一步。这应该是生物界无法逾越的限定，是自然法则的定律。

再往高处，便是广袤的高寒草甸地带，那是垫状草本植物的疆域。

坚韧如钢刷的草本类像一层厚厚的草垫密实地覆盖着大地表层，从上面走过时，无边的柔韧会变成一种弹性和张力，在你脚下起伏。

整体上，自西南向西北随自然条件的水平垂直及坡向变化，森林—草甸—草原—荒漠，依次出现。从植被类型上又依次呈现：森林及高山灌丛—高寒草甸—高寒草原—高寒荒漠—高山流石坡稀疏植被及零散分布的高山垫状植被。从森林上限的高山地带至永久雪线之间的广阔高原面上，呈水平方向的这种地域分野，正是其独具魅力的生物多样性特征

① 引自古岳《写给三江源的情书》。

形成的原因。

其中，分布最广、最富色彩变幻也最具自然魅力的是高寒草甸和高寒草原。它们总是从你眼前开始苍茫浩荡，直到视野尽头还在肆意纵横。随后，如果你到了视野尽头，它依然在眼前浩荡，渺无边际，仿佛再远的尽头之外还有更远的尽头。

心想，如果躺在那里，让四肢尽可能舒展，而后用自己的指尖去轻轻触碰一片草叶，它就会碰到另一片草叶，另一片草叶又会碰到第三片草叶……如果那青草一直长到了天边。最终，它会把我轻轻的那次触碰一直传递下去，直到天边最后的一片草叶，而最后的那一片草叶说不定就会碰到天上的云彩。

当夜晚来临，星星在天空点亮的时候，一颗星星说不定恰好就在最后一片草叶上轻轻摇晃，像露珠。如是，那星光是否也能顺着一片又一片草叶传递回来，碰到我的指尖，尔后，进入我的心灵。如是，那一定是爱的样子，它从你的心里启程，最终抵达远方，尔后，原路返回。因为，爱是这个世界上唯一送出之后仍能原封不动送回来的礼物——你收到的这份礼物，甚至比你之前送出去的还要珍贵。

这片辽阔的区域无疑是三江源的主体，我把它泛称为草原地带，草本类植物的领地，青草和草本开花植物为主体景观的成千上万座高寒花园就广布其间……

与高大的乔木和旺盛的灌木丛相比，一株青草的生长显得很不起眼。就个体而言，它们娇小柔弱，几可忽略不计，一只蚂蚁几下就能将其咬断，并将其抬回家里，当建筑材料。但就群体而言，它们却是植物王国里的主体，像人类社会的亿万民众，主宰大地沉浮。

从整个地球生物圈的情形看，无论是动物还是植物，越是体型微小者，也越能显示其群体的强大。恐龙可能是地球史上最庞大的动物，而今安在？高大的蕨类植物是侏罗纪时代陆生植物骄傲的代表，而今安在？

人类比恐龙小，其众却日盛。鼠类比人类小，其众亦日盛。蝼蚁昆虫比鼠类小，其众更盛。巴里·E. 奇然尔曼和戴维·J. 奇然尔曼两个人猜测，如果把地球上的昆虫加在一起分给全人类，每人至少会分到两亿只虫子。他们认为，昆虫是有史以来最成功的动物，是地球上真正的主宰阶级。

两位奇然尔曼还引述霍兰德博士在一本关于飞蛾的书中的描述说，也许他是对的——如果地球上最后只有一种生命幸存，那一定是昆虫：

> 当月亮被遮蔽起来，太阳只在中午才发出一点橘黄的光，海洋都结了冰，并从赤道一直冻到极点……当所有的城市不复存在并化为尘埃，星球上所有的生命大量死亡；然而在巴拿马积雪旁的岩石上的一块苔藓上，会有一只小甲虫在已耗尽能量的太阳的光辉里伸展着它的触须，显示着我们地球上动物的存在——一只忧郁的“虫子”。①

草本类亦如昆虫，草木虽一家，草本却比树木多多了。

在三江源或整个青藏高原，草本类植物也是植物大家庭中的绝对统治者。无论从数量上还是从生命力的顽强程度看，草本植物都占有绝对优势。草本无处不在，无孔不入，即使在岩石缝儿里，它们也能扎下根来。

三江源草本类植物以高山小蒿草、紫花针茅、青藏薹草、披碱草、固沙草、垫状驼绒藜等为主。研究表明，其草原植被以青藏高原成分占支配地位，有着年轻和独立发展的历史，多为高原隆升过程中逐渐适应

① 引自《在岩石上漂浮》，（美）巴里·E·奇热尔曼，戴维·J·奇热尔曼著，江苏人民出版社，1998 年 5 月。

寒冷干旱的生态条件发展起来的。西北部亦有温带和高山成分,如羊茅草、珠芽蓼等分布较广，常为高山灌丛和草甸的重要组成。

就整个青藏高原的植物区系而言，除南缘可归为古热带植物区系外，包括三江源在内的绝大部分地区都属于泛北极高寒植物区系——这一点呈现出与其动物区系相一致的特点，可以说是一个只属于青藏高原的独特亚区。

一年一度的牧草返青是从河谷低洼处开始的，越靠近山顶的地方，返青的日子越晚。满河谷都绿透了之后，两面山坡才会有淡淡的绿。等山坡都绿了，才有绿色往山顶方向升腾晕染。

此时，河谷草原又开始黄了。很多海拔更高的山顶的牧草还没来得及绿又急急地黄了。靠近山顶地带稀疏的草本植物，返青时落在最后，枯黄时却抢在前面去了，像是不如此，它就会错过时序和季节。

如果你就此认为，草本类植物都是植株单调的青草，只有草根、草叶、草茎，那是大错特错了。即便是牧草所能生长的极寒之地，我们也能看到近代开花植物的草本类极致的娇艳与绚烂。

因为高寒，只要草甸足够丰茂，绝大多数草本开花植物从不敢与草叶争奇斗艳，而是甘愿寄身于草丛，在一派草叶的茂盛中悄然开放，即使草叶淹没了花朵，它们也泰然处之，一副宠辱不惊的样子。

再茂密的青草也无法遮挡住一株真正的花朵。所有的青草或牧草，或草从，或草甸，几乎都是一种颜色，而花朵是五颜六色的，每一种开花植物都有属于自己的色彩。

如果没有这些开花植物，对那些高寒山地来说，即使有季节的变化，也是一早一晚的事——也许根本没有明显的变化。因为有了这些花儿，高寒山地才有了季节时序的痕迹。任何一个季节都不会在高寒山地留下明显区别于其他季节的印记，高寒山地深刻的印记都缘于漫长的岁月。

开花的草本植物是个例外。比之非开花草本类，开花植物更能引人注目。

走近了俯下身看，好像到处都是青草，偶尔也有几朵花，像是点缀，并不抢眼，可是当你站在远处眺望过去，任何一片草原的花季都是无法掩盖的。除了严严实实的一派草绿色，所有的花朵都在视野中绚烂夺目。以山梁、河谷为边缘，几乎每一片草甸、草原都是一座独立的花园。

这些花园让我想起了一个人，这个人就是约翰·缪尔。美国曾有人如是评价："他是我们国家可以位列先贤祠的伟人之一，这些伟人包括亚伯拉罕·林肯、马丁·路德·金、托马斯·杰裴逊，等等，正是这些人塑造和改变了我们。""约翰·缪尔把我们美国人从彻底的物质主义中拯救出来。"

美国成为世界上最早建立国家公园的国家，与约翰·缪尔的不懈努力有着直接关系。黄石国家公园建于1872年，是世界上第一个国家公园。从那以后，美国设立了一大批国家公园，现在，已经成为国家实力的一个象征。有人将国家公园看作是美国的灵魂，而富兰克林则说，国家公园是美国的精髓。

出生于苏格兰的约翰·缪尔是美国最著名和最具影响力的自然生态保育倡导者，被尊称为"国家公园之父""生态保育先知"和"宇宙公民"。纵观人类历史，将一个人对大自然的热爱变成一种国家情怀和民族乃至人类整体意识，进而影响到整个人类文明的进程，除却约翰·缪尔，再无出其右者。

他一生都在"追寻大自然的美"，在46年里，多次单枪匹马，深入人迹罕至的荒野山区与原始森林，义务地探查与保护国家生态资源。为启发民众环保意识不遗余力，四处游说，还撰写了大量优美的文学作品，这些作品在全世界广为流传。

全世界无数的读者为约翰·缪尔的文字倾倒，其中包括当时的美国总统罗斯福。1903 年春天，罗斯福邀请约翰·缪尔陪他去约塞米蒂进行一次为期 4 天的野营旅行。途中，缪尔向罗斯福提出诚恳忠告："只有通过联邦政府的力量，大自然才能得以保存。"甚至还没进公园，罗斯福就已经被打动了。罗斯福后来回忆道："约翰·缪尔的谈话比他写的还要好，他总是能对与他有过接触的人产生巨大影响。"

约翰·缪尔曾写下过这样的文字："保护好我们的原始山林和公园，使其永葆自然的优美、壮观，使其免遭世俗为牟利而染指践踏，吸引人们来到这里吸纳领受上帝的恩赐，让大自然美妙与和谐的生态融入人们心中。"在谈到绝美胜景时，他还曾写道："没有任何人工的殿堂可与之媲美，只要有面包，我就可以永远留在这里。"

如果把上面这句话中的"上帝"换成"大自然"，把它放在三江源难道会有什么不妥吗？——实际上，约翰·缪尔心里的"上帝"一直都是"大自然"，而大自然本身并没有国界。

举世公认，他的《我们的国家公园》是一部至高无上的指南。我在为三江源写这本书时，约翰·缪尔的这部书一直就放在手边，写作间隙，我一直在不停地翻阅，以启迪我的思绪——我想，它也可以启迪三江源——"我们的国家公园"。

而三江源无疑会启迪中国，启迪未来的中国文明乃至未来的人类文明。

在《我们的国家公园》和《夏日走过山间》中，约翰·缪尔写到过数以千计的野生植物和动物——这当然不是统计学意义上的数字，我感觉，在约翰·缪尔看来，它们无疑都是上帝的孩子，或者就是上帝千姿百态的另一个样子。后来的事实证明，约翰·缪尔将自己的一生都献给了大自然，并用文字记录了自己的心路历程，这些文字不仅感动过一个国家，也深远地影响了整个世界。

这些文字是他献给地球万物的珍贵礼物。他去世两年之后的1916年，美国国家公园管理委员会成立。约翰·缪尔离开这个世界已经一百多年了，在《我们的国家公园》中写到他要抛开一切日常琐事，回到大自然中去感悟生命的真谛时，这样写道："再见，骄傲的世界，我要回家了。"这句话像是他留给这个世界的最后遗训，他说的回家就是回到大自然中去。他并未真的离开过，而只是回家。

他也写到过那些高寒草地上的花园——

> 这些冰川草甸花园地势平坦，长1至2英里，肥沃而透水性好的大地被一层柔软、光滑的精美草皮所完全覆盖，草皮上面绣满了花朵，没有哪怕是一丝的杂乱和鄙俗。在一些地方，草皮上夺目的花朵过于拥挤，以致难以见到草叶，在其他地方，草叶也只是间或闪现出来：在那一大群追芳逐艳的快乐昆虫心中，似乎每一片叶子每一朵花都有一只属于自己的飞翔的精灵，而正是这些小精灵们使花园充满了盎然生机。[①]

> 约塞米蒂公园中数以千计最为有趣的花园都是"养在深闺无人识"，因为它们面积太小，有分布在峡谷峭壁的凸台和凹穴中，只要哪里有一片土壤，无论多么狭窄、多么薄浅，它们就在哪里落脚。鸟、风和倾泻而下的雨水将各种顽强的花种植在那花园里，只要有足够的水分，它们就在那里争奇斗艳。许多花园被涓涓的细流所滋润，而这些细流似乎都消失在了悬崖峭

① 引自《我们的国家公园》，约翰·缪尔著，郭名倞译，江苏人民出版社，201年。

壁之间，悄无声息，简直不能被称作是瀑布；水过无痕，多少个世纪以来，它们一直努力寻求一条通往它们所隶属的河流的道路，但从未冲刷出一条像样的沟渠，因为在它们抵达崖底之前，不是蒸发殆尽就是把水分奉献给了途中的植物。悬崖峭壁上美丽的花园植物之所以欣欣向荣，无不得益于这些默默无闻的涓涓细流……①

走上山梁，你会发现许多高一些的花园坡度很陡……你随处可以遇到一些小片的沼泽，它们极其湿润的表面光滑无比，上面点缀着梅花草与毛茛属植物，另一些沼泽布满了簇生着苔藓的小丘，看上去很像北冰洋的苔原，其上的苔藓与地衣和矮生灌木枝叶交互丛生在一起……在最高的群山峰顶，人们普遍认为那里覆盖着终年不化的积雪，然而那里拥有一片片花团锦簇的艳丽的花园。它们那温暖的色调使人们联想起极地火山从冰雪世界中喷射出来的火星和火柱……②

读这样的文字时，我感觉约翰·缪尔写的好像不是北美的约塞米蒂国家公园，而是中国青藏高原的三江源国家公园。这样的花园在三江源高寒地带随处可见，尤其是长江、澜沧江源区海拔 4000 米至 5000 多米的高寒草地。即便是岩石层叠嵯峨的高山之巅，只要有一小片土壤，就会形成一座百花盛开的花园。

一次在长江源区的一条狭窄险峻的峡谷里，我见过一个微型花园，那可能是我所见过的最小的花园——它也许比我老家庭院的小花园还小。

---

① 引自《我们的国家公园》。

② 同上。

它就在崖壁上的一个山洞里，因为有阳光从另一侧洒落下来，照进了山洞，里面就长满了花草。靠近洞口的地方，立着一块花白色岩石，像一只昂首向天的青蛙，阳光在它身上涂上了一层光泽。一股涓涓细流从那青蛙身下流出，从那崖壁上飞泻而下。我叫它“空中金蟾花园”。

我原本想从悬崖一侧设法爬上去，进到那空中花园里一探究竟的，可一想到这样有可能会弄脏那座花园，也可能会惊扰到那只“金蟾”，才打消了这个念头。只是站在崖壁下的小河边，一直望着那花园里的景色，不忍离去。而那只金蟾也一直静静地看着我，像是很惬意安详的样子。

当然，青藏高原或者三江源远比约塞米蒂甚至比整个内华达山麓还要壮阔得多，除了无数狭小的、微型的花园，三江源还有辽阔的、巨型的花园。这些地球第三极上的花园布满山河，在一条条开阔的山谷，在纵横交错的山坡，在平坦的高原面上，绵延浩荡，开满了鲜花。

如果你细加分别和清点，甚至从很远的地方，你也能分辨或看清一片草原上开着多少种花朵。即使像点地梅、羊羔花那么细碎的花儿，在其盛开的季节，别说是青草，连别的开花植物也会自觉为它们的绽放躲在一旁，悄悄投去欣赏的目光。及至百花盛开时，从远处，我们只能从颜色来区分它们的品类了。

最初开放的是点地梅和红景天类的花朵，大片罂粟科的花朵紧随其后，最后是品类繁多的菊科植物和马先蒿繁盛的季节——红景天的花骨朵是紧接着冰雪的融化凝结出宝石样夺目的光彩的，远远看去，像一颗颗散落的红玛瑙。当然，开在后面的花儿也不会等到前面的花儿都谢了才开，而是在它们依然娇艳的时候就已经陆续绽放了。虽也分先后，却是交替盛开的。

一个熟悉草原四季景色和物候变化的人，从远处的地方单看花色，也能说出一片草原上主要几种花朵的名字。假如开在远处的花朵是绿绒蒿，因其花形壮观，花瓣肥硕鲜艳，即使很远——说不定一公里之外也能认出它来。因为，它不会连成一片密密地开放，即便是开满了一条河谷、一面山坡，渲染出一种大景致来，也是疏疏朗朗的，呈点状分布。而且，开黄花的和开红花的主要两种绿绒蒿，一般也会分别开在不同的区域，红花绿绒蒿钟情于河谷草地，而黄花绿绒蒿则喜欢向阳的山坡，会从半山腰一直开到山顶上。

只有在草原植被严重退化时，比如黑土滩和沙砾地上，一些更喜欢独立空间的花朵才会开出另一番景象来。比如可配伍入中藏药的独一味，因为草原退化而没有牧草生长的空地上，即便海拔超过 4500 的高寒地带，也会将它宽阔肥厚的叶片长得像一片莲叶那么大。其植株高不过叶片，叶形亦如莲蓬，一片一片宽大的叶子边缘相互叠压交错，共同托举着一朵硕大的花。

而在牧草茂密处，尽管也能见到它的身影，但因为没有用武之地，叶片伸展不开，只能委曲求全，甘愿寄人篱下，长成一株青草的样子。

青藏龙胆类也像独一味一样，在牧草稀疏或依然退化的草地上无拘无束地盛开着。在没有其他植物生长的地方，它们甚至像炫耀自己的荣光一样，喜欢几十株、上百株密匝匝地挤在一起生长，开出一大片花朵来。你要不细看，还以为那就是一株龙胆草，大有独自长成一座花园的架势……

但是，如果草原生态退化继续，沦为一片不毛之地，独一味和龙胆类也无法继续立足了。它们只能迁徙别处。

高寒荒漠无疑是昔日草原退化沉沦的结果。

我原以为，有高崛的青藏高原抵挡，西亚大沙漠或中国西北部大沙漠是永远无法侵入青藏高原腹地的。后来却发现，每一片草原之下原本就有一片沙漠。

曾经的每一片草叶下都埋着一粒沙子。

后来的每一粒沙子都是一片枯死的草叶。

目光从一株青草的叶尖儿上缓缓滑下，滑过分蘖的植株和纤细的根茎，就到地面了，就看到了泥土。我想象着要是草原上没有了牧草，又会怎么样呢？于是，大片的牧草就从眼前枯萎飘零，一直退出了地平线。地表渐渐裸露，有风从远处吹来，一层细细的泥土随风飘散，飘远，吱吱有声，如丝如缕。后来，风越刮越大，风梢如利刃，一层层削刮着地表之上的泥土，席卷而去。没过多久，草原上的泥土已经消失殆尽，不知去向。但是，风还在呼啸，随之而起的是一层一层的沙尘。曾经绿草如茵的地方已经沙砾遍野。而大风却还没有丝毫要停歇的样子，远处的山梁上已经堆满了流沙，紧随草原远去的背影，沙漠已经越过了地平线，向曾经的草原汹涌而来。①

高寒流石坡则无疑是冰雪的杰作。

在最后一次冰川期结束后的漫长岁月里，这些山坡之上，自山顶至山坡，都曾有厚厚的冰雪，多冰川。后来，冰雪开始融化，雪线渐渐退向山顶，山谷冰川也开始消融。

山坡开始裸露，先是半山腰的一角，后来是整个山坡，最后是山顶。裸露的山坡上没有牧草生长——即使偶尔有几株或一小片青草，那也是很久以后才出现的变化。经雨水冲刷，石头从山顶方向滚落山坡，一些

① 引自古岳《草与沙》。

滚圆的巨石，会滚落山脚。我们在很多湖盆、河谷草滩看到的那些光滑的巨石，都是这样来的。它们往往散落一地，星罗棋布。

经阳光照晒和雪水的滋润，只有一种植物会在流石层中慢慢苏醒过来，让自己新长出的枝条穿过层层岩石，伸向天空，展开鲜嫩的叶子。这是极少躲过冰川期酷寒幸存下来的一些灌木。可能用了很长时间，其根须才慢慢复活。又过了很长时间，它可能才会抽枝展叶。

我个人认为，在离流石坡不远的地方，在高寒草甸与高寒草原之间还有一个独特的生态类型不可小觑，那就是沼泽草地。大多湖盆地带和河谷滩地是其分布地，为藏野驴和众多鸟类理想的栖息地。

因坑洼处水体充盈，草地呈片块状与水域串缀连绵，夏天的沼泽地，一片水洼一片绿草，每片水洼里都有数不清的水生生物，每一片草地上也有数不清的飞蛾萤虫。无数水洼映照蓝天白云，绿草倒映其间，一派浩渺壮阔。俯下身，从一小片水洼望出去，你会看到整个天空和大地。

草皮之下多泥炭，泥沼如陷阱广布，大多生灵不敢随意冒进，唯藏野驴可长驱直入。我在别处已经写到过,再危险的沼泽地带对藏野驴来说，亦如平地。冬季封冻时，水面结出冰来，草地金黄，星星点点的晶莹洁白镶嵌于无边的金草地，铺排开来，像一块镶满金银珠宝和琥珀珍珠的宝毯。

这是高寒地带最引人入胜的大景致，独一无二。

即使一片不大的沼泽边上，都会有一条小河，甚至会有一片湖水。哪怕只是一条小溪，只要一直流淌，都会流进一条比它大的河，最终都会流入长江、黄河、澜沧江中的一条。

君曲老牧人达才旺家不远处，山冈之上有湖，约十公顷——也许会更大一些，山坡一侧有沼泽，沼泽边缘有小河。小河从沼泽深处开始汩汩涌流，及至出了沼泽，已有奔流之势。小河入君曲，君曲入通天河，成为长江源区干流。

三江源有无数大大小小的沼泽地，滋养着无数大大小小的源流。沼泽草地与众多湖泊、江河水域共同组成了欧亚大陆腹地最重要的三江源湿地，对于物候、水源涵养、草原植被以及周边生态环境，乃至大气环境的影响举足轻重。

如果沼泽从未出现退化，区域内大片的草地一定会牧草丰茂，长势也好于周边区域。而一旦出现退化，它会呈萎缩状从外围开始干涸。沼泽一旦干涸，突兀其间的草甸也会随之干枯，最先枯萎的是草叶和草茎，继而是草根，最后是整个沼泽地。

我曾爬在草地上，仔细观察过已经退化的沼泽地。沙地上突兀着黑黑的小土丘，有的小土丘下面已经被风沙掏空了，形成一个洞穴。从洞口这头望过去，那小洞竟是相通的，能望见对面的山梁。而小土丘依然稳稳地立在那里，并未倾覆塌陷，感到惊讶。再看，原来是草根在支撑着土丘。一根根密密麻麻的草根缠绕在一起，结实地捆绑着土丘，包裹着仅有的泥土。夏日，稍有雨水，那似乎早已干透的土丘顶上却能长出一丛绿草。

高原生态的脆弱与大自然的坚韧都凝聚在那小土丘上。

如果干旱持续，退化就持续，过不了多久，等那些草根都风化了之后，那个小土丘也会随之烟消云散。

当一片沼泽地彻底干涸之后，那些丘状的草甸也会很快干枯。最后，只剩下连绵不绝的沙土丘。没有植被，没有生气，一片草原灰飞烟灭，远远看过去，就像是无数的坟堆。沼泽草原却不知去向。

其实，干涸的不是沼泽，也不是草原，而是一滴一滴的水。等每一滴水都干涸了之后，沼泽草原便也不复存在。

一滴雨从天空飘落，一颗露珠从草叶上滑下，一滴水从草根里渗出。

无数的水滴从冰川，从雪山，从草原无数的草根里不断汇聚。

我越来越觉得，所谓“源头第一滴水”这样的描述，看上去充满诗意，实则非常荒诞——也许这样的一滴水是无法存在的。令人尴尬的是，我也曾是这样的描述者。

那是无数滴水的汇聚，它们同时汹涌。千万滴水珠汇聚成一条小河，亿万滴水珠汇聚成一条大河。不仅沼泽，不仅江河，大海也是一滴一滴水珠的汇聚。一滴水中见大海，大海又未尝不是一滴水，像眼泪。

水源自高处，人来自低河，而地衣和苔藓则缘于大海。

从长远看，大海是所有地球生物的故乡。人类生命也源于大海，眼泪里就有大海的记忆。有人说，眼泪是人心里的海——也许真是大海留下的神秘标记。

地衣和苔藓也是。它们连接着生命史从海洋到陆地的关键一环，被誉为地球陆地生命的拓荒者。

随着海拔的继续抬升，到最后的冰川和雪线以上地带，即使草本类植物也很难存活。也许，偶尔我们还能看到几片孤零零的草叶，像前世的遗存，大片的草地已经退到身后很远的地方了。

也许在昔日冰川已经大面积退却后留下的流石坡上，我们还能看到几株景天类植物。或许还能看到一簇簇、一蓬蓬茂盛的大花红景天。我觉得那应该是开花植物所能存活的极限了，但它依然非常茂盛，深红色的花朵会开得无比娇艳。

极度缺氧是大多生物无法存活的一个严酷现实，红景天是个特例。所以，后来人类从它身上提取抗缺氧成分，制成胶囊或口服液，以帮助人类在极度缺氧的环境下生存。

至此，绝大多数草本类植物已经全线退却。

再往高处，几乎一片草叶都看不到了。

不过，草本植物的退却并不意味着没有植物或别的生命的存在。生命在极端严酷环境下的延续，远比我们所能想象的要悲壮。

一片死寂的绝境里，一种看上去更柔弱的生物开始登场，那便是苔藓类。它会将自己极其柔软的根须悄悄伸入冰层的缝隙，或用冰层寒冷的掩护躲过一劫，存活下来。

苔藓已属高等植物，无花，无果，亦无种子，它以孢子繁殖后代。其品类也极其繁盛，全世界已知的苔藓类植物超过 23000 种，中国也有近 3000 种。科学家预计，青藏高原的苔藓植物在 1000 种左右——这差不多是青藏高原所有植物种类的总和，还有多种稀有种，比如藻苔藓和绵毛真藓等——也许还有许多新种有待发现……迄今为止，我们对这一古老生命形式的了解依然十分有限。

从南北极冰川新的发现看，如果冰川消退，苔藓类总会成为捷足先登者，并很快会占领大片的领地。进入大陆腹地以后，它甚至会独霸大片旷野，将之开辟为它独有的家园——苔原。当然，它也乐于接受虫类与各种微生物去那里永久居留。

在一些阴暗潮湿的角落里，苔藓类还可以生长得非常茂密和旺盛，一株紧挨着一株交错丛生，几乎不留下任何空隙。如果不细看，还以为它们是粘连在一起的，摸上去，像新生鹿角上的茸毛。

苔藓类几乎无处不在，而在开辟生命通道的这条路上，地衣类生物甚至会比苔藓类走得更远，其族群也与苔藓类一样庞大。

也许是因为分工不同，在前行的路上，地衣类生物会独辟蹊径，专门挑选最难走的一条路，去攻克苔藓类无能为力的特殊疆域，比如坚硬的岩石。

在整个生物界，你可以把苔藓类和地衣类视为两个协作并行的伙伴，一个开路，一个拓荒。有苔藓的地方，不远处定有地衣，有地衣的地方，其身旁也必有苔藓。

也许是因为，它由真菌和藻类两种生命体组合而成的缘故，像阴阳合体。其中的菌类必须依靠藻类才能存活，如若分离，藻类依然保持旺盛的繁殖力，而菌类则无法自行存活。而一旦合体，凡是其他生物无法生存的地方，地衣都能生长繁殖，形成强大群落，并用五彩缤纷的外表宣告自己的存在。峭壁、岩石、树皮、荒漠沙地，乃至南北极、青藏高原冰雪地带和冻土地带——其他生命不能立足的地方，都有它们极致的存在。

像苔藓类一样的是，地衣也喜湿润，但这并不意味着它害怕干旱。恰恰相反，如干旱难耐，它会暂时停止生长，进入休眠，像是睡了一觉。稍遇雨水，便会迅速醒来，继续生长繁衍。

虽然冰雪永远不会与能腐蚀一切的地衣酸妥协，任其弥漫，但是只要冰雪稍有消退，让地表有所裸露，冰蚀地带的岩石也会随之获得解放，得见天日。

地衣类生物等待的时刻终于来临。冰层中间若有一块巨石探出头来，地衣像是在汪洋中终于看到了一个可以求生的孤岛，即刻实施登陆，绝不错失良机。

哪怕是一块很小的石头，在它们看来也是一片可实施登陆计划的大陆，最初，它们就是这样从海洋登上陆地的。一切都在悄然进行。很快，每一块露出地面的岩石上都布满了它们变幻莫测的风采。鲜红的、深红的、紫红的、黑色的、褐色的、碧绿的、暗绿的地衣们，像一块块碎花布覆盖了岩石表层，铺展并渲染生命斑斓的色彩。大地的衣裳，地衣之名是大有来头的。

我曾说，那是开在石头上的花朵。

有几块长满地衣的石头就能组成一个花园，有成千上万块布满各色地衣的石头在一起，就能使一条河谷、一片草原变成一座巨大的花园。

有二十多年了吧，我一直在留意拍摄青藏高原岩石上的地衣，第一次的拍摄点在阿尼玛卿雪山脚下的阳柯河源头，再往上就是终年不化的积雪。我是从远处看到那满河谷滚圆的巨石的，它们散落在冰川消融后露出的河床，像是天上落下的星尘。

这时,我看到了那些“花朵”,那些开在石头上的鲜红色花朵。走近了，才发现是地衣，几乎每一块石头上都全是它们极尽绚烂的光彩。

粗看，每一块石头上的地衣几乎没什么区别，都是一片片附着在石头表层，像是随意涂抹的一层厚厚的颜料，不均匀，不光滑，也不细致，表面过于粗糙斑驳，轮廓也不明朗。待细看，却发现，每一块石头上的地衣形态样貌以及花色层次都是大不一样的，甚至在一块石头上它们也会尽可能地呈现丰富与饱满，无论是色彩还是图案样式，都会明暗有度，层次分明，色调也别具韵味，透着自然天成的朴拙与灵气。

从那以后，无论走到哪里，只要看到长在石头上的地衣，我都会留心拍摄。我曾在一些意想不到的地方看到过连片生长的地衣，比如峭壁和悬崖上。在这样的地方，它们总会让你眼前一亮，欣喜万分。

一次，在黄河源区的卓陵湖边，我走过一片沙化的草地，从一片湖水走向另一片湖水。离那不远处有一群水鸟——可能有几千只吧，它们聚在湖滨滩地大声鸣叫着，像是多声部大合唱。从远处看，湖岸像是平缓的，走到岸边才发现那是一面悬崖，黝黑的礁石层层叠叠。当我站在那崖顶时，惊起一片水鸟，原来那岸边峭壁上还藏着一群鸟儿，能认出的鸟儿有鸬鹚、棕头鸥、斑头雁……

随着“扑棱棱”一片呼啸，一群鸟儿从脚下飞出，飞远，而后在水天相接处飞翔着，翻腾着，我半晌才回过神来看脚下的悬崖。脚下的崖壁上竟然长满了地衣，因为有湖水的浸润滋养，礁石披上了一层黑黝黝的外壳，而原本鲜艳的地衣因为有那底色的衬托显得更加绚烂了。

不过，这还不是最绚烂的。最绚烂的地衣不在湖水边，也不在草原深处，而在冰川附近的河谷。越是靠近高寒冰川雪山地带河谷的地衣也越为绚丽。冰川消退后露出的河谷多巨石，冰蚀磨砺让坚硬的石头表面圆润光滑，雨水冲刷掉上面的沙粒泥土之后，每一块石头都显得光彩夺目，而河谷湿气又让地衣得到最好的发育生长，经高原灿烂阳光的照晒，便有了满河床的五彩缤纷与斑斓。

可能与生长环境有关，这样的冰川河谷地带，鲜艳的红色地衣总是占据着绝对的优势，一眼看过去，整个河谷都被地衣染红了。而那红色并不是平的，它以每一块石头的大小高低镶嵌在一起，错落着，起伏着，汹涌着，奔腾着，像是一条翻腾着五彩浪花的河流。

相反，在朝阳干燥的山岩上，地衣的生存就显得单调多了。因为水分稀缺的缘故，很难让自己的外表拥有非常艳丽的肤色，但这并未使它们望而却步，它们占领每一块岩石的步伐不会因此有丝毫的迟疑。它们会长成银灰色、灰白色、灰褐色，或黑色，或白色，岩石表面的一些坑洼处还会长成赭色和灰绿色。在极其干旱的季节，其表皮甚至会出现萎缩干裂，像是长久没有雨水的滋润已经枯萎了的花朵。

但它们不会真的枯萎和死去，一旦存在，它们的世界，似乎没有死亡。

它们只是期待着雨滴，而雨滴终究会落下来的。

地衣类无疑是地球陆地生物最初的开路先锋，如果最终地球上只剩下一种生物，地衣很可能也是地球生物最后的留守者。

如果给它足够漫长的时间——假如我们也能活得足够久远，那么，我们就会看到地衣类生物会不断用其分泌的地衣酸把每一块坚硬无比的顽石都变成一堆松软的泥土。尔后，它们消隐，让别的生物、别的生命继续开疆拓土的使命，并开始新的演化，继续书写生命的历史。

当然，我们都活不过一块石头，更别说地衣了。别说是人类，昆虫也活不过地衣的。如果套用霍兰德博士的话，我会说，太阳最后的余晖里依然鲜亮的，一定是一片一片的地衣。它们已经遍布地球表面所有的岩石，又一次生命繁衍的久远跋涉已经开始。当然，最终太阳也会熄灭，人类也不复存在，但即使在无边的黑暗中，地衣类依然不会放弃它们开拓生命历史的天命。

那么，生命万物还会迎来再次繁盛的光辉未来吗？也许会的，也许不会了。但对地球而言，地衣类存在的意义不会就此消失。地球生命的未来篇章，也许会在无边的黑暗中呈现另一番景象。

而一个不那么久远的未来是完全可以期待的。

再过几万年之后，青藏高原或许又会抬升到一个全新的高度，部分杉类和圆柏类森林或许依然坚守在最后的极地，不知道，它是否依然那般高大。假如有一天，高大的云杉和圆柏们变得和西藏沙棘、匍匐栒子和水柏枝一般矮小，三江源还会美丽如初吗？

因为环境的无比严酷，生命万物才显得格外美丽。

因为千万年与世隔绝的封闭，这些生灵才得以尽享共存共生的和谐。即便是人类，在过去的漫长岁月里，他们也和这里的一草一木以及爬虫蝼蚁们，平等地享受着充足的阳光和稀薄的空气。这里的一切，几乎一直遵循和延续着大自然原有的伦理秩序。

高寒产生了大量冰雪，冰雪融化创造了草原、森林和灌丛。

有了水草条件，也就有了各种野生动物的生存和繁衍，有了逐水草而居的牧人和他们牧放的畜群。一个生命的链条就这样延伸开来，一个生命之网就这样编织成形。每一个物种既有自由的生存空间，又都受制于其他物种。

三江源延续的是天地造化的秩序，呈现着大自然原有的生命序列。斯为天道乎？

中国大地上纵横流淌，千万年浇灌出文明长河的三大江河之所以都从这里起步，不仅仅是一种地理的安排，从民族人文心理上讲，也暗合了民族精神以及人类文明的向度，并以它全部的内涵诠释着其中的奥妙。

现在，这里不仅分布着 2000 余种高等植物，而且还栖息着数百种动物和鸟类，其中半数以上为高原特有种和稀有种。《格萨尔史诗》中所述及的 18 大动植物王国都在此地，而那每一个王国，原本就是一个独立的国家公园。

三江源的动植物宝库还不止有这些。作为中国第一个国家公园，它名副其实。

那么，它会成为生命最后的乐园吗？

白雪世界

8月，沿海内地还是炎炎夏日，三江源却已大雪纷飞了。

34年前——1987年8月4日，我第一次乘长途班车翻越巴颜喀拉山时，那里已是碧雪莽原。

巴颜喀拉山麓的夏天好像刚来几天，冬天又已来临。

那些刚刚长出嫩绿叶片的牧草还没枯黄，大雪就已盖在上面了。冰冷的雪压着绿绿的草，像翡翠。那草却是三江源生命的根，它们一株挨着一株，叶片接着叶片，根须连着根须，一片片连成了绿满天涯的三江源。

它们养育了三江源的生命，延续了三江源的精魂血脉。

我有一篇散文，《各姿各雅的雪》①，文中所写，正是这雪：

① 见《青海湖》月刊，2019年10月。

即使在炎热的夏天，骄阳下，一抬头，都能在远处的山冈上看到一撇儿白雪。今年7月，有几天我在通天河谷穿行，一天出了河谷，一抬头，对面山坡上有几道白雪，很写意，细看，如象形字，像一头鹿。文扎在身边说，说不定这座山的名字里就有鹿，藏地很多山的名字甚至很多地名都是这样来的。因地处高寒，玉树四季景色的变化也不像低处那么鲜明。如果除却了气温的因素，仅从视野中大地山川和牧草枯荣的变化看，甚至也没有四季，而只有两季。整个秋冬春是一个季节，可泛称为冬季，剩余的就是短暂的夏季。

一般来说，到5月初，草原才会返青，也只是星星点点的绿，是“草色遥看近却无”的那种。直到6月初，那草色的绿才会慢慢弥散开来，像是在用极淡的水墨晕染一般，而且速度非常缓慢，前一天跟第二天几乎没有变化，甚至前一周跟第二周也没有多大变化。又过了十天半月光景，一天早上醒来，一抬眼，突然发现，远处的山野竟然全绿了，像是一夜间变绿的。

玉树迷人的夏天就这样开始了，却因为短暂而显得格外绚烂耀眼。这种绚烂不仅在大地上，更在天空里，在阳光和空气中，也在人们的眼睛和心里。因为短暂，似乎一眨眼，这种绚烂即达到鼎盛，那是盛开的季节，可这盛开刚开始好像就要凋零枯萎了。雪似乎已经从远处飘落了。即使在最炎热的季节，雪也从未远离玉树。它好像一直就在山顶盘旋着，像飞翔的鸟儿，随时都准备落下来。

等8月初的第一场雪飘落之后，草原还绿着，而且，那绿已近极致，透着碧翠，像是那一场雪给它涂上了一层油彩。想必那一定是阳光、雪水、泥土和空气共同调和出来的色彩。

……

从天空飘落的雪一定是先落在山顶上的，却是从山下河谷开始融化的，山顶上的雪不会很快融化，甚至一直不会。8月的雪也不会连续下，一场雪落下之后，天很快晴了，阳光照彻下来，将河谷草原上的雪一扫而光。雪变成了一层白雾,在半山腰飘荡，而山顶没有融化的雪却在白雾之上熠熠生辉。如此，山下河谷的草地显得更绿了，是一年中最绿的草原，而这也意味着它很快就要枯黄了。

夏天已经结束，冬天的雪甚至不经过秋天的过度，很快就会覆盖草原。

在达森草原，有几天夜里大雨。早上醒来一看，山上都落着白雪。山下芳草萋萋，山上却是皑皑白雪。以前玉树的很多山上，一年四季都有厚厚的积雪。后来雪线越来越高，很多山顶的积雪越来越少，幸好还能看到。通常我们把这样的山都叫雪山。当然，雪山顶上不止有雪，还有冰层、冰盖。冰雪覆盖着绵延起伏的山峦，山峦地表之下是永冻层，是冻成冰的土壤。高寒牧草就长在那冻土之上，草的根须紧贴着寒冰。也许正是这个缘故，高寒地带的草叶在阳光下泛着光芒，晶莹水灵，尤其是早晨，草叶上挂着露珠，像冰粒儿，映照天地乾坤。

雪就这样融入了高原大地，也融入了人们的血脉，成了一种精神的所在。我感觉，在高原牧人心里，被视为故乡的那个地方，其实是以一层冰雪做底色的，可以说，雪是他们心灵的故乡。

因为这雪，玉树这片高地才孕育出亚洲大陆众多的河流，其中包括中国最大的三条江河：长江、黄河、澜沧江……

从这个意义上说，雪才是玉树乃至整个青藏高原生态系统的精魂所在。雪不仅造就了江河源头的冰川和冻土地带，也用不断融化的涓涓细流哺育了条条江河的奔腾呼啸，当然，也滋养了生命万物。

风吹过河谷，日升月落。星河灿烂，马蹄声响起。人在河谷里穿行，文明的灯火便在大河谷地里照耀璀璨。而雪无疑是圣洁的，这片土地因而也成为一片净土。而江河之源无疑是神圣的，这片土地因而也成为一片圣地。

多年之后的一个夏天，我从曲麻莱方向去拜望黄河源头，翻过巴颜喀拉，各姿各雅就在眼前，从它怀抱里蜿蜒而下的就是黄河源流卡日曲，再往前就是约古宗列。之所以再次想起各姿各雅，是因为我想起了各姿各雅的雪。确切地说，那只是一道雪线，很写意，一撇一捺，沿山梁呈一个“人”字——或一对白眉，像是用毛笔描上去的。

雪线之上，天空浩荡，雪线之下，大地苍茫。而天地之间，竟空无一物。

唯一线白雪，如一句禅语，超然，空灵，晶莹。

有了这雪和牧草，三江源就成了三江源，就有了三江源的一切，就有了三江源的生命万物。

第一次去玉树，除了治多，其他五个县我都去了，在每个县的时间都在半个月以上，其中在曲麻莱的时间要长一些，近一个月。离开曲麻莱之前，我去了离通天河不远的一个牧民定居点。在那里，我也遭遇一场大雪。这样，我的第一次玉树之行以一场夏天的大雪为序曲，又以一场秋天的大雪落幕。我要在纷纷扬扬的大雪中离开玉树了。

那时中秋节刚过，玉树的冬天却已经来了。我是由县委宣传部的一辆北京吉普送到那个地方的，去的时候，天还是晴的，一到那里就开始下雪了。雪很大，是鹅毛大雪，雪花漫天飞舞，挡住了视线，远处的山冈和草原都看不见了。除了大雪，能看得见的就是一顶黑牛毛帐篷。一群牧人正坐在帐篷里开会。

不记得会议的议题和内容了。一群人的脸庞也越来越模糊，只记得他们都穿着厚厚的皮袄，坐在火炉边上一直在心平气和地讨论一件事。会议持续了很长时间，雪也一直下着，好像只要那会议不结束雪会一直下下去，或者只要那雪一直下着那会议就会一直持续下去。事先与送我去那个地方的人说好，一两个时辰就来接我，可是他来的时候，天快黑了，雪还在下。

等我们往回走的时候，积雪已经很厚了。草原上原本就没有路，有积雪且仍在下着大雪的草原上甚至辨不清方向。但是，我们并未迷失方向，只要还在曾经的草原上，在任何情况下，草原牧人一般都不会迷失方向。很久以后，我都没有想明白，他们是怎样辨别方向的。

我见识过，在夜里迷路后一个牧人根据头顶星辰的位置准确判断方向的本领，可在大雪迷蒙、所有参照物都被大雪遮盖的时候，他们是靠什么来辨识方向的呢？而在这样的天气，是最容易迷失方向的。因为纷纷扬扬漫天飞舞的雪片挡住了视线，如置身迷雾，而四野都是白茫茫一片，东南西北没有丝毫分别，方向已被大雪吞没。

雪就这样覆盖了我的记忆，不是在冬天，而是从一个夏天到一个秋天。

那时候，玉树所有的县城都有很多流浪狗，像曲麻莱这样人口稀少的县城，从沙土街道的这一头走到另一头，通常情况下，只看到不多的几个人，而狗总是成群结队地在到处游荡。一天早上起来，外面下了雪，雪地里到处都是狗的脚印，像神秘的符号。

我住的地方也有很多狗，白天还好，一到晚上夜深人静的时候，它们会在门前追逐嬉闹，并狂吠不止。后来我想，它们白天可能也这样，只是白天整个世界也在喧嚣，多少起到了缓冲作用，对狗的闹腾并没有特别在意。夜里，万籁俱寂，就将之成倍放大，因而不得安宁。这还是其次，更难以忍受的是，因为门前随时有一群狗疯狂嬉闹，夜里内急，我却不敢出门。

出于自身安全的考虑，后来我搬到县民贸公司办的一家小旅社住了，旅社在路边上，有院子，有铁大门，晚上，门一关，狗进不来。即便如此，每天从早到晚，一群一群的狗们也从未离开过我的视线。很久以后，我写过一篇散文，叫《狗正列队走在身后》，文中写的就是曲麻莱的那一段经历。当然，留在记忆里的不止有狗，还有别的东西，比如鹰和鹿。

旅社在靠山坡一边的路边上，天气晴好又没事的时候，我就到后面的山坡上躺着，看蓝天白云，看天空里飞翔的鹰。清风拂过，须发与青草一同摇曳。

另一面的山坡上，当时是一个鹿场，有大群白唇鹿。一天下午，我又到那里躺着，不一会儿，一头鹿走到我身边，看了我一眼，看我没什么反应，它又上前一步，鼻孔蠕动了一下，像是在嗅我身上的气味。它可能觉得那味道还不太难闻，又往前一步，用嘴唇在我的肚皮上触碰了几下，而后又轻轻走开……

不知道，此后的几十年间，我之所以一次次去玉树是否跟雪有关，可以确定的是，雪一直伴随着我，什么样的雪都遇到过的，包括大雪灾。当然，雪更伴随着玉树，伴随着三江源。

1996 年玉树遭遇大雪灾。我在玉树采访，与我的几位同事一起写过很多报道，其中有一篇写得很长，题目是《雪域·生灵·血脉》①。我在里面写过雪的另一种景象。它厚厚地覆盖了整个大地，使其变成了真正的“雪域”：

这是一场浩劫，这是一场灾难。

大雪，这个白色恶魔又一次侵吞了玉树草原。

从去年10月17日至今年元月17日的3个月时间里，玉树藏族自治州6个县的万里草原上，几乎一直在下雪，降雪次数多达43次，还先后出现了4次大的降雪过程，降雪区域累计平均积雪60余厘米。

每次雪后，经阳光照晒，融化的雪面上形成坚硬的冰块，日晒不化，风吹不走。一次次频繁出现的降雪过程，使一层层冰雪相加的积雪越来越厚。

无论从降雪的时间和次数，还是从降雪量和降雪范围看，这都是一场历史上罕见的大雪。

每一次大雪的范围只涉及称多和玉树两县的5个乡，而到第四次大雪出现时，那厚厚的积雪已覆盖了整个玉树草原，致使全州6县的30个牧业乡全部受灾，重灾乡达20个，成灾面积逾12万平方公里。

到2月初，已有11.27万人、270余万大小牲畜受灾，其中6.2万多人、199万多头（只）牲畜受灾严重。截至2月5日的粗略统计，已有62万多牲畜在这场大雪灾中死亡，死亡率已高达23.19%，如到“牲畜死亡期”的4~5月份，预计全州损失牲畜百万头（只）以上。还有万余人冻伤，9000余人患雪盲。3534

① 引自《青海日报》，1996年3月25日。

户牧人已经断绝口粮，777 户牧民成为无畜户。

据自治州政府匡算,这场雪灾造成的直接经济损失已高达 1.7 亿元，比去年全州的农牧业总产值还要多，是去年全州财政收入的 10 倍。

前 50 年，玉树遭受过 5 次大雪灾，共死亡牲畜近 500 万头（只），是去年末玉树全州牲畜存栏总数的 1.4 倍。每次大雪灾之后，都需要近 10 年的努力才能使牲畜存栏恢复到灾前的水平。

元月 31 日，当我们走进玉树灾区，面对那铺天盖地的厚雪，看着那些被大雪困扰着的牧人和暴死雪野的牛羊尸骨时，我们不禁要问：玉树，你什么时候才能摆脱雪灾的困扰？假如 10 年之后又一场雪灾如期来临，你又能否做好充分的准备呢？

其实，雪带给草原的也不只是灾难。

雪以它纯洁高雅的品性也给草原带来福泽和祥和。抛开了灾难不说，雪其实也是很美丽的，很难想象，没有雪的青藏高原是个什么样子。没有雪，牧草就不会碧绿，没有雪，高原上的江河湖泊就会干涸，没有雪，这号称地球第三极的高大陆上就不会有生命的存在与繁衍。

如果没有雪或者仅有雪，青藏高原都会失去它全部的魅力。雪之于青藏高原已不仅仅是一种自然现象，而早已融入文化的乃至民族和宗教的色彩。

对高原雪域的民族和他们赖以生存的草原和牛羊，雪既是天使，又是魔鬼。在大雪灾中，人们看到的就是它的狰狞与凶残。

它吞噬着一切……

直到 2 月底，玉树一直在下雪，那么，那里的雪会不会越积越厚呢？青藏高原离太阳最近，为什么这里的雪又最不易融化？

雪还在纷纷扬扬地下。

玉树草原的雪季还没有过去……

雪一直在这里肆虐，从未远离。

雪会一直在这里飘落。即使所有曾经的雪都化了，它也依然会落下。即使很多曾经下雪的地方不再下雪了，这里还会下。因为，这个地方就是雪的世界。

像赤道附近多雨地带的森林叫热带雨林、像南北极冰封的陆地叫冰原一样，作为地球第三极的青藏高原还有一个名字：雪域。三江源就在雪域腹地。这应该是一个季候或者地理特征。

雪域，一个从没到过青藏高原的人，乍一听这两个字，一定会想，这是一个常年被厚厚的白雪覆盖的世界。

我第一次听到这个名字时，就有过这样的念头。当我真的走进高原腹地，看到并不是所有的地方都被雪所覆盖，便多有不解，并疑惑。后来，去的次数多了，细细经历它的四季之后，我才有所醒悟。之所以叫雪域，并非一年四季都是一个白雪皑皑的世界，而是它几乎一年四季都会有大雪飘落，而不是仅仅在寒冷的冬季，至少海拔 4000 米以上的很多地方都是这样。

虽然，夏天也下雨，可下着下着就换成雪了。或者，白天明明下的是雨，可夜里出去一看下的却是雪。第二天早上，山上都落着雪。

通常这样的天气会起大雾，白茫茫的大雾严严实实地罩住了山下河谷，只露出山顶峰峦。可能因为山顶风大，雾挂不住，直往山下滑落，到半山腰才停住。于是，山下的雾与山顶的雪缠绕在一起，分不清哪是雪哪是雾。

如果恰好是晴天，太阳一出来，雾会越加升腾浩荡，而雪会在阳光下随着白雾腾起耀眼的光芒，将一片天空映照得更加湛蓝，透着亮。即使有一只鹰贴着天际飞翔，只剩下了一个黑点，你也能看得非常真切。

如果那山上原本没有终年积雪，而只是昨夜刚刚落下的雪，太阳一晒，差不多一个上午的时间，它就会融化了。这时山下河谷的雾也会散去，整个山谷、山梁、山架也都露了出来，清新鲜亮，像是洗过的样子，一尘不染，满目圣洁。望一眼，都会心生感恩和敬畏。

如果山上以前就有积雪，或刚落的雪太厚，一时半会儿融化不掉，那么，等大雾散去之后，你又会看到另一番景致。山谷草原在阳光下散发着泥土花草温暖馥郁的气息，而雪山则高高端坐其上，像一位慈祥的白发老翁看着山下的一切。

一般来说，这样的雪山不是一座普通的山峰，而是一座神山。

在当地民众心里，它不但有名有姓，有生命，而且还有无边的法力，护佑着山下苍生。你总能看到，人们总是在这雪山脚下匍匐在地，向着雪山的方向叩拜。

不能说所有的雪山都是神山，也不能说所有的神山都是雪山——至少现在已经不是了，但排在藏地神山前列的应该都是雪山，至少开天辟地的九大造化创世神山大多都是：冈底斯（冈仁波切）、梅里雪山（卡瓦博格峰）、阿尼玛卿雪山（玛卿岗日）、尕朵觉悟、年保玉则、苯日神山、雅拉香波神山、墨尔多神山、喜马拉雅……在不同的地区，这个排序往往也会有些小的调整，不过前五位的顺序不会有太大变化。

据藏族史书上的描述，这九大神山状若水晶宝塔分布于上区阿里三围、中卫藏四翼、下多康六岗，日夜守护雪域高原。水晶宝塔之下是犹如碧玉般的曼陀罗神湖，神山与神湖之间流淌着无数条神水，均源自神山甘露之水和神湖龙王龙臣菩萨的功德之水，整个藏地都是神山、神湖、神水的护佑下山高地洁的宝地（参见得荣·泽仁邓珠《藏族通史·吉祥宝瓶》上卷第7页）。

九大神山并未以山体大小或高低排序，要不喜马拉雅主峰珠穆朗玛就排第一了，从名字看，它也确实是一座神山。珠穆，是译音，也可以写成卓玛，或度母，是一尊女神。它还有另一个名字，叫圣母峰，汉语多译为“第三女神”，海拔8848.86米，为世界第一高峰，每年还以1厘米的速度升高。

> 恒河从天界滴落到这里（即印度——笔者注），夹带着冈仁波切圣洁的水珠，一个古老的文明国度就世代接受着她的洗礼。珠穆朗玛峰的突兀拔高了他们的想象，炎热的气候向往着清凉的天堂。大智大慧的佛陀在一个民族仰望的尽头寻觅到了一处唯一坐落人间的净土——雪山环绕的香格里拉。佛如是说：从这里越过九座黑色的山峰，是雪域藏地，其北部是没有人间忧愁，没有燥热与欲望的香格里拉。两块古大陆不由自主地相撞在一起，撞出了令众生仰视的喜马拉雅山峰，撞出了珠穆朗玛峰的高度，撞出了献给生命的曼陀罗——青藏高原；而两大古老文明的神往与仰视，造就了雪域博大神奇的文化。
>
> 青藏高原通体充满着清凉，蕴含着晶莹剔透的水，她裹着一层厚厚的冰衣，遥对着地球的南极和北极。
>
> 这是一座冰清玉洁的曼陀罗，是造化奉献给生命的杰作。[①]

---

① 引自文扎《江河源大藏布，生命起始的地方》，见《寻根长江源》。

而珠穆朗玛并非孤立的存在，尚有百余座海拔超过 7350 米的世界高峰环列左右。不仅如此，由此往北，还有冈底斯、念青唐古拉、阿尔金山、唐古拉、昆仑、巴颜喀拉等一列列纵横逶迤的旷世山脉，像地球伸出的巨大手臂，向着天空的方向托举着一片大陆，直抵苍穹，俯瞰苍茫大地。

从神话学的角度看，这当是众神的领地，在信佛的当地藏族人看来也是这样。神话中或信众眼里，神的世界与人的世界似乎是平行的，中间仿佛只隔一层玻璃幕墙，你看不到幕墙那面神的世界，而众神却从另一面时刻都在注视你的一举一动。

藏地民众从未放逐过自己的神灵，藏地历史上多次发生灭苯事件，可在普通民众心里，苯教神灵一直居住在他们曾经居住过的地方。藏地也曾发生过大规模灭佛事件，可在民众心里的佛性一直不曾泯灭，佛依然在心里。不仅如此，在他们看来，万物皆有自己的心灵世界，一山一水、一草一木、鸟兽鱼虫莫不如是。因而万物亦有神性、亦有佛性。因而神圣，因而不可肆意妄为，不可随意伤害万物。而且，整个大千世界都是神性的整体，不可分割，生灵万物（包括人类）都是构成这个整体的一部分，哪怕是很不起眼的一部分，只要使其受到伤害，就一定会伤及整体，也肯定会伤及别的部分，人类自然也无法幸免。是故，佛教将世间万物皆视为有情众生，彼此之间的情分和缘分早已注定。历经无数劫难，尚能同处于大千世界，与众生和睦与共，分享阳光雨露，便是无上的福报。相互时刻珍惜眷顾尚恐懈怠，又怎堪相互戗残。所以，藏族不仅信佛拜神，也祭拜山川万物，所以，他们从不敢对自己身边的一山一水、一草一木起歹念，施恶行。[1]

传说，最初因青藏高原的不断隆起，古地中海开始从青藏高原渐渐退去，这时一些山峰开始露出地面，最早从大海里升起的九座大山被后世尊为九大创世神山。传说中最早露出海面的第一座山是须弥山，是世界的中心，而在现实世界中，普遍将冈仁波切尊为世界的中心，视作地球的肚脐。依照佛教对大千世界的解释，以须弥山为中心、有日月普照的这个星球当是三千小世界中的一个，是人类以及生命万物的家园。

也许，冈仁波切就是传说中的须弥山。

这原本就是一个白雪皑皑的世界。

喜马拉雅，梵语意为雪域，藏语引申为“雪的故乡”。因而，整个喜马拉雅北麓的青藏高原都称为雪域。在苍茫天地间，铺展着无边无际的圣洁。

最初的高原先民就生活在这样一个时空里：无比艰辛，也无比干净；历尽苦难，也满怀欢喜；肉身肢体饱受生存的折磨与煎熬，精神心灵也会充满安详与宁静……

以文扎的观点，藏民族自称为“岗坚巴”或者“卡哇坚”，即有雪的地方或雪域，是以雪命名的一个民族。“雪是大江大河的源头，是孕育民族文明的母亲。一个民族与江河同源于雪山，而且他们血脉里流动的是源自雪山的江河，因而对雪山的无限崇敬胜过世界上任何一个民族，对雪山的审美情趣也没有哪个民族能够达到如此伟大的美学高度。”

文扎在《生命从这里起步》一文中继续写道：“雪来自天空，是凝结的甘露。因而从雪山下流淌的河水是天下最纯净的水，能够洗涤人间的

① 引自《巴颜喀拉的众生》，古岳著，青海人民出版社，2018 年 11 月。

一切污垢。因为源自雪山的水是具有‘八功德’的江河，所以藏族人称江河为‘藏布’，即清洁者或纯净的拥有者。他们的环境是干净的，他们的天空是湛蓝的，他们的心灵是纯净的，他们向往极乐净土。”

原始宗教出现了。神山神湖以及自然万物的崇拜在雪山脚下此起彼伏。

佛教也开始传入雪域。藏传佛教的历史从一开始就写在雪域的世界，或世界的雪域。神山神湖原本是原始宗教苯教的精神世界，可藏传佛教却完整地继承了下来，为之赋予新的精神内涵，进一步发扬光大，传之久远……

藏地的众多山神并不是孤立存在的，他们之间不仅有紧密联系，而且其神族谱系关系还错综复杂。在进一步的调查中，我了解到，年保玉则的父亲是众山之王冈仁波切，母亲是玛旁雍错，舅舅是阿尼玛卿，外公是夏扎拉则，侄子是念青唐古拉，雅拉达泽是阿尼玛卿的次子……很显然，这只是藏地众神家族中的几位主要成员，而不是神族的全部。从中，我们可以确定的是冈仁波切和玛旁雍错是一对老夫妻，而阿尼玛卿则应该是夏扎拉则的儿子或侄子，可是不知道念青唐古拉又是谁的孩子。

从这份谱系名单，你至少还可以派生出其他更复杂的谱系，比如，除年宝玉则之外其他几座大山之间的关系，而且，像写家谱一样，这种关系还可以继续往下排，子孙后代，绵延不绝。它们的足迹、身影和所能纵横驰骋的疆域几乎遍及整个青藏高原，甚至更加辽阔和遥远。可以肯定的是，如果就此展开更深入细致地调查，就会引出一个无比庞大的神族谱系来。与希腊神话甚至与毗邻的昆仑神话不同的是，藏地的这个山神系统的疆域几乎遍及整个藏地，他们中部分家族成员的居住地甚至远到中国内地和青藏高原周边的其他毗邻国家和地区。

可以毫不夸张地说，如果你在藏地游走，在随便哪个地方发现一个并不有名的神山神湖，继而对它的亲缘关系做一番考证，最终你会发现，它也是这个庞大家族中的一员，而且还有自己的小家庭、小家族。每一位神族成员都有自己专属的领地，四至界限分明，像今天人类世界的行政区划，每年他们都会巡视自己的领地，其时，当地信众也都会参与巡视。但与人类而言，那并不是巡视，而是追随和信奉。每年农历五月，我老家的那些神族也会出巡。幼时，每每望见出巡的队伍自山冈而下，便感觉神灵就在身边。

如果你从那个并不有名的神山神湖开始，追溯其家族的历史，最终你会发现，它一定会跟冈仁波切，或梅里雪山，或阿尼玛卿，或尕朵觉悟，或玛旁雍错，或青海湖，或纳木错这些藏地著名的神山神湖扯上关系，很有可能还是其中某一位山神湖神的远房亲戚，一位受封镇守远方的王子，或一位远嫁他乡的公主……神族后裔浩浩荡荡，子子孙孙无穷尽。不仅如此，它们的神族谱系最终还会跟人类社会发生关系，就像希腊神话中那些众神的故事一样。有关三果洛祖先的神话传说也是如此。

大凡山神——包括藏地其他的神，比如湖神，原本都是魔鬼，曾长期祸害一方百姓，后被高僧大德降伏，改宗佛教，受居士戒，成为神，守护一方安宁。而大凡魔鬼又都是原始苯教的产物，因藏传佛教吸收了部分苯教的元素，这些已改宗佛教成为神的魔鬼也才得以继续存在。据说，更早以前，这些魔鬼又都是一些恶贯满盈的匪首，死后化为魔鬼在另一个世界里继续作恶，危害外部世界，这也契合了放下屠刀立地成佛的教理。某种意义上说，这也正是藏地民众对神山神湖满怀敬畏的文化心理根源。[①]

藏地多神山神湖，三江源也不例外。

无论你置身何处，只要四面有山有湖，随便找一个人问问，他就会指着一座山或湖告诉你，哪座是神山，叫什么名字，跟哪些神山有亲缘关系。

有神灵自然就有魔鬼，一座神山周围总有一座山是魔鬼的领地。由西南出杂多县城，一路上坡，山谷由开阔而狭窄。及至山口，一左一右，两座高山比肩顶天而立，右侧是神山，左侧是魔山。夏日，草绿花繁的季节路经此地，如果刚好下过雨，裸露的山坡艳若丹霞，其上有流石坡镶嵌着一片片花草，苍翠欲滴。神山多植被，而魔山则多流石，山顶皆为冰蚀地貌。

从山顶地貌判断，两座山上曾经也都是厚厚的冰雪。即便是今天，如能上到山顶，说不定，最后尚未完全消融的几片冰雪依然还在。可是，没有人会去冒险登顶，那等于是用脚去踩神灵或魔鬼的头顶。

这才是我要说的事情。因为世代居住山下的人们一直都认为，身边的每一座山几乎都与神灵与魔鬼有关，山上的一草一木，一石一物都是神灵或魔鬼所有，凡人均不得侵扰进犯。无论山河怎样沉浮，山上的一切都不敢去动，更别说去伤害和破坏。这就是当地世居藏民族固有的文化传统，拿今天的话说，就是民族文化的生态系统。

对江河之源纯净的观念延展，形成了对河源的珍爱和保护的习俗。因而在巍峨的雪山下，纯净的江河之源总有一些飘扬

① 引自古岳《巴颜喀拉的众生》。

的经幡、石刻的经文和袅袅吹拂的煨桑之烟。那可是雪域藏族人献给水世界的祭品，也是对生命之源朴素的敬礼！[①]

三江源的文化生态与自然生态已浑然一体，不可分割，它的底色正是白雪，是雪域。雪是三江源的乳汁，它造就了冰川和雪山，也造就了无数源泉，养育了无数的生灵。

让我们再次回望久远的过往岁月。

青藏高原已经越来越高了。大约3000万年之前，高原现在的大致轮廓已经形成。大海从欧亚大陆上彻底滑落。海潮退去，大海远去。一列列绵延高耸的山架开始被一层层皑皑白雪覆盖，年复一年。

一千年过去了，一万年过去了，几百万年过去了，几千万年也过去了……山顶的白雪似乎再也没有融化过。

曾经的大海隆起成一座高大陆，并将这片大陆抬升到了亘古未有的高度，成为高极。所谓高处不胜寒，因为这高度，寒冷席卷大陆，大雪因之几乎覆盖了欧亚大陆。地球进入冰川时代。在一次次交替出现的间冰期温暖的岁月里，高原冰雪也不断融化，一条条河流开始从一座座高崛的皑皑雪山下汹涌，从辽阔的高原草地上呼啸而出，奔腾而去……

长江、黄河、澜沧江也奔流而去。

三江源，从那个时候就已经存在了。

但三江源区仍被遮盖在厚厚白雪和冰层之下，最初的源流乃至干流以及古河道、古河床都是在冰层之下秘密形成的。无数的源流在坚厚冰层之下的缝隙里叮咚作响，向着冰川开凿的河谷流泻。也许过了几百万年之后，才汇聚成一条像样的大河，尔后在冰层下聚集波浪，奔突前行。

---

① 引自文扎《生命从这里起步》，见《寻根长江源》。

走出最后一个湖盆地带之后，最初的源流才得以流出地面，迎来第一缕阳光，翻着波浪，在天地间纵横肆意。

> 当冰河期即将结束的时候，冰盖开始缩小，从平原低地向后撤退，于是河流的较低部分形成了，在融化的冰川边缘，有洞穴状的开口，河流便从中流出，随着冰盖的退后，河流越来越长，然而在几个世纪之中，河流的支流及其干流的上游部分仍被掩埋着。饱经沧桑之后，它们也将见到天日，在新生的大地上找到自己的位置。随着气候的持续变化，每一条支流及其更小的分支与主要干流渐渐地形成了。最初，水中尽是冰川风化土砾，混浊不堪，随着河流的水源——冰川退到湖盆以上的位置，冰川中的固体物质沉淀在湖盆里，而河水也越来越清澈了。①

亿万年岁月随风而去，地球和青藏高原在千万年以前就已经造就了一个巨型的花园。尔后，用寒武纪的严寒浸润，用白垩纪的风霜雕琢，用侏罗纪的繁盛滋养，用全新世的万千生命润色完善，最后一次冰川期又以冰雪再行淬炼……

最早的地衣类生物至少在4亿年前就开始往这里集结，啮齿类生命和有翅目蝴蝶类至迟在7000万年前就出现在古地中海岸，等待青藏高原从大海深处探出头来……从海晏东大滩一带发现的丰富化石判断，猛犸象等古生物最后很有可能是从古青海湖盆丛林里走向消亡的……

① 引自约翰·缪尔《我们的国家公园》，郭名倞译。

根据多年的研究资料表明，江源（仅指长江源区——笔者注）地区在第四纪冰期（300万～400万年前），冰川面积达24500平方公里，是目前的20倍。

……长江源冰川深居内陆地区，与我国内陆水系和干旱区呈过渡和交错的地理格局。但是，它以丰富的冰雪融水孕育了源区近20万平方公里的江源湿地、沼泽、湖泊和河流水网，并且冲破众多丘陵缓山的阻隔，汇纳百川，连接干流，形成了伟大的长江。[①]

经历了一次次繁盛与灭绝，地球生命在最后的一刻迎来了它又一次短暂的繁盛时代，一个显著标志是，一种能直立行走的全新物种出现了，那就是人类。

期间，许多的物种没能躲过冰川期严酷的考验，猛犸象、大型披毛犀以及更多的大型被毛动物消失了。还有许多动物随着间冰期温暖的间隙迁离青藏高原，其中的相当一部分最终抵达北极圈以内，并幸运地存活了下来，北极熊便是。

冰川的存在为地球生命万物最后的演化提供了新的秩序和平衡点。孕育江河、滋养大地，关乎生命的源头。无论过去、现在和将来，现代冰川的存在都是一个神圣的启示。

最后一次冰川期结束很久以后，整个青藏高原的冰川期应该还在延续，也许直到5000年甚至更晚的年代里，它的很多区域还被厚厚的白雪所覆盖，还是一个白雪的世界，一片雪域。

也许，雪域这个概念就是从那时就已经有了。

---

① 引自杨勇《江源颂歌》，《国家地理》2016年增刊。

那时，大江大河流域最初的人类聚落已经出现，文明的火种已在大河两岸点燃，伟大的中华文明长河开始奔流。

我书架上有两块化石，自认为是猛犸象的腿骨，也可能是披毛犀的腿骨。是东大滩修水库时，我伯父从工地上捡回来的。原来还有好几块，放在老家里，有几块，我母亲当龙骨送人配药了，觉得有点可惜。担心有一天剩下的那几块都不在了，我就拣了两块带回城里藏着，毕竟是几百万年以前的东西，人类文明史上再珍贵古老的文物也不会超过几万年。它无比珍贵。

也许在地球最后的冰川所掩埋的还不仅是猛犸象和披毛犀的化石，也许还有青藏高原早期人类文明的遗迹……

第二次去冰川时，洛扎也捡到了一支箭头，是最小的一支，应该是改进后的箭头。这一次，他是带着夏日寺僧人江洋才让一起去的，最大的收获是，发现了三头完整的野牦牛尸体。在冰川融化后裸露的沙地上，它们静静地躺在那里，没有一点伤痕，像是自然安卧的样子，感觉是一场突如其来的灾难夺走了它们的生命。也许它们原本就卧在草地上，突然，灾难降临，未及起身，轰然滑塌的冰川便将其埋葬。

其中一头野牦牛的犄角是向下弯曲的，从犄角的样子看，大约有13岁。洛扎和僧人江洋才让费了很大劲，用一条毛绳把这头野牦牛的遗骸拖出了冰川，之后运到了夏日寺，放在江洋才让的牛粪房里。

也是在这一次，他们还捡到了七支箭头，也让江洋才让收藏着。一次，在后面冰川，洛扎还捡到过一支带倒钩的箭头，当地老人说，那是魔鬼的箭，能把肠子钩出来。洛扎还看到过木质的箭头、大量野牦牛肚粪和内脏……

22岁那年，洛扎五兄妹一起去看过一次冰川，去的是他家后面的冰川，他们见到过野牦牛头和一只鸟的尸体。洛扎说，此前他从没见过那种鸟。之后，他们五兄妹又去了一次左直贡冰川，这是第四次，也看到过一具野牦牛头。

洛扎先后七次去冰川，感觉越到后面，看到的东西也越少，已发现的东西都捡得差不多了。除了箭头、箭杆，洛扎还捡到过不少野牦牛尾巴，捡来之后都送人了，很多人想要，有人还专门托人来要。

第六次，他去的是恩钦曲源头冰川，没什么发现，就在冰面上一直往前走，冰面特别大，好像没有尽头。自下而上，冰川像台阶一样一层层抬升上去的。他们一直爬到了顶层，到了山顶，还是冰川。从那里望出去就是澜沧江的源头——澜沧江是从那冰川底下流出来的。

在冰川边缘，他们发现了一块很大的石头，是绿色的，像碧玉。听说，后来也有人看到过这样的石头，都是很大的绿石头。有几年，很多人专门到那里想把那些石头拿走，因为太大，没拿走。

今年，洛扎又去了一趟左直贡冰川，这是最后一次去冰川，他发现了一匹马的尸体。另一个发现是，冰川正在迅速融化，一边从上往下滑塌，一边又从下往上退缩，面积越来越小，上下之间的冰面也越来越狭窄了。那匹马的尸体就是在冰川滑塌的地方发现的。

洛扎说，他还注意到一个奇特的现象，从冰川底下露出来的那些野牦牛的内脏好像能自己移动，每一次去，它们所在的位置好像都不是同一个地方。还有成堆的牛毛从冰川底下露出来之后，很快都变成了灰。另外，野牛头、内脏、骨头、牛毛都是分开放的，从未见过它们混杂在一起的情景，好像是有意分别堆放的。

卓扎和洛扎父子都说，这些箭头、箭杆以及动物遗骸等的发现也是这些年才有的事，以前很少看到，也没听老人们说起过。为什么？因为以前它们都埋在冰川底下，现在冰川融化了，它们才都露出来了。

除了箭头、箭杆之类的物件，他们还发现过火枪的弹药和其他装置用品，这些都跟人有关系。奇怪的是，他们在冰川地带还从未发现过人类的遗体或骸骨。有很多事情无法解释，他们为此感到疑惑。

此前，在多彩以西的雅曲流域，我也听说过牧人在消融的冰川底下发现野牦牛遗骸的事。出了多彩乡的地界有一片开阔的谷地，北面一座山顶上有一片冰川，像一弯下弦月。据说，那冰川在以前呈圆形，像一面铜镜，所以它在藏语中的名字就叫“昂错美伦”，美伦就是铜镜的意思。

当地还流传着一句祖先们留下的古话，说那面铜镜的变化预示着未来，如果有一天看不到那面铜镜，则预示着地球万物的终极命运。所以，在那里生活着的每一个人每天都望着那一片冰川，时刻留意着它细微的变化。

从那谷地出去，走不远就是长江源区支流雅曲，雅曲源头曾经也是连绵的冰川。到2000年前后，那片冰川已几近消失，消失了的冰川底下就是野牦牛的遗骸，大多不曾腐烂，品相保存完好。想来，冰川掩埋野牦牛等动物遗骸的事并非左直贡一带所仅有，而是高原冰川地带一个普遍的现象，至少长江南源广袤的冰川地带是这样。

传说，左直贡一带是野牦牛生小牛犊的地方，那应该是野牦牛的栖息地，可为什么会有那么多人类使用过的工具呢？后来，又有人说，那里不是野牦牛产犊的地方，而是人类存放野牦牛肉的地方，因为地处冰川地带，肉类食物可常年冷藏保鲜，而不易腐化变质，是天然冷库。

我倾向于后一种说法，即这里可能真的是一群以狩猎为生的古代人类族群存放猎物的地方。那个时候，持续了约200万年之久的地球最后一次冰川期已经过去，温暖的间冰期已经来临，地球迎来一个崭新的时代，地质学家称之为全新世。因为高寒，地处青藏高原腹地的长江、澜沧江源区，似乎晚了很久才迎来间冰期温暖的季节。以狩猎为生的高原土著是在冰川期的尾声里拉开冷兵器时代的大幕的。但是，这里的冰川时代尚未走远，它还在眼前，离得非常近，近到一抬眼便能望见，一伸手就能摸到。

也许正是因为这个缘故，青藏高原也才成为了第四纪冰川期动物最后的乐园。据科学家最新发现的证据表明，青藏高原是冰期动物种群的最主要发源地。猛犸象和巨型披毛犀是第四纪冰川期最具代表性的物种，在第四纪冰川期结束之后，它们高大的身影还在青藏高原上继续游荡，使其成为地球冰川期动物最主要的居留地和策源地，最后，才从这里走向了世界——当然，也走向了灭绝。

冰川期的绝大多数动物都已经灭绝，冰川期动物最终灭绝的时间应该在12000年前后，它们都已变成了化石。但也有一些动物却幸运地存活了下来，今天青藏高原的野牦牛（包括现在家养的牦牛）、棕熊和鼠兔是它们中的佼佼者，堪称冰川期动物的活化石。

冰川和冰川期动物的存在，为以狩猎为生的高原土著提供了独特的生存环境。

冰冷是严酷的，但从保存食物的角度看，却是绝佳的环境，冰川是天然的冰柜和冷库。有时候，猎人运气好，会猎获大量猎物，于是，他们将剩余的肉食储存于冰川边缘，并小心看护，以备不时之需。时间长了，储存的食物也会越来越多。

直到今天，青藏高原很多地方的人，还有在冻土层挖掘类似地窖样的深坑来冷藏储存肉类食物的习惯。因为高寒，也因为当地其他食物资源的匮乏，肉食一直是高原土著居民最主要的食物和能量来源，入冬前，乘膘肥体壮，要宰杀大量牲畜，以备足一年的肉类食物。有些地方会将其风干，做成干肉备着，也有一些地方除了做一部分干肉，也会在冻土层或冰层中储藏肉食。这样储存的肉食具有保鲜的优点，吃多少取多少，什么时候肉都是新鲜的。我不曾考证，今天仍在延续的这种习俗是否源于冰川期猎人储藏肉食的经验，但其基本做法却是一样的。

如是。远古的青藏高原，在游牧文明出现之前，曾一定出现过一个非常发达的狩猎时代，至少它曾一度兴盛于高原腹地。如果恩钦曲、多彩河源头一带也曾生活过这样一支土著居民，那么，曾长期埋于冰川之下的那些动物尸骸就不难理解了。虽然“生活在冰河时代的人类也提高了狩猎技巧，缝制了暖和的衣服，建造了坚固的住所（通常以动物皮毛骨骼和冰块为材料），也发展了精细的技术来捕获草原上大型食草动物（如猛犸象）……这些遗址明确无误地证明，人类在面临毁灭性气候变化时表现出了惊人的适应能力”[①]。但是，依然可以肯定，在普遍的历史学意义上，卓扎和洛扎父子俩所讲述的这些事，并不是达森草原冰河时代的事情。

那些箭镞告诉我们，这些古代猎人生活的时代已经不是石器时代了，已发现的少量火器还告诉我们，他们最后生活的年代也许不会早于千年，甚至更晚。即便如此，这也是一个漫长的时代，从青铜为标志的冷兵器时代一直延续到以火药为标志的火器时代，上下跨越2000年之久。

它使我想起了青藏高原上的古岩画，岩画上出现最多的图像也是牦牛和手持箭弩的猎人。据考古学家证实，这些古岩画出现的年代也恰好是这个时候，最早距今3000年之前，最晚也不会晚于1000年前。虽然，迄今为止，那一带尚未发现反映古代狩猎场面的古岩画，但是，已发现的大量实物似乎可以证实，恩钦曲、多彩河源头的那些冰川之下就是那个时代一个重要的历史现场。与古岩画一样，它也是珍贵的人类历史文化遗存。甚至，它比古岩画更具有历史地理的标识意义，因为，它的地理标识更加真实精确。

那么，它们又是如何被埋到冰川底下的呢？难道古代猎人会在冰面上凿一个窟窿放进去不成？我想，那不是人类所为，而是大自然演化的杰作。

---

① 引自大卫·克里斯蒂安、辛西娅·斯托克斯·布朗、克雷格·本杰明《大历史》。

历史上的冰期与间冰期并非是截然断开的，在一个相当漫长的岁月里，其交替演进过程是一个相互都有进退的过程。因气候变化，即使在冰川期结束以后，它依然会有随时卷土重来的可能。在青藏高原这样严酷的环境里，也许直到几百年以前，这样的事还在不断发生。因为气候突变，冰雪再次掩埋了莽原，也掩埋了他们精心储藏的食物。也许恰好相反，因为冰雪融化或遭遇地震之类的变故，滑塌下来的冰雪掩埋了食物，也掩埋了家园，他们被迫迁徙远方……[①]

亘古——从诞生之初，三江之源一直就从视野尽头的高地上俯瞰万里河山。

很久以后，地球人类文明的历史才开始书写。不久之后——也许是同时，三江源也迎来人类文明的第一缕曙光……

如果把它比作一个生命或人，它经历了千万次的轮回之后才走到今天。如果它每经历一次轮回都有一个不同于前世的名字，那么，它今生今世的名字才叫三江源。

今天，我们又以国家的名义，给它取了一个更好听、更有象征意义的名字：国家公园。

---

① 引自古岳《冻土笔记》，《中国作家》纪实版，2019 年 5 月。

心灵守望

——生活在国家公园里的人们

汉文字无比精妙。能用汉文字书写是一种造化。

我曾为青藏高原自然博物馆写过一段文字，其中两句是这样的：一座山和一条河加在一起，是山河。一条江和一座山加在一起，叫江山。

次旦和索保是两个老牧人，各自守望着自家门前一片山河。他们可能不大明白“江山”两个汉字的确切含义，但我相信，他们所守护的一定也是他们心里的江山。

其实，每个人心里都有一片山河，那是每个人的江山。

即便如此，在见到次旦的儿子江松和索保的儿子格几代保之前，我对次旦和索保们一生苦苦守望的那个世界多少还是有些担心。那毕竟是父辈们的事，等他们都老去、离开了这个世界，那一份儿刻骨铭心的守望还会继续吗？

次旦心里的江山就是牧帐前绵延的草原和远处的雪山，有从雪山脚下奔流而去的河流，还有那一片一片碧波荡漾的湖水和栖息于斯的鸟儿。

次旦家在长江源头一个叫丽日措加的地方，那是一片湖水的名字，意思是有一百个湖泊的地方。这里栖息着白天鹅、黑颈鹤等 12 种鸟类，成千上万只鸟儿整天在那里飞翔、鸣唱，次旦视其为友善的邻居和朋友。

这是一幅令人心醉而神往的画面。

无边的草原上，蓝天白云和雪峰遥相对映，手握经筒的牧人次旦正悠闲地走向一片湖水，他一边摇着经筒，一边念诵着经文。身后是他的畜群和吹送袅袅炊烟的帐篷，前方不远处是他每天都要一遍遍去探望的圣湖，那湖水一片连着一片。

次旦已 50 多岁了。在人们的记忆里他是这片湿地的忠实守护者，他说得出每一种鸟类的准确数量，知道每一种鸟儿什么时候飞来、什么时候产蛋孵小鸟，什么时候小鸟会长大飞翔，什么时候小鸟会跟随南迁的同类飞走。他会从鸟儿迁徙的时间变化看出这一年草原季候的变化和牧草的长势，并据此对转场及回迁的时间做出相应的调整。

每天，他必须去做的一件事，就是走向湖区，去看那些美丽的精灵。多少年来，他一直坚持着与大自然的这一份约定，渐渐地，这便成了他生活的一大乐趣。

每天，有事没事，次旦都会摇着经筒走向湖区，在那里一待就是大半天。有时候，他就坐在湖边的草地上，不停地摇着经筒，不停地念着经文，眼睛定定地盯着一群鸟凝望。望着望着，他像是突然想起了什么似的紧张起来，原来，有一只鸟不见了。

于是他会在天上地下地四处张望，直到看到那只鸟的出现，他才又回到原来的状态中去，摇着那经筒，念着那经文。次旦们生活的每一个细节都与自然环境融为一体，他们是大自然的一部分，而大自然却是他们的全部。

丽日措加是长江源区最主要的湿地之一，四面环山，中间滩地草原开阔广袤，形成一个巨大的盆地，盆地中央有小山突兀，登上小山顶环顾四野，星星点点的大小湖泊点缀其上，像璀璨星辰，映照天地万物。说是有一百个湖泊，实则是一个概数，意在强调众多，其实，远不止一百，也许有上千个，堪称星海，与黄河源星宿海、星星海遥相辉映。

黄河源星宿海因地处平缓，只有登上四周某一座高山俯瞰，才能看到那浩瀚星海之一角，且只能看到眼前的那几片湖水，要看到更远处的湖泊，你得登上四面的山顶才能做到，而从山下，你只能看到几小片水域。

丽日措加不一样，因为中间有小山，山下所有的湖泊均可尽收眼底，即使最远处的湖泊也能看得真切。且湖泊多呈圆形或椭圆形，远远望去像一颗颗宝石镶嵌大地。阴晴雨雪，随天气变化，湖光山色也为之变幻着色彩，如梦如幻。

次旦一家人以前并不住在这里，草原承包到户时，次旦主动要求将自己的承包草原调整到这片湿地的。因为有一片接一片的湖水，湿气重，长期居住对人体不宜，别人都不想承包这片草原，次旦如愿以偿。

次旦喜欢这里，不仅因为一片接一片的湖水，还因为那数不清的鸟儿。每天有无数的鸟儿在身边唱歌跳舞，对他来说就是一种享受。而且，跟一群鸟儿住在一起，他会有一种安全感。无论白天黑夜，从鸟儿的叫声里，他都能听出草原是否平静安详。哪怕有一点危险或风吹草动，很多鸟儿的叫声都会有明显的变化，那就像是警示，人会警醒，避免不必要的灾殃。看上去，像是人在守护鸟儿，其实，鸟儿也在守护人类。

在各类鸟儿中，他尤其喜欢白天鹅和黑颈鹤。它们都有一个共同的特征，每年春天飞来时，它们都会集中抵达，而后，天鹅会六七只、十余只分群而居，黑颈鹤则一对一对地分开生活。之后，产蛋—— 一小群天鹅会集中把蛋产在安全的高地岩石上，而黑颈鹤则会在河洲与湖心小洲筑巢产蛋，尔后，孵出小鸟，一天天喂养，等待羽翼丰满、展翅翱翔的日子。

每年的 9 月 27 日到 10 月 10 日这段时间黑颈鹤会重新集结，而后要过一段时间的集体生活。10 月底到 11 月初的几天里，它们才会恋恋不舍地集体离开。

每年到 9 月 22 日至 10 月 16 日，天鹅会再次集中起来，也要过一段时间的集体生活，相互熟悉，尔后，集体离开北方高原，向南迁徙，离开的时间大约在 11 月底。各种迁徙的鸟儿中，大天鹅是最后向南迁徙的鸟儿,黑颈鹤和黄鸭飞走之后,大天鹅还要等待一些日子。因为产蛋晚，小鸟长大也迟，飞走的时间也就自然晚一些。

这是 20 年前的一幕。

20 年后，次旦守护的丽日措加也已成为三江源国家公园的一部分，但他已经离开人世。他是 2007 年离开的，77 岁。那时，三江源刚刚成为国家级自然保护区，三江源开始国家公园体制试点是多年以后的事。

因为 20 年前的那一幕，20 年后，我再次前往丽日措加，专程寻访次旦的足迹和他曾日日守护的那些鸟儿。

2020 年 6 月 1 日，我在丽日措加见到次旦的妻子和二儿子江松一家 5 口，次旦生前一直与江松生活在一起。前一天大雪，这一天天阴，丽日措加地处高寒，前一天的积雪几乎没有融化。

江松的表哥欧沙开车穿过茫茫雪原，带我走进了江松在雪原深处的那座简易房子。这是一座不大的活动板房，可拆卸移动，除了材质，结构与新式帐篷无二。江松说，它的好处是可随意搬迁，适于游牧。

屋子里生着火，屋外寒风凛冽，屋内温暖如春。坐下，喝了点奶茶，吃了点糌粑和新鲜酸奶，我们的交谈才开始进入正题，话题依然围绕他父亲与丽日措加的那些往事展开。我不时提问，也不时地看着窗外白茫茫的大地，像是感觉那个手摇经筒的牧人刚从窗前经过。

坐在我斜对面的江松是这次谈话的主角，他的三个孩子罗松才旦、才仁洛珠和卓嘎拉毛因为家中来了生人有点兴奋，都围在他身边，不时小声给他们的父亲帮腔——从他们的只言片语中我能听出，他们已经记住了很多鸟儿的名字，比如鹁鹁（黑颈鹤）、阿热阿果雪（一种与鼠兔相伴而生的鸟）。江松的母亲独自坐在门口的一张沙发上，很少说话，只有江松遇到记不清的事情时，她才会参与进来说上一两句，他妻子桑忠尕和侄女成来曲忠则坐在另一边的椅子上捻着牛毛线，一直好奇地睁大眼睛看着我们，却不说话。

江松的父亲次旦是欧沙的亲舅舅，也许是年长几岁的缘故，对早前的有些事情，欧沙的记忆似乎比表弟更加清晰，对表弟所谈到的一些事，他也会帮着完善。当江松说到他们家的草原网围栏时，欧沙说，那些网围栏是舅舅去世之后才拉上的。

丽日措加属于索加乡雅曲村的地盘，与他们家相邻的却是多彩乡一户牧人的草场，因为次旦一直坚决反对自己的草原被铁丝网分隔，父亲在世时，江松一家的草原都是敞开的。邻居家的牛羊就会经常进到他们家的草场吃草，草原纠纷在所难免。为避免没完没了的纠纷，次旦去世后，欧沙出面协调，征得两个乡政府的同意，以两条小河的流域为标志，在两家草场中间的山梁上拉上了一道长长的铁丝网。从此，把索加和多彩两户牧人的牛羊畜群挡在网围栏的两侧，当然，也会挡住人和别的动物。

据江松和欧沙的讲述，老牧人次旦不仅反对网围栏，也拒绝其他的草原建设项目，但凡要挖开草皮、形成障碍、阻挡人畜自由活动的项目，他都坚决排斥，拒绝接受。所以，江松几家一直没有牛羊圈、畜棚，也不通公路。在次旦看来，畜棚就是垃圾，围栏会伤害鸟儿和别的动物。

欧沙说，现在江松兄妹四户人家是整个索加雅曲草原唯一不通公路的一个牧业点。他舅舅说，公路用处不大，人和马能走就行。修路会破坏草原，湖泊会干，鸟儿会飞走。可草原上很多人家都有汽车了，江松兄妹几家也有汽车，因为没有公路，进出很不方便。如果别人家的汽车能用十年，他们几家的汽车用五六年就得报废。

前几天，欧沙带县扶贫和交通部门的人来查勘过给他们修公路的事，说公路得穿越那片湿地，中间还有十几个湖泊。对此，欧沙自己也很担心，那样那一片湿地就完了——公路和湿地很难两全。可江松他们的确想有一条公路通到自家门前，像其他牧户一样。

江松也知道，修路会伤害到这片湿地草原，还有那些鸟儿。像父亲一样，他也喜欢那些鸟儿。他哥哥才仁公保、弟弟才多和妹妹才仁尕忠几家人也都喜欢那些鸟儿，而且，他们每家还都有一个国家公园生态管护员，看护好草原、湿地和那些鸟儿是他们的职责——实际上他们看护的是自己的家园，国家还给他们发工资。可他们也确实想有一条公路，这是一个矛盾。虽然，至今路还没修，但他们已经开始纠结。

昨天，江松去放牛——他家也已经没有羊了，看见了几只黑颈鹤、几只黄鸭。还在小牛犊跟前看见了一只藏狐和一只沙狐——这几年已经发生过狐狸吃小牛犊的事。前天去哥哥家，看见了几只岩羊。黑颈鹤、丹顶鹤每天都见。

江松说，这几天，黑颈鹤已经产完蛋了，天鹅也准备产蛋了。他说，黑颈鹤一窝顶多产三个蛋，再多的没见过。以前，他父亲还在的时候，每年到这个季节，总是告诉他们，去放牧时一定要绕开天鹅与黑颈鹤产蛋的地方。这几年天鹅变聪明了，会把蛋产在别的动物不易发现或很难够到的地方。他哥哥家后面山坡有一块高高的岩石，今年天鹅都在那岩石上产蛋。

这几年，草原上好像正在发生一些奇怪的事，比如狐狸吃小牛犊，这样的事以前从未发生过，也没听说这样的事。狐狸和狼一直就在跟前。这是前几天的事，夜里，他听见外面好像有动静，他出去，用手电筒晃了一下，看到一只狐狸。看到手电光，它不但没有走开，还向着人跟前走来。它可能喜欢灯光，看上去不像是攻击的样子。

以前，狼和熊也很少吃牛，现在也开始吃了。10 天前，他哥哥家的一头小牛被棕熊吃了。“今年冬天，他们家有 18 头牦牛被狼吃了，最多的一天，一次咬死了 4 头牦牛。早上挤奶时，看见有 4 只狼在跟前。”说这话时，江松显得很平静，并未露出半点惊讶。

告别丽日措加时，看到门前雪地里有一只乌鸦——一只丽日措加的乌鸦，比我所见过的乌鸦都大，像一只黑色的鹰。想来，可能是离得很近的缘故，此前我所见过的乌鸦都离得很远。江松也看到那只乌鸦了。他说,今年的青草快要出来了。每年青草出来的时候,小乌鸦就可以飞了。

次旦曾住在长江源，索保曾住在黄河源。

索保老人心里也有一片山河。

他家就在黄河源头的措哇尕泽山下，山顶立有牛头碑，汉藏两种文字的“黄河源头”碑名，分别由胡耀邦和十世班禅大师题写。

山下一侧碧波荡漾，横无际涯，正是鄂陵湖。湖滨草原开阔，北面也有一道山梁，山脚有两三户人家，其中一户是索保家。

20 年前，我第一次去拜访时，索保老人还住在那里。

20 世纪 70 年代初，牧人索保开始用一幅水彩画记录山川万物的变化，一画就画了 20 多年，从 26 岁画到 58 岁还在画。

20年前，索保已经58岁了。那个时候，他已经画完了那两幅水彩画。两幅画的尺寸大小一模一样，均约两平方尺，应该是有意为之，这样好细作对比。材质是白布，画的却不是油画，而是水彩，想来水彩也许比油画更能呈现画面细节的真实。两幅画的背景都是他家后面的那座山，山下就是他的家。家也在画上，他画的是自己的家园。

第一幅画的是20世纪70年代到80年代初的家园，他花十余年时间把自己山水家园的一石一草、一景一物都细心描摹其上。画面上，草原碧绿，草地上缀满花朵，羊群在草丛中若隐若现，后面山顶白雪皑皑，雪峰之巅还有冰川。几朵祥云罩着雪峰，有白色的经幡在雪峰与祥云之间飘荡。

从色彩判断，他画的是夏天的草原景色。两条小河自山顶向他家的两侧呈斜线蜿蜒而下，奔流不息。两条小河都源于雪峰下，左侧那条小河流域更广，应该是干流，它从半山腰开始弯弯曲曲，一派汹涌之势。右侧应该只是从源头另辟蹊径分流而下的一条小溪，或者只是一泓泉水，流淌不远，就在山坡上消失不见了。

河水是宝蓝色的，在山顶白雪之下呈一个宝蓝色的人字。

一大群牛羊就在那河溪之间的山坡上散落着，一个牧人正走向畜群，牧人穿着短袄，那可能是他自己的形象。

他们家的一顶黑牛毛帐篷就坐落在河水写成的“人”字下，牧帐升腾炊烟，帐前两条獒犬都在草地上安卧。帐篷后面网格状的一片领地应该是圈牛羊的地方。牛羊圈边上堆着四堆晒干的牛粪。

不远处，一匹枣红马拴在草地上。一个身着藏袍的牧女从河边打了水走向帐篷，那应该是家里的女主人，一个孩子正迎向母亲，是个女孩，当是二女儿。黑帐篷的右上方还有一顶白帐篷，帐顶的烟筒里也飘着烟，帐前也挂着经幡。帐后一个女子正俯身草地晾晒牛粪，那应该是他的大女儿——索保有三个女儿。

画面上，没看到男孩，那会儿他的两个儿子尚未出生。除了家园、家人和自己的畜群，再看不到别的，只有宁静安详。

索保用了十几年时间来完成了一曲自己家园的颂歌。这是牧歌，也是挽歌。

因为，接下来的十几年里他就要画第二幅画了。

第二幅画，索保画的是20世纪80年代中期到90年代末的家园。才过了十余年，家园就变了。

画的也是夏天的景象。山顶已经没有了白雪，雪线消失了。从山顶流下的小河也已经不见了，只在源泉处还能看到一丝清水，水源正在干涸。他们得走很远才能找到水源。山坡上大片的绿草地也不见了，只在山顶才有几片绿草生长。山下草原一片枯黄，黑土滩出现了，地表裸露，沙砾遍地。

山下的帐篷也不见了，山坡上的羊群也不见了。原来扎帐篷的地方已经建起一座房子，房子旁边还建了牛圈，牛群正从圈里出来，牦牛的数量明显比以前少了。门前的马也没有了。两只獒犬拴在铁链上，它们正用力拽着铁链，扯着脖子扑咬走过来的两个人——显然那并不是家人，而是陌生人，是行人，是过客。

门前不远的地方，已经建起一座寺院，有经堂，也有八座白塔。寺院前方已经有一条公路，有汽车正向这里驶来。公路的另一侧有座小建筑，应该是公共厕所。寺院边上还有一些别的院落，都是钢筋水泥建筑，当是其他社会组织或机构的建筑物……

索保用几十年时间完成的这两幅画，像一部史诗。它使我想起格萨尔史诗中对地球形成过程和人类起源的描述。

据一位叫才仁索南的长江源格萨尔艺人讲述：

一场蔚蓝色的大风暴在宇宙深处酝酿而后漫卷浩荡。亿万年岁月随风而去，它还在猎猎呼啸。之后那无边无际的蔚蓝色狂潮开始渐渐聚拢。那渐渐聚拢之后的蓝色风暴最后的样子可能就像一颗没有硬壳的透明鸡蛋。渐渐地在那风暴的中心开出了一朵五彩的莲花,四个花瓣都有不同的颜色。花蕊也是五彩的。慢慢地从那花蕊深处又长出了一棵菩提树。树叶和花瓣上都缀满了露珠。又是亿万年过去，那些露珠已然滴落成海，菩提树在海中央缓慢生长。

这时大海四周又刮起了一场风，海浪渐起，海水溅在了菩提树上。又亿万年过去之后，菩提树在海水的浸泡中慢慢变白，最终变得洁白晶莹。在菩提树下出现了最初的海洋生物。之后，菩提树在晶莹洁白中化作了须弥山。山顶出现最初的天界。五大天堂随之形成。须弥山开始向着天空隆升。升高之后的山顶又出现了那棵菩提树，树冠遮住了天空，树枝上缀满了果实，绿荫覆盖着大地。天界的神灵就靠那果实为生，想吃什么样的果子，那树上就会长出什么样的果子。

之后，须弥山的上空开始有光芒照耀，大海开始落潮，海平面下降，陆地浮出水面。又过去亿万年之后，陆地生物开始生成。有神灵犯了天条，被贬下凡，这就是人类的祖先，他们的坐骑就演变成了各种各样的动物……①

---

① 引自古岳《谁为人类忏悔》。

21 世纪初那个夏日的骄阳下，索保望着灼热的大地焦虑万分："如果再这样下去，不出十年，我们将无法继续在这里生存。"如果他会接着画这幅画，以后的一个又一个十年里，大地又将变成什么样子呢？

我依稀记得他是要一直画下去的，但是，没有。画完第二幅画之后，索保再也没有画过。我曾问过，为什么没有继续？他想了想说："已经画完了。"我感觉这不是心里话。也许他对草原未来的变化心里没底，毕竟自己再也不能亲身经历一个又一个十年，身体状况也越来越差，严重的痛风很多时候使他不得安宁。

天地万物的变化如同人体生命,无常无处不在,生老病死的不仅是人,生灵万物亦然。

20 年后，我再次见到索保老人时，三江源国家公园体制试点已经开始，索保老人所在的扎陵湖乡及周边广袤的黄河源区都划在国家公园里面，索保老人也已经搬到玛多县城居住了。从措哇尕泽山下望去，他那个小院还在，房屋也还在。

我原以为他还住在那里，便去小院里看望。院门关着，四面院墙多处已经坍塌，不用费劲都能从院墙上直接进到院里。院内荒草萋萋，一派败落寂静。因为刚下过雪，化了的雪水已成泥泞。

我穿过庭院，上台阶，右拐，一直走到东头索保住过的那间屋子里。记得那里的一面墙上有他画的那幅画，画也不在那里了。

小院旁边还有一户牧人留守在草原上。看见我们走近，门前拴着的几只藏獒狂吠不已。很快，年轻的男主人迎出来，让我们进屋喝茶。他是索保的女婿，叫华旦。索保有两儿三女，华旦的妻子是长女。进屋时看到，华旦的小儿子丹巴雅吉正驾着一辆旧了的黄色塑料玩具车在屋里玩。他正在兴头上，顾不上看我，塑料车直开到我脚跟前才转弯儿。华旦有 5 个孩子，除了丹巴雅吉，都去上学了，两个在西宁的三江源学校，还有两个在县城民族小学。

附近大部分牧人迁离草原时，他选择了留下。

华旦说，自己可能会一直留守在这里，这不仅是他自己的主意，也是岳父索保的意思。这样，他们还有人住在原来的草原上，继续牧人的生活。如果都离开了，有时候想回来看看，连个坐下来喝茶的地方都没有了。他还有一群牦牛在草原上，90 头牦牛，大部分是他的，岳父索保也有几头牦牛在他的牛群里。

华旦家的牛群就在后面山坡上。那天，我在卓陵湖边也看到过一大群牦牛。没看到羊。华旦说，那是别人家的牛群。扎陵湖乡几个村，还有 20 多户牧人没有搬走。

他们是扎陵湖草原最后的牧人。其余都搬走了。

我记得，2004 年前后，三江源实施“生态移民”时，玛多县所属黄河源区扎陵湖乡、黄河乡等乡镇作为三江源首批移民区，区域内 80% 牧人在国家公园体制试点前已经迁离，分别集中安置在果洛藏族自治州州府所在地大武镇和海南藏族自治州同德滩，主要靠国家财政生态补偿生活。

2004 年的秋天，我去看过这些生态移民安置点，到过所有移民点的安置小区，有的在本县境内的城镇附近，有的在本州境内的城镇附近，还有的则跨区域安置在另一个自治州的草原上……

安置在海南藏族自治州的同德县境内的移民点在西久（西宁至久治）公路边的草原上。每次路过那里，我都会停下来，在路边走走。他们居住的地方虽然还在草原上，远处甚至还能望得见雪山，但那草原不属于他们，他们已经远离故土。

虽然他们的身份还是牧人，却没有了自己的牛羊畜群，曾经游牧的草原已经远去。他们不用去放牧了，也不用照看草原，靠国家的生态补偿生活，看上去，那好像是无忧无虑的日子，却无时无刻不在想念昔日的草原。

2020年再次去玛多时，见到玛查理镇江措村牧人扎西，是一位村支部书记。今年55岁的扎西已经当了27年村支书，是个老支书，也是个出色的牧人。跟玛多牛羊已经很少的牧人相比，他家的牛羊一直保持相当的规模，现在仍然有600多只羊，200多头牦牛。这还是为保护生态减畜以后的数字，最多的时候，他家有1800多只羊，300多头牦牛。扎西一家7口人，平均每人有一万亩承包草场。可以想象，这是一片辽阔的牧场，简直就是一个牧草的王国，足以养活成千上万的牛羊。

可是，最近这位老支书遇到一个棘手的新问题。当年江措村很多牧户响应政府号召迁离草原，到同德滩安家落户，成了一个独立的行政村——果洛新村，可这些迁移牧户的承包草原还在江措村，在同德滩上他们只有一个家，或者只有一座房屋。

国家公园体制试点以后，为了转变传统生产方式和经营模式，县上开始组织成立生态畜牧业合作社，江措村也想成立一个自己的合作社。把一家一户分散的草场和牲畜通过入股的形式进行整合，统一经营，以提高效益，增加牧户收入。中间牵扯到很多已迁移牧户，他们的草场与留守牧户的草场是交叉零散分布的。看上去是一个整体，但每一小片草原的承包者有的还在玛多，有的已经迁离。要动迁移牧户的草场，必须征得原牧户的同意。结果，大多不同意，他们也想成立自己的合作社。这样整片草原就被割裂成了一些碎片，根本无法整合。

据说，迁至同德滩的很多牧户已经重新回到玛多，大多住在县城，个别又回到了原来的草原。每个谈到这些牧户的人都觉得他们可怜，在同德滩他们只有一座房子，一个家，出了家门，都是别人的土地。没有家园，家门口捡块牛粪，都是在别人家的草原上，人家都以为你是在偷，像贼。没法生活，就想回来。

回来了，至少自己的草原还在，是在自己的草原上。

这些三江源牧人迁离草原的那个秋天，我也曾见过索保老人，曾问他这样一个问题：“如果要移民，你愿意离开草原吗？”他回答说：“自己会一直留在草原上，看着那一片山河。”也许已经意识到了什么吧，说这话时，他眼里闪着泪光。

可他还是离开了。

记得后来我问过索保老人，那两幅画去了哪里？老人说，他也不大清楚。

2017 年 5 月的一个晚上，我在玛多县旅游局周保的带领下，穿过一片街区，在一排旧平房里找到了索保的家。敲门进去时，他正坐在火炉边休息。没有穿鞋袜，脚光着，放在一块旧毯子上。他说自己腿脚不方便，不能站起来，他把斜靠着的身体稍稍前倾了一下，以表达歉意。

在他身旁落座之后，我才看了一眼他的脚。一双脚肿得很厉害，是痛风。疼得厉害的时候，不能着地，也穿不了鞋。就这样放着，在火边烤，感觉还好点。

我问，你怎么舍得离开自己的草原？

他似乎犹豫了一下，看着我，眼里闪过一丝苦涩，黑红的脸庞像一块岩石。尔后才说：“一帮孙子、孙女要上学，而那里已经没有学校了……也有身体的原因，到县城离医院近，方便。”

“是不是非常想念？还回去吗？”

“是的。非常想念。每次一想起那片草原，心里就疼。不过还经常回去，大概十天回去一次，只是去看看，这还得看身体情况……”说到这里，他转过脸去，停顿了一下，像是在思念草原。尔后才又转过来，长叹一声，道：“回去的次数越来越少了。以后还能不能回去，都不好说。”

“但我们的草场都还在，家也在。羊没有了，牛也不多了。”

又是沉默。我也没再问问题，等着他开口。停了一会儿，他又说：“搬出来之后，主要靠国家的生态补偿生活，如果还有牛羊，我还是喜欢以前在草原上的生活。”

不仅索保家，三江源成为自然保护区，开始全面生态保护之后，整个区域内的牛羊畜群明显少了很多，马已经很少见了。

每次见索保时，他身体状况都不好。第一次见他时，他躺在床上，见我们进去，坐起来，捂着被子跟我说话。看他那个样子，不忍太过打扰。这次，也是。所以，每一次的谈话都不够深入，总感觉有很多问题还没来得及问，以致每次去黄河源玛多，我都想去见这个人，继续上次的谈话。

索保原是一位民间藏医，后吸收为乡卫生院医生，他还是一位高僧，民间视其为活佛。我心里却一直把他当成一个牧人，一个不寻常的牧人。他自小接触过天文历算，并一直苦苦钻研，深谙天地之奥妙。跟这样一个人的深入交谈无疑也是一次不同寻常的际遇。

我当了一辈子记者，对索保的采访断断续续几十年，这样的采访经历在我的职业生涯中也绝无仅有。即便如此，最终我还是没能圆满完成这次采访。

2020 年 3 月 11 日下午 4 点，在三江源国家公园管理局的一个会议室里，我与国家公园三个园区的主要负责人就一次采访进行对接。我提到了一些需要重点采访对象的名字，黄河源区就提到了索保。源区管委会专职副主任甘学斌告诉我，他已经去世了。

索保是见不到了。

再次去黄河源时，我见到了他的儿子格几代保。索保有两个儿子，格几代保是老大，是个僧人，他弟弟是个聋哑人，也是一名僧人，都在自家门前他父亲待过的小寺院里为僧。

跟格几代保的交谈有点困难，我不大听得懂藏语，他的汉语比我的藏语稍稍好一点。一开始，我们之间还有翻译，但格几代保总不顾及翻译的记录速度，总是一口气说很长时间，结果，翻译给我的总是概要，是个简略的提纲。

我就对格几代保说，我们不要翻译说个话试试，他说好。一天下午，我们就单独说话。简单的交谈都没有障碍，可只要一涉及需要专业术语来表达的内容，我们都会卡住。便发挥想象力用肢体语言助力表达，很多内心感受，难以言表，更难用肢体语言表达清楚。

格几代保告诉我，他现在在班玛县的一座寺院进修，已经去了三年，再有一年就回来了。为了跟我说话，他先从班玛打车到达日，再从达日打车到大武。大武到玛多，没打上车，他姐夫开车接他回来的。没想到跟我说个话这么困难。

我们之间的交流一直隔着一堵墙。这墙有时候像城垛，坚厚无比，我能听见墙那边说话的声音，却听不清说了些什么；有时候像透明玻璃，我能看见他说话的样子，却听不到声音。便陷入尴尬，他笑，我也笑。他无奈，我羞愧。

索保的世界就在眼前，于我却遥不可及。即便如此，我觉得自己还是感受到了一些什么。他带着一个印花的塑料皮日记本，是 20 世纪 70 年代末到 80 年代初流行的那种。日记本上是他父亲写的笔记，他逐句仔细斟酌后读给我听。

他说，父亲从扎陵湖、鄂陵湖、卓陵湖的变化观察玛多的季候变化。根据他父亲多年的观察，玛多对春夏秋冬的变化比其他地方更加敏感。冬天，卓陵湖结冰的时间比另两个湖早。卓陵湖在每年的 12 月 10 日前后结冰，5 月初解冻。

每年 12 月 15 日前后，玛多的天气会突然变冷。

每年 10 月 15 日到 11 月头上，玛多会下一年里的第一场雪。如果雪如期而至，这个冬天玛多一定多雪，会经常下雪，来年春天，就会很少刮大风。

每年 8 月 15 日至 20 日，玛多的草原会变黄，一进入 9 月，灌木的叶子也会变黄。

每年 3 月 15 日前后，黑颈鹤会如期飞来，到 10 月 15 日（疑是藏历）前后，又会飞走。

白天鹅比黑颈鹤飞来得迟，离开也晚一些。根据天气变化，相隔 15 天到一个月……

据索保的观察，牛羊马以及狗都对应着一种地球元素，对众生世界起着重要的平衡作用，牛代表土，羊代表水，马代表风，狗代表火，缺一不可。

索保还写到了藏地流传甚广的《六长寿图》，说它体现了藏族生命伦理体系的基本秩序。长寿岩、长寿水、长寿树、长寿鹿、长寿鹤、长寿人，岩石代表大地，水是生命之源，树代表所有植物，鹿代表所有动物，鹤代表和平吉祥，最后才是人。它强调自然万物的意义，一切俱在和谐，人类方可安享久远岁月，吉祥快乐，健康长寿！

索保眼里的自然万物是一个整体，山水林草、风霜雨雪、鸟兽爬虫以及人类都是这个整体的一个部分。一片草叶缀着露珠映照日月星辰，一朵花吐露芬芳引来蜜蜂蝴蝶，泉水里能听见大地的脉搏，空气中能闻出苍穹的气息……

格几代保一再强调，所有这些并不是一个梦，也并非心血来潮的凭空想象，而是他父亲用了一生的心血观察体悟得来的。他父亲有两大爱好，坚持了几十年。一是，夜深人静了，会一个人到屋外的草原上独坐冥想——格几代保也曾陪他坐过;二是，隔几日都会到水源地的琼果（源泉）感受水世界的变化。

在草原之夜独坐时，他多半时间都在仰望夜空，看那些像鸟儿一样飞在天上的星辰。看着看着，他会深吸一口气。格几代保就问父亲，怎么了？他说，空气中好像有一种以前没闻到过的味道。在源泉处，他总是将耳朵贴近泉眼去静静地倾听，完了也用鼻子一遍遍闻水里面散发出来的味道，还会把眼睛凑近了久久盯着水源看。

有几次，格几代保也学着父亲的样子去听，除了流水的声音，再无别的声音。他也闻过、看过，没闻出别的味道，也没看出什么特别的地方。可是，父亲好像真的听到、闻到和看到了他从不曾听见、闻见、看见的东西。

对父亲这些看似顽固的习性，格几代保的三个姐姐和一个弟弟似乎都不大理解，因而也没有太在意。格几代保也不是很理解，却很着迷，小时候总缠着父亲问这问那，深得父亲欢心，有事没事也总给他讲一些这方面的事情，虽然听不大明白，却喜欢听，喜欢记，总感觉父亲与一个他无法感知的神秘世界有着千丝万缕的联系，甚至一直保持密切联系。

父亲说，自然万物所有的奥秘都能从那源泉里听出来。他能从源泉里听出来年天气的变化，听出来年牧草的长势，甚至能听出草原上哪一种花朵是否开得鲜艳好看，能听出哪一种野生动物会增多或减少，能听出冬天是否多雪、春天是否多风……

他也能从星空看出一年中草原的变化——那是前一年夏天的一个夜晚，他坐在黑夜里，一直仰着头看天。突然，低下头来告诉他，明年黑颈鹤会来得晚一些了，因为，明年它本该飞来的那个时候，草原上那些沼泽里还结着冰，天气也还很冷……今年的雪会下得早，冬天到来之前，雪就会盖住草原。明年春天，牛羊的日子不好过，草原上到处是雪，它们吃不上草，很多牛羊马匹会死亡——他好像已经看见了很多牛羊的尸体。不过，到了夏天，草会长得比往年好，牛羊又比以往少很多，草就吃不完了……

格几代保总会留心记住这样一些事。接下来的日子里，他会记着去验证父亲给他讲的那些事。果然，从当年秋天一直到第二年夏天，所有的事都会依次发生，像是父亲安排了这一切，觉得父亲很神奇。

有时候，他就会对父亲说，既然你能知道会发生那些事，为什么不去阻止那些不好的事情发生呢？每次听到他这样的话，父亲像是很开心的样子，对他更加疼爱。完了才说，人不可以去改变那些注定了要发生的事情，即使能做到，也不可以。所有事情的发生都是有原因的，这就是因果，等你长大了就会明白。

格几代保觉得现在他已经长大了，可他依然不明白。

他告诉我，可能自己学习还不够。从班玛进修回来以后，他会一直待在父亲待过的寺院和草原上，也会去源泉处细细倾听水世界的声音，也会坐在草原上凝望夜空，也许时间长了，他也能听到父亲听到过的声音，也能看到父亲看到过的奇妙景象。要是那样，他就会非常开心——他觉得父亲也会非常开心。

索保家门前不止有鄂陵湖，还有扎陵湖和卓陵湖。虽然数量远不及次旦门前的丽日措加，但湖面水域辽阔，三个湖泊的总面积超过 1400 平方公里，像扎陵湖、鄂陵湖，一个湖的水域面积也比整个丽日措加大多了。

这里一年四季，蓝天白云之下，便是一派壮阔的湖光山色，圣洁无比，看一眼都让人心醉。至少有七八次吧，每次去那里，远远望见鄂陵湖的浩渺碧波时，我都有窒息的感觉。面对大自然的这等美景时，你会不自觉地屏住呼吸，生怕你的气息也会对它有所惊扰。

黄河源区所有的湖水都是圣洁的！

这里多湖，著名的星宿海就在上游不远的地方。黄河源流出约古宗列和玛涌滩之后，广袤的草原上，数千大小湖泊点缀其上，从高空俯瞰，宛若星辰，故得其美名：星宿海。大半湖泊曾一度从眼前消失，当时，那一片片干裂的湖底就像是一块块伤疤。黄河的源头曾一度干涸。

那是布满星辰的山河，黄河是从璀璨的星河中流出来的。

即便黄河源头只有星宿海，已经堪称自然奇观了。而星宿海只是一个序曲，黄河源区景致的大幕才拉开一角。及至扎陵湖，黄河更宏伟的叙事才要开始，因为有无边无际的浩渺与波浪，黄河不见了。它隐身于一派万顷碧波，纵横肆意，流连曼妙，像是期待。

紧接着，更宏伟的场景出现了。鄂陵湖与卓陵湖一左一右拱卫着措哇尕泽山，让黄河再次铺排成一片汪洋……

这是三江源国家公园黄河源园区的核心区域，代表了中国首个国家公园的标志性景观。这也是索保一生所守望的湖光山色和家园。

扎陵、鄂陵、卓陵在藏语中的发音更接近“嘉洛”“鄂洛”“卓洛”，这是格萨尔王妃珠姆父亲三兄弟的名字，后来也成为黄河源区草原三个重要的部落，嘉洛就是珠姆父亲的部落。我以为，明清以来汉文典籍中一直将今天的“果洛”写成“俄洛”，应该就是源出“鄂洛”。

今天扎陵湖东北角的湖岸小山梁立有珠姆塑像，她身旁有石头垒砌的几座小塔。黄河源牧人的传说中，这里就是珠姆宫殿的遗址。冬日午后，站在山坡，透过黄草细细端详，宫殿石头筑成的墙基依稀可辨。从墙基的跨度判断，曾经的珠姆宫殿并不宏伟，至少占地面积并不很大，就比一个大点的农家院落稍稍大一点。

从山坡上散落的石头，我们也许能把它想象成一座石头建造的城堡，也许有三层或四层甚至更高，像今天的班玛和丹巴一带依然能见到的那些碉楼。如果是一座石头城堡，这样的占地面积则足以建造一座气势恢宏的建筑。

史诗中描述的格萨尔狮龙宫殿就是这样一座建筑，也在黄河源区，离此地不太远，位于今达日县黄河右岸台地。曾经也是一个传说中的遗址，现在一座新的宫殿已经落成，是藏族杰出建筑设计师扎西先生依史诗描述原样呈现，堪称经典。

从狮龙宫殿往西往北，约三五百里，便是珠姆宫殿。它傲然耸立于大河之源，头顶长空浩荡、光芒万丈，莽苍四野碧波荡漾，百鸟翔集，大有“纵一苇之所如，凌万顷之茫然”之气象。

今天，从狮龙宫殿到珠姆宫殿遗址已有公路，开车穿越黄河源区大峡谷，翻山越岭，至少需要七八个小时才能抵达。在一个大雪纷飞的日子，我曾走过这条路，早上从达日县出发，傍晚抵达玛多县城。玛多县城至珠姆宫殿尚有三个小时的车程。

我曾两次造访珠姆宫殿遗址，第一次去时，珠姆像已经立在那里，却不知那里还曾有一座宫殿。第二次去时，我已知道，那里是一座宫殿的遗址，然宫殿依然无从寻觅。

我在《巴颜喀拉的众生》一书中也曾写过三个湖泊：

在格萨尔史诗中，这三大湖泊原本是三兄弟，分别是格萨尔王妃珠姆的父亲、伯父和叔父。有关珠姆故乡也有不止一种说法，藏族学者文扎一直坚信珠姆故里当在玉树的治多县，并致力于打造珠姆故里文化，在“格学”界已产生广泛影响。而在果洛，人们都认为黄河源区才是珠姆真正的故乡，格萨尔史诗中这三大湖是珠姆父亲三兄弟的寄魂湖便是最有力的佐证。

我曾多次到过鄂陵湖边，每一次也都会登上措哇尕泽山顶去望一眼河源大野。现在车基本上可以开到山顶，但是，以前我都是从山下一步步爬上去的。坐车只需十几分钟就到山顶了，若步行，一般都要两三个小时才能下山。那个时候，我还年轻，要是现在，恐怕得要四五个时辰，甚至到了山下，自己究竟有没有勇气往上爬，还不一定。

但是，我只到过一次扎陵湖边，也只去过一次卓陵湖。扎陵湖是路过，卓陵湖却是专门去寻访的。

一直都记得在鄂陵、扎陵边上还有一个卓陵湖，但一直没能走近它的身旁。直到2016年10月，我才第一次见到它的模样。玛多县旅游局的周保为我们担任向导，从鄂陵湖边绕过措哇尕泽山，经过扎陵湖的一角，拐向东北，翻过一道道小山梁，穿越一片片开阔的滩地，走向卓陵湖。

周保是一位满怀激情并富有冒险精神的年轻人，他曾与一个朋友驾车从黄河源头出发向西向南穿越整个青藏高原，还以鄂陵湖为起点，独自驾车向东南西北四个方向，穿越过玛多境内几乎所有从未有人开车走过的秘境之路，多为沼泽河谷地带。

周保说，沿途景色迷人，尤其是从鄂陵湖向西行进，所穿越的那一片莽原令他终生难忘。从没到过鄂陵湖边的人，只要见到这片湖光山色就会为它着迷，为它沉醉，但是如果你能走到它的西岸，并从那里开始你的跋涉，你会突然生出一个念头，想一直那么走下去，再也不想回到身后的那个世界。因为，你眼前无边无际所展现的那个世界太干净了，干净到了让你无法想象的程度。①

① 引自古岳《巴颜喀拉的众生》一书。

一个干净的世界，一直是人类的理想。不停地跋涉，就是为了追寻。

可以说，现在我们要把三江源辟为国家公园，也是为了让它变得更加干净乃至圣洁，使之成为家园的一个理想。

人类不断向远方跋涉的脚步从未停止过，自千年以前至千年以后，一直前赴后继。留下的脚印变成了路，路变成了信念。善与恶的较量随漫漫长路跌宕起伏，故事流传下来，传之久远，成了传奇和史诗。

想来，黄河源区这片神奇的土地即便不是格萨尔的故乡，也是格萨尔岭国的核心腹地，一片诞生过世界最长史诗的草原，一片史诗中称之为邻国的英雄草原。

传说，今玛多县花石峡一侧开阔的滩地就是格萨尔史诗中著名的霍岭大战主战场。今玛多县黄河乡政府一侧河谷滩地，就是格萨尔赛马称王的起点阿依地，今曲麻莱县麻多乡扎加村格拉扎神山脚下就是格萨尔赛马称王的终点和登基台。

除了扎陵湖、鄂陵湖、卓陵湖以及玛多周边黄河源区的雪山草原，这里还有数不胜数的格萨尔遗址和遗迹……所以，这里的人都自豪地称自己是英雄格萨尔的后裔，并非没有道理。

我想象过，千年以前，如果雄狮大王格萨尔从阿依地出发，策马飞奔而去，会用多长的时间才能抵达格拉扎山下呢？按常理，再好的马一路飞奔，至少也得一两天时间，但格萨尔并非常人，他是雄狮大王，是天神。他的坐骑也非寻常之马，当属神驹，是天马江果。

依照岭地习俗，格萨尔是通过一次赛马赢得比赛登上岭国王位的。

登上王位之前，他还不叫格萨尔，而是叫觉如。以赛马确定王位继承人的消息一经传出，凡岭地男儿都想去碰碰运气，因为那赌注和奖赏太诱惑人了，除了至尊王位，还有富甲天下的嘉擦头人嘉洛的掌上明珠，被称为第一美人的珠姆。

据史诗记述，每一位想赢得比赛的人都向自己的本尊祈祷，找自己的上师广做法事，给地方神煨桑祭祀，每一处色卡上都插上了风马旗，以求自己好运，得偿心愿。

权倾朝野的叔父晁同更是势在必得，他约请岭国30位英雄、7位勇士和3员大将到家中密谋，欲将觉如排除在外。相当于总理大臣的总管王和觉如的兄长嘉擦都希望觉如取胜，却又非常担心。因为晁同长子东赞也会参赛，他那匹玉鸟马的速度举世无双。只有大将旦玛对觉如抱有必胜的信心。

而此时，觉如母子尚在流放之地。晁同为了独揽大权，借故将觉如母子流放到蛮荒之地。在众英雄聚会的宴席上，嘉擦慷慨陈词："现在，我那可怜的弟弟觉如，背井离乡，无产无业，栖身于岩洞，顾不得自己的高贵身世，与狗争抢骨头，与鸟争食。就他那幅可怜样，哪有在赛马中夺魁的希望啊。但是，在众兄弟聚宴时，连最末的席位也不给他，是不是太过分了？"

他一直觉得觉如母子并无过失。分明是家族各支系之间的利益之争和权势较量殃及无辜的。嘉擦的话无懈可击，大家都赞同他的意见，晁同也无法阻挡。

接下来的故事极具戏剧性，场面气势恢宏。

这是一次非常隆重的聚会。时间定在藏历大年初一，所有赴宴者均须由中证人唱名方可入席。从席位的安排也能看出组织者费了苦心，上手银座共四位，均为王子，第一位是嘉擦；中央厚垫座，第一位是总管王，晁同居次，其后是十数位叔伯；再往下，以右、左、右角边、左角边、后排右角、后排左角……依次入席，男性在前，女性在后，习武者在前，习文者在后。男性中又以本领高低、贡献大小为序，女性中却以年轻者在前，年长者在后，主人在前，奴仆在后……

赛马的日子即将来临，可觉如还未接到任何通知。按神谕或预言，珠姆与觉如必须联姻，便让珠姆去通知觉如。见到觉如，说了这事。觉如却不急，先让她陪着母亲郭姆一起去把他要骑的宝马江果找到，而后擒住。此乃天马，能遨游天际，亦能人言。一见郭姆，一下亲近起来。史诗赞曰："那鹰鹞似的前额上，长着黄鼠狼的后颈脖。那山羊似的长脸上，长着狡兔般的前下颚。那青蛙似的眼睛里，长着毒蛇般的眼珠子。那牝獐似的鼻孔中，长着绸缎般的软鼻膜。那魔鬼侦探似的尖耳朵，长着鹫鹰羽毛般的一撮长毛……"

天马江果跟随他们一起回到岭国，珠姆将自己最珍贵的马鞍和马鞭献给了觉如。

这一天，岭国英雄齐聚，以服饰色调区别部落标志。观众从四面八方如期而至。人们议论纷纷，大多看好东赞。以珠姆为首的岭国的七美女也都来了。最忙的是各部落的祭祀和巫师，煨桑、祈祷、插旗……

这时，赛马已经开始。只见东赞遥遥领先，觉如远远落在后面……

盘踞阿依地青石山的虎头、豹头、熊头三妖魔，对这场比赛十分恼火。一场比赛下来，不但雪山将被踩踏得支离破碎，大地也会震得裂开口子，马尾会抽打在他们脸上，马粪马尿会拉在他们身上。"不把他们弄得人仰马翻，我青石山三大妖的脸面何存？"他们施展妖法，霎时间，天昏地暗，闪电雷鸣、飞沙走石、鸡蛋大的冰雹铺天盖地……众人惊恐万状，唯觉如知道，这必是那三妖魔作乱，便抽身先去降魔。他施法令三魔头变为女身，瞬时，太阳重新照彻草原。觉如才又回到赛马的队列中。

但他的心思好像并不在比赛上，除了跟身边的选手调侃嬉戏，跟沿路的乞丐说笑，停下脚步接受选手们赠送的礼物，请巫师占卜算卦，还装出生病的样子，去看病……看到这些，希望他赢得比赛的人们都心急如焚。他却依然不急不慌。他看到总管王急得脸色都变了，才来到他面前宽慰道：“叔父，你急什么呀？既然已经委派我来坐王位宝座，一头畜生怎能轻易夺取？刚才那都是得到上天和莲花生大师的指点，顺便去做了点善事，也看了些热闹。要让马跑快些，叔父你自己来吧，我们叔侄俩谁坐上宝座都一样……”

晁同也细心地留意着觉如的一举一动。他看到觉如已经远远落在东赞后面，很是得意。得意便忘形，竟以长者身份对觉如唱道：“若娶嘉洛家珠姆，带来的只有烦恼与不幸；若是称王登基、统帅岭国，只会增添忧愁……没有见识的美女子，看着漂亮可人，结成夫妻便是扫帚星……”

觉如不想听晁同假惺惺地唠叨，这才打马飞奔而去。只一眨眼工夫就超过了所有参赛选手，赢得比赛，登上王位。自称“罗布扎堆格萨尔”，意思是“降妖伏魔格萨尔”，又称“雄狮大王格萨尔”。觉如始称“格萨尔”。

随后，他委派兄长嘉擦镇守岭国东大门，防御姜国萨丹王；亚麦生达阿东镇守南大门，防御门国赤辛王；大将旦玛镇守西大门，驻防霍尔国边境；巴贵娘察阿丹镇守北方边境，防御魔国；总管王辅佐内政。

全体臣民欢庆 13 天。

史诗中没有说，赛马用了多长时间，从过程情节看，好像是一天之内结束了比赛。而且，大半赛程，格萨尔都心不在焉，至少是装出一副心不在焉的样子的，直到最后，他才扬鞭催马，风驰电掣般抢先抵达终点。

2020 年 3 月 23 日，我去位于今玛多县黄河乡的阿依地，从那山坡上望了一眼那片开阔的河谷滩地。那里是格萨尔赛马称王的起点，遥望东北天地相接处，天边有一朵白云，终点今曲麻莱县麻多乡格拉扎神山，应该就在那朵白云之下。

据玛多县统战部华旦先生实测，其距离超过了 170 公里。沿途皆黄河源区河谷草原，以前没有路，后来有路了，也不好走。我头几次从玛多县往黄河源，每次都止步于鄂陵湖边，再往前，车便无法前行。只好往回，天黑了才回到县城。

华旦熟知玛域自然地理及人文历史，据他的实地调查，玛多境内，有名字的湖泊 58 个，河流 57 条，神山 53 座，历史文化遗迹 30 处，千年古道 6 条，石经墙 37 处，天葬台 81 个，修行洞 13 个，野外煨桑台 74 个，拉则（祭山神处）35 个，有名字的泉眼 1892 个……每一个名字、每一个地方都透着大自然的神性和灵光，现在这些都是国家公园黄河源园区的一部分。

我从未从玛多方向走到过黄河源头卡日曲和约古宗列曲的源泉处，试着走过很多次，每次都是半途而废。最后，我是翻过巴颜喀拉绕道曲麻莱，再又往回翻越巴颜喀拉走到黄河源头，走到格拉扎山脚下的。一处高台，垒有嘛呢石堆，飘着经幡，台前已有石碑，赫然写着：格萨尔王登基台。

今天从阿依地往格拉扎山下，大半有公路，可以直接开车前往。

2020 年 3 月 24 日，我又试图沿着格萨尔赛马称王的路线，走向扎陵湖，过了扎陵湖再往前穿越一片开阔的草原，尽头就是格拉扎神山。走到太阳西沉，我们才绕过扎陵湖一侧，只好返回。

有一条沙土简易公路从黄河乡通往扎陵湖，如果没有河道冰坎，也只是颠簸，车都能通行。过冰河，车容易出故障。11 点 39 分，前面的车陷到冰河，底盘下的护板给碰掉了。

那里是扎陵湖乡勒那村的地界，前面不远处有一户牧人，我们去他们家借工具修车，发现不好修，把护板整个卸下来了。这是莫洛一家，同伴们修车时，我进到屋里，看到房门一侧的大床上，两个孩子裹着厚厚的被子,睁大眼睛看我。大点的叫江白洋（音）,小的叫格志拉毛（音）。对面墙根里码放着一米多高的几十个装口粮的牛皮袋，这是传统牧人家的必备之物，以前多装糌粑、青稞等，每一个牛皮袋都鞣出了黄铜色的光泽，看着温暖。

沿途，只要见到有牧户，家里有人，我们都作短暂停留，好让我跟这些牧人做些交流，说几句话。过了勒那村，我们访问过擦泽村的却美才让、尼玛才仁、让智等牧户，走了大半天都没走出一个行政村的边界。因为赶路，我只问一些简单的问题，比如，现在家里有几口人？有多少亩承包草场？牛羊有多少？再问以前的一些事，最后一个问题是，家里有国家公园的生态管护员吗？管护员主要做什么？

得到的回答是：他们的承包草场都在，但都有退化，擦泽村一带草原沙化、退化严重，草原植被稀疏；每家每户的牛羊头数都比以前大幅减少；每家每户也都有一位家庭成员是国家公园的生态管护员，每一位管护员都说，他们主要是守护自己的草场，保护野生动物，看有没有人盗猎——几乎所有人都没发现盗猎现象，再就是捡拾草原上的垃圾——主要在夏天——我留意了一下，沿途草原均未发现现在很多地方随处可见的塑料垃圾。

见到尼玛才让的情景具有戏剧色彩。透过挡风玻璃，远远看见路边有一个雕像一样的黑影，造型奇特，以为真是个雕像。走到跟前，车停下，那个黑影站起来，是个人。他穿着一件黑衣服，头上套着黑色的编织帽，因为风大，腿伸直了直挺挺地背风坐着。不远处有他牧放的牛群，据说有 80 多头。

这样走走停停，走到扎陵湖边上时，太阳已经落向西面山头。格拉扎神山此去尚远。我们开着越野车，走了大半天还没走出扎陵湖的一个行政村。即使一路不停地往前开，要从阿依地到格拉扎山下，如果顺利，也得一整天的时间。如果骑马前往，即使马不停蹄，最快也得两三天时间吧。

两个月之后，我才第一次从玛多方向绕过鄂陵湖、扎陵湖，走到格拉扎山下，经过黄河源区，翻越巴颜喀拉，深夜抵达曲麻莱。越野车也走了一整天时间。

格萨尔却在谈笑间飞越过千里草原，一骑绝尘。

自千年以前那个寂静的傍晚
有一匹骏马向我飞奔而来
马蹄声在大地上轰响如战鼓
有一支歌谣随它飞翔
有一双眼睛却在千年以后的初晨守望
万千里关山刀光剑影
千万里征程金戈铁马
处处是天涯。而天涯飘落
千军万马的驰骋最后就是一声悲怆的嘶鸣
所有的陪伴都如季节飘零
所有的温暖都如流水走远
你就一路独自鸣响，鸣响成了唯一的声音
天地间就此只剩下寂静
只留下一个影子
悠悠岁月就成了一条缝隙
你就是那缝隙里穿射而过的箭镞
那时鸽子的翅膀正掠过一片废墟

一片洁白的羽毛正在斜阳里飘落
我看见有一颗眼泪缀在那羽毛上
我担心它会坠落成最后的夕阳[①]

黄河源区大野在藏语中称之为“玛域”，这个地名在格萨尔史诗中不断出现，表明这里是格萨尔岭国的腹地，玛多又是玛域的核心。所有玛多藏族都知道格萨尔史诗，更知道史诗中赛马称王和霍岭大战都发生在这片土地上。

索保和他的儿子格几代保也知道这些。

那天在花石峡见到格几代保时，我还见到一个曲那麦寺僧人更桑尖措，他既是一位活佛，也是一名格萨尔国家级非遗传承人。玛域民间有“说不完的”“写不完的”和“画不完的”格萨尔艺人，他是一位“写不完”的格萨尔艺人。他 13 岁开始写记忆中不断自然涌现的格萨尔史诗，到目前已经写完 17 部，还能写多少部？卷目之浩繁无法想象，像是有无数部——他就是这么说的。因为它还不断在脑子里涌现、汹涌，像江河水。

他不确定今生能否写完——如果写不完，只好等来生继续写了，好在他确定自己还有来生——虽然他并不确定是否依然出生在玛域草原，成为格萨尔艺人。据说，他还是格萨尔弟弟荣擦的第七世转世，他的前世荣擦唐哇尕日也生在黄河源区。

据口述史中的讲述，最初，他以人身来到人间是 1700 多年前的事，曾出生在印度，是一位智者。千年以后，他又出生在玛域，成为格萨尔的弟弟。一想到，一个有着 1700 多年生生世世的人坐在你对面，跟你谈

① 摘自古岳《孤独·想起格萨尔》。

论他的过去，感觉像是在另一个时空里。如果曾经的一切都是真实存在过的记忆，那么他未来的历史也许会更加悠长。

我差点问他，是否能望得见自己的未来？最终忍住了，没问。这样的问题可能会犯忌，因为神话传说中的先知，一旦泄露未知的秘密，就会招致严厉惩罚乃至诅咒。东西方神话中都有这样的例子，所以先贤一直告诫我们，天机不可泄露。

假如，一个人记得生生世世的过往岁月，说不定也能望得见未来的岁月，那样，他岂不是在过去与未来之间自由穿越了！

如是。更桑尖措当在很久以前就已知晓，有一天，玛域草原会有一个新的名字：三江源国家公园。

千万不要以为，我这是在故弄玄虚。我是在讲述今天依然生活在国家公园里的那些人的故事。对世界上的绝大多数人来说，直到今天，他们的故事依然鲜为人知。我们有必要让世界知道这些故事——有这样一群人世世代代都生活在今天叫国家公园的这片土地上，而且，还将一直生活下去。

也许这将是世界众多国家公园中独具魅力的一个中国样本——或者，就是世界国家公园的中国故事。一部世界最长的英雄史诗，一座世界海拔最高、面积最大的国家公园，二者互为表里，共同成就人类文明的现代史诗。

包括长江源区、澜沧江源区在内的三江源无疑是格萨尔史诗最主要的说唱流传地。每一个世代生息于斯的三江源牧人都是英雄格萨尔的后裔，也是这部史诗的传承人。

善与恶的较量一直是人类文明的灵魂，也是世界各民族英雄史诗的共同主题。格萨尔降临人间的使命就是降妖伏魔、惩恶扬善，还世间以太平安详。

从史诗呈现的故事情节看，最终他完成了自己的使命，天下归于宁静，他也回到天庭，继续当他的天神。史诗中还曾预言，因为人性的贪婪，邪恶将一直伴随人类的历史。如果有一天，恶魔横行，格萨尔将重返人间，继续铲除邪恶。

这像是善与恶的一个轮回，循环往复。

也许从那以后的世界还不够邪恶，直到今天格萨尔尚未返回人间。

但是，邪恶一直存在。生灵万物的灾殃从未消弭过，凡大地之上的山川河流以及天空、大气、海洋、植物、矿物、动物和微生物都在不断消失，人类以及生命万物的家园日益衰败，以致恶疾肆虐，暴行屠戮频频。从这个意义上说，今天人类所有的自然生态保护行动也是一场惩恶扬善的战斗，是在捍卫自己家园的清净安宁。

有关更桑尖措的一些事是才朋给我说的。

才朋是玛多县花石峡的一名藏医，也可以称之为一位民间博物学家。因为职业的缘故，他自小就留心观察各种植物、动物以及矿物。以前玛多大地上生长和看到的东西，他都做过仔细观察和记录，包括每一块突兀山野有点奇怪的石头。

近几年，他还发现了一些以前从未见过的植物，那是一些开花植物，至少有七八种花朵，他以前从未见过。也许这些植物以前也在这里，只是因为气候寒冷，开不了花。现在热了，能开出花朵了。

才朋说，这些花朵好像只有玛多有，他在别的地方从未见过。红景天是高原常见植物，白红景天却少见，这两年也多了。棕熊和野驴也好像多了。也有变少的，牧草、雪莲等植物，还有沙狐、藏狐、鹰等动物，这两年明显少了。草原出现严重退化，羊也减少了很多——玛多的牛羊头数曾一度过百万头（只），现在的存栏数不足30万头（只）——也许更少。

据玛多县已退休原副县长旦尕的回忆，1957年玛多曾测到过零下50摄氏度的最低温度，现在整个冬天最寒冷的时候，也很少超过零下20摄氏度。夏天变长了，雨水也多了，冬春季节的风没以前大。一些很少开过花的植物都开花了。很多人都注意到了，2019年夏天，玛多以前很少看到开花植物的地方，都开着大片的花朵。

地处黄河源区河谷地带，人们的印象中，到处都是湖泊和沼泽，地下水也丰富。从这两年的发现判断，地下水也变少了。2011年在鄂陵湖边打过一口井，心想在湖边打三五米就出水了，可是挖到30多米仍不见水。2018年，玛查理镇坎木青村为解决人畜饮水困难也打过几口井，挖到近40米，都没出水。

对这些变化，才朋不知道自己该高兴还是忧虑。他觉得，大地上所有的变化都是有原因的，人必须小心谨慎地与它们和睦相处。这两年环境整治，拆除了很多山坡上到处飘荡的经幡——那些经幡都是化纤制品，污染环境，对动植物及土地都有危害。经常缠住鹰和鸟儿的翅膀，有时候牛羊也会不小心吃进肚里生病。

他为此发明了一种沙写的装置——可以说是一种沙子与冰雪的印刷设备。那是一个长方形的框子，底部是镂空的一行文字，里面装上沙子，往冰面上一放，像拓章子一样，一行文字就印在冰面上。他说，这种方式不会对生态造成破坏，可替代经幡，更环保。

据才朋的观察记录，黄河源玛多有370多种动植物和矿物，他都做过观察记录。其中动物百余种，植物190多种。他已经整理编辑了一部有关玛多动植物的书，图片都是自己拍的，每幅图片旁边都用汉藏两种文字写着动植物的名字、生长环境、习性以及药用价值。

才朋的家在花石峡东头的一片草地上，走进院内，有三四座小房子，除了住所，其他小房子里都摆放着他收集的植物和矿物标本。多年生植物他只采其植株，不损坏根部，好让它来年继续生长；有种子的植物，他会等到种子成熟以后再采，好让种子留在地上。

在才朋所有的珍藏中，最吸引人的是他那些矿物标本，大多属于海洋水生物化石，有珊瑚化石、贝类化石和小海螺化石，还有一块巨型蜗牛的化石——大约是今天陆地蜗牛体型的一千倍。才朋说，这些都是在花石峡附近的山谷和山坡上捡到的。它表明几亿年之前，这里曾是一片大海的海底。在几亿年之后成了地球上最高的陆地。

才朋说，我们这些人可能是这片土地上最后才出现的居民，所有今天能看到的动物、植物、矿物在这里的历史，都比人类生存的历史悠久得多。

像索保一样，才朋也感觉大地上的一切无时无刻不在发生着变化。长远看，很多变化很可能是一种不好的变化，得耐心留意这变化，才会明白如何去细心呵护自己的家园和生命万物。

所以，索保才满怀忧虑地描画自己家园的变故。

所以，我们才要把三江源辟为国家公园，妥善保护这里的一草一木。

回想起来，索保他们并不是因为国家公园的设立才离开草原的，恰恰相反，国家公园体制试点开始以后，依然在园区居住生活的草原原住民都留在了原来的地方，依然过着曾经的牧人生活，既保留了牧人身份，还成了国家公园的居留者和守护者——我们通常会称之为原住民或世居民和生态管护员。

这也是三江源国家公园区别于世界很多国家公园的地方，是一大亮点。在保护自然生态系统的完整性和原真性的同时，三江源国家公园的体制建设也特别注重当地民族文化生态延续性的保护，使之得以永久传承。

不过，可以肯定，大批牧人迁离原来的草原与三江源的保护是有关系的。三江源成为国家级自然保护区，继而又成为生态保护综合试验区之后，三江源作为国家生态战略高地和安全屏障的地位得以确立。

所有的青海人都感到无上光荣，但同时也感到责任重大。要肩负如此神圣的责任和使命，就必须得身体力行，贡献自己的力量和智慧，甚至要付出巨大的代价和牺牲。

首先为这项宏伟事业做出贡献和牺牲的就是包括果洛在内的三江源的牧人。一次次的退牧还草，一次次的减畜禁牧，一次次的搬迁移民……从新世纪之初开始，这样的大行动一直没有停止过。

从公开的数字看，截至2010年底，从2004年前后开始的三江源生态移民，从三江源腹地易地搬迁的生态移民总数是10142户、55774人，耗资近30亿元。但是这还仅仅是政府组织搬迁的部分，而在此前和期间以及随后，果洛、玉树边远牧区牧人自发进行搬迁的牧户也不在少数，尤其以杂多、治多两县最为突出，其西部边远乡镇牧人向州府和县城附近的搬迁早在20世纪末开始就一直在持续。如果加上这一部分人，实际搬迁移民总数应该在10万人以上——也许会更多。这相当于青海一个人口小州的全部人口。他们中的大部分迁离了世代游牧的草原，相当一部分迁离本县本土甚至本州，上百万牲畜不复存在。这些牧人都有了一个新的身份：生态移民。他们既远离自己的草原，也没有了自己的畜群。我几乎到过所有的生态移民点，我看到过他们身上正在发生的细微而显著的变化。

还有一部分虽然没有了牛羊，但依然在原来的草原上集中定居生活，即使定居点并不在曾经居住的地方，离得也不是很远。

这一部分牧人也有了一个新的身份：生态管护员。目前所涉及牧户 17211 户，约 9 万人。因行政区划的限制和更为复杂的社会原因，国家公园的长江和黄河源园区并未将真正的源头纳入园区规划，从而留下了一个遗憾。而随着国家公园体制机制的进一步创新，这一遗憾迟早会得以弥补，最终纳入国家公园整体管理的人数也可能会超过 10 万人。

这一部分牧人的家园现在成了国家公园，他们将作为国家公园的原住民，每户人家有一个人会在公园获得一个公益性生态管护岗位，定期领到工资，并用它养活家人。至 2017 年，已有 10051 户人家在国家公园安排了公益岗位，5 月底前已经持证上岗（至 2018 年，最新公布的公益岗位数字是 14 万个）。考虑到用一个人的工资养活一家人不容易，每个家庭每年还会拿到定额的生态补偿金。其他家庭成员在接受各种技能培训后，也可能在新的产业领域找到新的就业机会。看上去一切都像是顺理成章，而且充满希望甚至诱惑，毕竟这是一项国家工程，工程背后当然会有日益强大的国家力量来支撑。

……他们世代生存、生活和生生不息的一种固有的格局已经被彻底颠覆和改变。那固有的格局中不仅只有草原和畜群，还有牧帐、牧歌和迁徙游牧的历史文化和精神，那才是他们的灵魂血脉，也才是他们之所以成为一个民族的风骨品质。

向着远方的移民搬迁与留守最后的故土草原，将成为这一代牧人永远挥之不去的一个群体记忆，像悲壮的史诗。

这两种新身份的牧人加起来就是 20 万人（也许更多），就是青海一个中等自治州的人口，比如果洛。他们原本所有的牲畜加起来估计有数百万之众。如此众多的人群告别曾经的生活方式，迁离世代生息的土地；如此庞大的一个生物群落突然从草原上消失不见了，它对这片土地的未来将产生怎样深远的影响，目前尚难定论。比如畜群的大量削减，会不会使草原失去原有的养分？因为畜群粪便是草原主要的养分补给来源。青海大学实施完成的一项研究课题证实，三江源草原退化的一个主要原因就是养分流失。总之，牛羊畜群数量是真的少了。[①]

我们得记住，这不仅是家国情怀，更是大爱。

唯有爱，才是最好的保护。

扎西桑俄是一位长期在三江源年保玉则从事生态保护的自然博物学家。他曾制定了一个生态保护的行动方略：认知—爱—保护。这是一个不断递进、成长和升华的过程，是一个爱与悲悯的循环体系。没有深刻认知，爱无从谈起，没有爱也不会有自觉的保护——世间所有发自内心的保护都缘于爱。

扎西桑俄说，面对大自然，人类有两条路径可选。一条是回归（他的原话是皈依），一条是索取。前者是善，后者是恶。他的建议是选择善，回归大自然。如是，人类就得彻底转变自己的生活方式和生存策略，以求得与大自然的永久和谐，进而保障自然万物（包括人类）的永久安宁。

山冈、白塔、经幡和袅袅飘远的桑烟。

2000 年 8 月，在长江源头，一位格萨尔艺人燃放了那堆桑烟之后，就开始说唱《格萨尔史诗》中有关自然万物起源的部分片段。那座山叫克右日则，是座神山。当地传说——与玛域草原的传说有所区别，格萨尔的坐骑出生在这里，由珠姆照料看守。等小马驹儿长成一匹骏马之后，

① 引自古岳《巴颜喀拉的众生》一书。

珠姆就把它献给格萨尔，她自己也成了王妃——当然，那跟那匹马没有多大关系。

克右日则山麓郁郁葱葱，长江源区的最后的一片大森林就在这里。千年古柏于两岸山野已然长成了一种图腾，一种精神。

山下，就是通天河的第一个大拐弯，而后是第二个、第三个……第八个，如果加上最上面那个大拐弯，就是九个了，它们环环相扣，串成了九连环。这是世界大江大河中最变幻莫测的一段河谷。

每个大拐弯处，河谷缓坡台地上散落着石砌的村落藏寨，首尾互不相连，却高低错落，远近有度，遥相呼应。而时空上的疏密有致呈现的是人与自然和睦与共的恰到好处。

传说，这些大拐弯是尕朵觉悟山神的杰作，它让一条大河不断拐来拐去，留下一个个大拐弯，就是要避开那些村落，免得殃及苍生，生灵涂炭。虽是神话，却也足见大自然慈悲造化的精妙所在。

河谷两岸山野草木繁茂，长江上游最后的那片圆柏森林就从克右日则山麓向河谷两岸的四面山野铺展开去，一派葱茏，苍茫逶迤，直接天际。

最后一次去克右日则山麓时，我从下游不远的地方过到河对岸，去拜访一位多年专心于拍摄高原花卉的夏日寺僧人江洋。问其缘由，他说，只是因为美，令人沉醉的美。即使这么高寒的地方，到处都开满了美不胜收的花朵，这是多大的恩典和福报！要是不去一朵一朵细细品味和欣赏，就对不起大自然无私的馈赠，就是对莫大恩典的无视和辜负。那是罪孽。

就在那座山冈之上，我才第一次发现这部伟大的英雄史诗，不仅演绎了英雄格萨尔的传奇一生，还对人类文明乃至整个自然万物的演进过程进行了详尽的描述，甚至对每一个物种从诞生直到消亡的漫长历史都作了预言式的诗性叙事。

令人惊讶的是，它关于地球形成过程的艺术描述竟与现代地球物理学家最新的结论惊人地相似。而令人焦虑的是，它关于地球未来的历史观照中，今天的人类所面临的许多重大灾难都一一包罗其中，尤其是人与自然的尖锐矛盾，并从这个角度暗示今天的地球正陷入一场浩劫。从中，我们所能体会的是，它不仅对宇宙万物给予了广泛的伦理观照，而且对人类命运给予终极关怀。

虽然，索保和他的画与《格萨尔史诗》不能同日而语，但却为我们给出了同样的暗示。这也是一种生态，人文精神生态，当属民族文化生态系统，它对当下或未来人类的启示意义丝毫不逊于自然生态的意义。

三江源几千年来积淀和形成的人文生态，恰好是自然生态的张扬和延伸。这二者之间的相互提升和补充完善，便写就了三江源万物和谐共存的绝妙篇章。

2019 年底这个冬天，开始为三江源国家公园写这本书时，再次想起次旦和索保，便打听他们的消息，得知他们都已离开人世。

次旦是十几年前走的，索保是两年前走的。这样，三江源国家公园正式开园的时候，他们都不在了。他们都相信人有来世，那么，来世他们还会生在三江源吗？如果会，他们还会记得前世的苦苦守望吗？如记得，他们会怎样讲述三江源的故事？

也许，次旦依然手摇经筒去看他喜欢的那些鸟儿，索保依然用画笔描绘三江源的未来。也许他们自己会变成一只鸟儿，或一只别的动物，比如一只狡猾的狐狸，也未可知。

谁又能决定得了自己以后的事呢？

藏族人说，那就是轮回。

为什么是三江源?

——尾声：人·雪豹·棕熊

人恒过，然后能改；困于心，衡于虑，而后作；征于色，发于声，而后喻。入则无法家拂士，出则无敌国外患者，国恒亡。然后知生于忧患而死于安乐也。

——孟子

大自然的祥和将注入你的身心，像阳光注入林木一样。微风将给予你它们的清新，狂飙将给予你它们的力量，而物欲与焦虑则像秋叶一样飘零而去。随着岁月的流逝，快乐的源泉在一个接一个地枯竭，只有大自然这个源泉永不枯竭。如同一个慷慨的主人，大自然在这座宏伟的殿堂里盛满丰盛的杯盘，天空是这殿堂的屋顶，群山是这殿堂的墙壁，斑斓的色彩装点着这殿堂，乐队奏起的飘飘仙乐使它蓬荜生辉。

——约翰·缪尔

中国第一个国家公园。

我一直在问一个问题：为什么会是三江源？

可能有很多原因，但综合分析，也不外乎“人与自然”两大因素。

先说“自然”，稍后，再说“人”的因素。

不言而喻，自然因素当然是指三江源举世公认的自然生态资源。

国际独立评估小组评价称，三江源地区的自然和文化资源丰富多彩，对中国和世界都具有非常重要的意义。三江源国家公园试点区内生态类型多样，包括高山草地、亚高山草甸、高原湿地和湖泊，是响当当的全球高海拔地区生物种类密集分布区。作为中国和亚洲三大水系——长江、黄河、澜沧江的发源地，该地区素有“中华水塔”之称。

评估认为，青藏高原是地球上野生动物的天堂之一（想来，野生动物不止一个天堂——笔者），拥有仅次于非洲的大型陆生动物物种丰富度。高海拔（平均4500米）、低温、低氧、紫外线照射强度大的环境孕育了适应寒冷天气的哺乳动物，包括雪豹、灰狼、棕熊、欧亚猞猁、兔狲、藏狐、蓝羊、盘羊、西藏野驴、藏羚羊、藏原羚等。青海地区还生活着多种鸟类，包括濒危的黑颈鹤。青海湖及周边湿地是候鸟的重要栖息地，例如，迁徙飞越喜马拉雅山脉时飞行高度超过8000米的斑头雁和中国特有种圆疣蟾蜍。

评估还特别指出，高原鼠兔是其中体型最小巧但十分重要的哺乳动物之一，发挥着关键种的作用，是青藏高原地区大多数肉食动物和猛禽的主要捕食对象；同时，它挖洞筑窝的习性增加了土壤干扰，提高了植被的物种丰富度，也为鸟类和蜥蜴提供赖以生存的巢穴。（记住：评估说，高原鼠兔“发挥着关键种的作用”，而近半个多世纪以来，我们一直在努力消灭鼠兔——其实，直到今天，这场旷日持久的人鼠之战仍在继续。）

同时，评估小组也指出，青海地区和青藏高原正在经历气候变化带来的影响。青藏高原是除极地地区以外保留冰川数量最多的地区。但是，在过去的一个世纪内，青藏高原的温度持续上升，海拔越高的地方，温度上升越快，导致了冰川和永久冻土的流失，大量冰川消退，内陆冰川的消退通常较少。气候变化还导致了潜在蒸散量的减少，表现之一是植物用于呼吸活动（及生产力）的净水量下降。

评估说，气候变化可能会改变已适应青藏高原地区高寒特点野生动物的生活，进而影响该地区的生物多样性。据预测，气候变化将会影响该地区内的物种分布范围。生活在青藏高原的59个主要珍稀和濒危物种中，三分之一物种的地理分布范围将会缩小，其余物种的地理分布范围将会扩大。这便要求国家公园管理局设立大范围保护地，并最大程度地保证物种廊道的连通性。雪豹可能是其中的例外情况，据预测至2070年期间，虽然雪豹的栖息地数量缩减，但其稳定生存区域是足够的。

这样的评估是中肯的。除了“内陆冰川的消退通常较少”这一句，我几乎没有异议。实际上，除局部地区，整个青藏高原内陆冰川的消退还是非常明显的，尤其近几十年的消退是急剧的。但总体评价是客观的，评估不仅对青藏高原生物多样性在全球范围的珍稀程度、无可替代的生态意义给出了结论，同时也对持续地保护和永久保育提出了建设性意见，这也正是我们为什么要设立这样一个国家公园的意义所在。

是的，如果一切安好如初，我们就无须设立这样一个国家公园。

前面已经写到过，2020年3月至6月，我一直在三江源腹地行走和采访。与以往每次去这些地方采访的感受有所不同的是，有关雪豹、棕熊、狼、狐狸等野生动物的故事一下子多了起来。虽然，以前去这些地方，偶尔也会听到这样的故事，但是，这次不一样，几乎每时每刻都有这样的故事灌入耳中。

20年以前，整个青藏高原，亲眼见过雪豹的人屈指可数，现在，生活在雪豹栖息地附近的很多牧人都见过，而且，看见雪豹的人和看见的次数越来越多。有的还曾近距离观察和拍摄，有人甚至喂养过找不到食物的雪豹，救助过受伤的雪豹。

20年前，在长江源区雪豹栖息地烟瘴挂附近的一户牧人家里，我见到过一只雪豹的尸骸。它被包裹在一块塑料编织物里，牧人说是从盗猎者手中收缴的赃物。他猜测说，它像一只大花猫，可能是雪豹，但并不确定。因为他们此前从未见过雪豹，也就无从比较和判断。

可是现在，几乎每天都会有红外摄像头拍到雪豹活动的画面，不少牧人还用手机拍到过雪豹——每一个牧人的手机里都有一只或好几只雪豹在不慌不忙地走动，不时还回过头来望着你。如果能把这些年民间拍摄到的雪豹影像画面搜集起来，剪一部片子，一定是一部了不起的片子。画面质量可能差些，但一种真实记录的品质则足以震撼世界。

文校也拍到过雪豹，大雪豹、小雪豹都有，不仅有图片，还有动态视频。

文校是曲麻莱县约改镇岗当村牧人，家在通天河谷左岸的另一条山谷里。

20年前，三江源自然保护区一成立，他就成了一名护林员。先是村里的护林员；两年后，又成为一支由14人组成的护林队队员，前两年没有任何报酬，之后三四年，每个月有180元生活补贴；再后来，他又成了曲麻莱县专业护林队的队员和队长，每个月的工资也涨到1800元。虽然待遇跟别的队员没什么区别，但他头上顶着个“队长”的帽子，操的心就比别人多了。

不过，文校从来没想过待遇问题。从当上村里护林员的那一天开始，他所领到的补贴或工资，他自己一分钱也没花过。他说，他管护的是自己家园的林子，看护好了，会让自己的家园变得更美，这是自己分内的事。所以，在他看来，给他一些钱让他看护自家门前的森林，这是一份荣耀，这钱不能花在自己家里，更不能花在自己身上，而是要花在管护林子的事上。

这么多年下来，不仅给他的工资都用在护林的事情上了，还从家里贴进去了不少钱。他粗略算了一下说，仅用于购置护林装备的钱，他已经花去了 34 万多元……

而我要说的是文校与雪豹的故事。

住在文校家的那天晚上，我们问过文校一个问题，在所有的动物中，他最喜欢哪种动物？文校不假思索地回答：雪豹。完了还补充道，那还不是一般地喜欢，而是自己生命一样的爱。

文校不仅见过雪豹，还见过很多次。有一次还跟一窝雪豹近距离相守了 14 个日日夜夜。原本还要相守一段时间的，可是，第 14 天的时候，他感冒了，浑身都痛，坐都坐不住，不得已，才回家治疗休养的。

他以为，自己回到雪豹跟前时，它们还会在那里，可是，等他身体好些了，回去时，雪豹已经不在那里了。文校说，那一刻他的心都空了。说这话时，我看了一眼文校，有眼泪正从脸颊上滚落。当时，他也流过泪。

那是 2019 年的 6 月，护林员索南扎西发现江中沟里面有个雪豹窝，说一只雪豹在那里产下两只小雪豹。听到消息，第二天文校就去看，是带着两个女儿和儿子一起去的。当时，他们只看到两只小雪豹在窝里，不见大雪豹。文校就决定守在那里，不回家了。三个孩子就在离雪豹窝不远的地方，给他也做了一个“窝”，先在地上挖了一个一米深的大坑，上面用塑料搭了个棚。他就住了下来。

每天女儿和儿子都去给他送些吃的，有时候住在那附近的索南扎西也送吃的来。好几次，他与雪豹窝只有一两米的距离，他看着雪豹，雪豹也望着他。可能雪豹也知道他对它们好，有几次，他喂雪豹时，扔过去的肉块和骨头都砸到雪豹妈妈的身上了，它也不生气，还一直安静地看着他。

文校还拍了不少雪豹的特写和视频。他感觉自己的设备和拍摄技巧都不够好，要不他可能会拍出令世界震惊的影像画面。因为自己生活在野生动物栖息地附近的缘故，他随时都会碰到别人苦求不得的镜头画面。

文校送 21 岁的儿子白玛去几百公里外的班德湖当志愿者，就是想让他去跟杨欣和他“绿色江河”的志愿者团队去学拍摄技术。他们在班德湖架设了十几个机位全天候记录斑头雁的生活。他希望，有一天白玛能拍出更好的影像画面，来记录这里人与自然和谐相处的故事。

我在班德湖见过白玛，跟他有过交谈。我试着给他讲过一些以为他感兴趣的事，实际上他并不感兴趣。他很想一直跟杨欣他们一起工作，觉得那样的工作和生活备受瞩目。很显然，对于未来，他自己的设想与父亲对他的期望还是有些距离，至少不像父亲那样清晰明确。

后来，我们还跟他一起回到岗当村的家，去见他父亲。我们还跟文校和他的护林队一起去巡山。我留意过白玛的一举一动，感觉他或许也会回到岗当村的山沟里生活，可能也会像他父亲一样去拍一些图片和影像画面，但他成不了他父亲，他只能成为他自己。所以在听文校讲述对儿子一厢情愿的期许时，我为文校和他的儿子都感到不平。

住在雪豹窝附近时，文校发现，每天早上 6 点多，雪豹妈妈都会出去觅食，如果捕食顺利，能很快找到食物，下午 5 ~ 6 点，雪豹妈妈都会按时带食物回来喂小雪豹。有时候，回来很晚——有一两次到晚上9点以后才回来，说明这一天它几乎一无所获。这样的时候，文校就想办法给它们喂些东西吃，其中包括一条牛腿、一只山羊，都是刚死之后的新鲜肉——他刚住到雪豹跟前的那天下午，一只山羊挂到网围栏上，死了，他就把山羊拿去喂雪豹。

有一天晚上，雪豹妈妈又回来晚了。因为天已经黑了，他虽然看不见，但是能感觉到雪豹已经回来了。附近还有一户牧人，男主人叫洛才仁。他记得，洛才仁赶着牛群回家的时候大约是晚上7点半。

回家安顿好牛，洛才仁回屋里喝了一口茶，也没多长时间，大约8点钟，他出门一看，一头小牛犊不见了。也找不到。

文校说，一定是雪豹吃了。那天它没捕到食，就吃了小牛。之后，正好是文校感觉到它回到窝里见到小雪豹的时间。

虽然，今天的青藏高原或三江源到底有多少只雪豹，谁也说不清楚，但是，相比一二十年以前，雪豹的确是多了。

雪豹种群正在或已经有所恢复。这已经足够了。

那么，你我有没有看到过雪豹还重要吗？如果所有进入三江源的访客都是去看雪豹的，雪豹的栖息地还能安宁吗？雪豹还能自在吗？

万物和谐宁静的昂赛大峡谷就很美。我不知道，为什么现在要一味地突出并炒作那里的雪豹，把它变成“大猫谷”呢？昂赛不止有雪豹——或者雪豹并非昂赛的全部。那里还有满山谷的千年古柏、丹霞以及丰富的历史文化遗迹，还有古老的村庄和森林人家。那里还是格吉杂多的发祥地。如果昂赛只有雪豹，它就不是昂赛。

还有，那些无处不在的远红外摄像装置。感觉这些年一些政府部门、社会机构、民间组织乃至个人都在三江源布点设置红外线检测摄像镜头，对雪豹而言，这无疑是一种侵扰。在恰当的时候，国家公园当尽快对此类设置进行全面筛查，除确属科研需要，允许国家制定的野生生物研究机构从事相关调查拍摄外，禁止一切单位、组织和个人进行此类活动，对相关设置一并彻底清除。

雪豹们最好能生活在一个远离人群的清净世界里，这样会更加安全。如果雪豹种群恢复速度超出我们的想象，以致随处可见，最好人类也生活在一个远离雪豹的世界里，这样人类也会更加安全。

和谐是一种美，恰当的距离也能产生美。人与自然的和谐不仅是审美的需要，也出于人类对大自然必要的敬畏。人与雪豹、棕熊等猛兽保持一定的距离，不仅是动物界的需要，也是人类的需要。

最近一次听到雪豹出没的消息是几天前的事，在祁连山东端的互助北山林区也发现了雪豹，并被红外相机成功拍摄，那个地方距离青海省会西宁只有 50 多公里。感觉雪豹距离我们生活的地方越来越近了……

几乎是在听到雪豹多起来了的同时，好像棕熊也多起来了。

此次去三江源，我听到最多的不是雪豹的故事，而是棕熊的故事。那一段时间，所到之处，人们都在谈论棕熊的事，好像它无处不在。

一天，接到黄河源园区森林公安扎陵湖鄂陵湖派出所干警的电话，说玛多近日棕熊闹得厉害，几头熊——也许还不止几头，不停闯入一些牧人家中“胡作非为”，有几十户人家财产受损，人兽矛盾加剧。他们想跟县公安部门联手进行一次行动，以保护牧人生命财产安全。问我是否愿意一起去看看？这是一次难得的采访机会，我当然得说，好。

几天后，我们已经到治多了，他们又问，什么时候能回到玛多？随后又问。6 月初，我们只好又从治多拐回玛多，目的就是去看棕熊。到玛多之后，我却把看棕熊的机会“让”给了两位年轻的同事。他们出发前，我还一再叮嘱，安全为要，见到棕熊，远远看几眼，长镜头拍些图片就行，千万别逞强，别靠得太近。当天，他们住在牧人家帐篷里没有回来，也没有音信，着实让我担心起来。第二天天黑了，还没消息。午夜时分，我才收到一条同事的微信，说他们已安全回到县城，让我不要担心，他们找地方吃点饭就回宾馆休息。

第二天早上，他们才告诉我，他们并未看到棕熊。

据说，那天夜里，他们借宿的那户牧人家，有人真听到棕熊在附近活动的动静了，等他们出去看时，却什么也没看到。看来，虽然棕熊可以随意出没于一个地方，甚至也可以随意进出牧人的家门，但是，人要是想见到棕熊，只要它不乐意，也不是你想见就能见的，更不是你想什么时候见就能见的。即便大凡有棕熊造访过的人家，现场看上去，更像是明目张胆地强行闯入，而非做贼心虚式的悄然潜入，但棕熊那也是乘人不备，绝非胆大妄为。

不过，有时候，它也会来硬的。这事发生在玉树，一户人家，只有一老妈妈在家，一天，一头棕熊大摇大摆地进来，把老妈妈赶出去，自己在里面睡觉，老妈妈就不敢进家门。它睡醒离开之后，老妈妈才进去，以为棕熊走了，再不回来。可是，它第二天又来了……这样折腾好几天，不得已，老人报案。森林公安赶到现场，它还不出来，鸣枪警告，它还是不理。最后，装上声响巨大的仿真弹朝屋里开了一枪，它才一下跳出屋外，迅速逃离。

还有更离奇的。一户牧人，那天，全家人外出回来，发现屋门开着，好像有谁进去过，里面还有动静。便大声问话，谁在里面，又没动静了。半晌，一头棕熊探出头来看，见了人，又缩了回去。半晌，它才站出来，身上竟穿着一件藏袍，乍一看，像人……

之后的几天里，我一直在琢磨棕熊这件事。幼时，听《狼来了》的故事，每听一次，都会听出些新意来，现在听“熊来了”的故事，听得次数多了，每次也能听出些别样的滋味来。也许是自己恰好一直在三江源行走的缘故，刚刚过去的这个春天，我几乎每天都能听到某地有棕熊出没的消息，好像它就在附近。有时，一个人在街上走，感觉随时都会有一头棕熊迎面而来。

可是，一两个月下来，我还是一头熊也没见着。

三江源所有的野生动物几乎都看到了，成群的狼都见了，就是没见到棕熊和雪豹——棕熊以前我还远远看到过几次，雪豹却只见过尸骸，从未见活物。人们天天喊“熊来了”，我还是没见到熊的踪影。

这样说也不确切，一天在澜沧江上游扎青乡地青村牧人公巴白玛的房子里，我的确看到过棕熊造访后留下的“作案”现场——被砸坏的柜子、被翻腾过的厨房和卧室、胡乱丢弃的锅碗瓢盆……我一个人从一扇门里进去时，下意识地放慢了脚步，蹑手蹑脚，很小心的样子，好像有一头熊正在里面倒腾着什么。然而，我还是没见到棕熊。

那么，它闹腾完之后，又去了哪里？远，还是近？

2020 年 6 月 12 日，我们穿过布曲河谷，赶到公巴白玛家里的时候，他家的门是关着的。门前河滩草地上有一片临时搭起的帐篷，那都是到这里挖虫草的人临时的住所。眼下正是挖虫草的季节，三江源虫草产地的牧人都在山上挖虫草，杂多是虫草主产区，几乎家家户户都去挖虫草。

看到白玛不在家，陪我们前去采访的县文明办主任才代吉说：“白玛也一定是去挖虫草了。”她抬头朝山坡上望了望，自言自语：“那儿有几个人，白玛是否也在那儿？”

她便伸长脖子对着山上，“白玛……白玛”地大声喊叫。这时，我们看到有一个人开始往山下走。因为这些天一直有雨雪，山坡上的雪还没有化掉。才代吉说："白玛在那儿，他下来了。"

不一会儿，白玛已经来到跟前，看到老熟人才代吉带了客人来，笑呵呵的，赶忙招呼我们进屋。一落座，白玛便忙着给我们端茶倒水。知道他到山上是去挖虫草的，我们就问，今年的虫草怎么样？今天挖到虫草了吗？

白玛找了把椅子坐下说："刚到山上，一根虫草也没挖到。"说着，在衣服兜里掏了半天，掏出一把塑料垃圾来，那是他从山上随手捡的。他说，每年挖虫草的季节，山上都会有很多塑料等垃圾，他看到了就会随手捡上。

今年 53 岁的公巴白玛是 5 个儿子、一个女儿的父亲，也是一名有 27 年党龄的共产党员，曾当过地青村一社的社长。大儿子索南德莱已经结婚，也有了 3 个孩子，有自己的小家庭，家就在前面不远的地方。二儿子、三儿子也已经长大成人，老四儿子和女儿老五还小，老六儿子更小。

这些天，一家人都在山上挖虫草。今年的虫草不太好，半个多月，一家六七口人才挖了 800 多根。说着，白玛拿出一个鞋盒，那些虫草都装在敞开的鞋盒里晾着。

从 6 月 1 日开始，白玛病了，一直动不了，我们去的这一天，他才稍稍好一点，才挣扎着上山去了。刚到山上，一根虫草也没见到，就听到我们喊他的名字。

白玛一年四季都住在那条山谷里，阳面是冬窝子，阴面是夏季草场，中间只隔一条小河布曲。白玛说，布曲河谷两面山上有很多野生动物，雪豹、狼、棕熊、鹿、狐狸、黄羊、岩羊、猞猁、野猪……什么都有。雪豹经常见，今年雪豹咬死了 8 头牛，吃掉了，连头和蹄子都找不到——这样保险公司就不给赔偿，保险公司理赔时要查验所损失牲畜的头和四只蹄子，缺一不可。狼就更多了，最多的一次，他见过 18 只一起的狼群。

因为经常有狼、棕熊和雪豹出没，他从20年前就不养羊了，只剩下牦牛。牦牛也不多，现在只剩三十几头了，已经非常少了。牦牛也经常被雪豹咬死。

可是，白玛并不恨它们，还经常救助受伤的野生动物，甚至救过棕熊和雪豹。前年秋天，一只黄羊挂在网围栏上，伤着了两条腿。他把它抱回家里，悉心照料。黄羊对他产生了感情，一见他就跑到跟前撒娇，在他腿上蹭来蹭去。后来，2019年发生雪灾时，来了很多人，都喜欢它，喂东西，摸来摸去。结果，死了。他哭了。他怀疑是人用手乱摸了的缘故，就后悔不该让它见生人。

2019年雪灾的时候，死了很多牲畜，也有很多野生动物被冻死、饿死。他顾不上自己家里的牛，整天忙着去救那些受困的野生动物，一个人忙不过来，就叫上孩子和村里的其他人一起去救，三儿子索南多江一直在帮他。黄羊、岩羊、鹿、黑颈鹤、蛇、猫头鹰……他们救过很多野生动物。

不过，灾情最严重的的那几天，他家的几个儿子都去别的地方救灾了。公巴白玛让三个已经成人的儿子都当了民兵，雪灾一来，村上把民兵组织起来去救灾，三个儿子都走了。家里就剩下他老两口和几个还小的孩子。老婆就冲他笑道："哦呀，白玛，这下好了。几个'民兵'都去救别人了，咱俩只能自己救自己了。"

白玛给我看过一些图片，其中一幅图上，他和儿子索南多江一起扛着一头受伤的鹿在过冰河，腰部以下都淹没在冬天的河水中，鹿在父子俩的肩上，昂首向天。

让我惊讶的是，他竟然还救过一只老雪豹和一只小雪豹。

他是在一面悬崖下发现老雪豹的，见到人，像是很害怕的样子。那是一只看上去有点老的公雪豹，头顶有个地方没有毛，像是受过伤。可能因为老，它已经丧失捕食能力了，他就经常送一些牛肉什么的喂它，后来它体力有所恢复，才离开。那只小雪豹是从悬崖摔下来受伤的，动不了。他就把它带到家里，擦洗伤口、喂药。正好雪灾期间家里死了两头牦牛，都拿去给它吃。小雪豹在他家生活了 8 天，伤全好了，才走。

白玛家冬窝子的房子就在河对岸，我们就是在那里看到棕熊“作案现场”的。白玛说，已经不记得这是棕熊第几次光顾他们家了，不仅他们家，这一带几乎找不到一户棕熊没有闯入过的人家。棕熊好像是所有人家共同的亲戚，想上谁家就去谁家，从不给你打招呼，更不会事先跟你商量。

“就这几天，熊把这一带人家冬窝子的房子都砸了一遍——只要没人住的都砸了。它主要是去找吃的，找不到吃的就砸东西，连床都砸，它可能以为床里面有吃的吧。”白玛接着说：“大前天，就这阳面山上，一头母熊带着两头小熊往山下走。”

据白玛的讲述，棕熊砸东西，好像是近四五年才有的事。以前光砸门，进去找不到吃的，就会离开，很少砸别的东西。这几年越来越厉害了。为避免熊把门砸坏，现在，只要没人在家里，门都敞开着，它进去之后却什么都砸。再早以前，门也很少砸，铁门更不会砸。

我问白玛，是不是很生气？他说，是有点生气，看到它把家里砸成那样，一点不生气，那是假的。但只要是需要保护的，都会有这样的问题。草原是，棕熊也是。鹿把草吃了，牛羊就没草吃，是不是个问题？

“棕熊一直是这片土地上的老大，一直是想干啥就干啥。可是，现在它没东西吃了，吃不饱了，开始饿肚子了，就到人家里找吃的。找不到吃的，就砸东西出气。熊要冬眠，现在冬天有时候也能看到熊——可能是饿醒的。其实，熊也可怜——至少比人可怜，现在，人至少不饿肚子了。这样想想，也就不生气了。”白玛的解释像是在宽慰自己，更像是在为熊开脱。

那场雪灾中，有人问他，雪灾过后最大的问题是什么？他说，是野生动物的生存。当时在场的所有人都感到惊奇！他说，人要是遇到什么难处，会有政府帮着渡过难关，但野生动物不同，雪灾过后，它们原本早已出现问题的食物链可能会完全断裂，那么，它们靠什么生存？

公巴白玛是一个普通的牧人，他的心里却有悲悯，他感受到的不仅是人的苦难，还有万物的苦难。人兽冲突的确是个问题，但人依然很强势，相比之下，包括棕熊、雪豹和狼等猛兽在内的野生动物的生存更加艰难。

所以，在面对如何解决"熊扒房子、砸东西"这样的问题时，我们必须得从长计议，至少在想好怎么做之前，必须学会谨慎和克制，避免对立。因为，人与自然从来就不是一个对立关系，人与棕熊一样，都是自然之子，大自然是人和熊共同的母体。

熊如果危及人的安全，我们当然要保护人类免受其害。但是，在采取进一步的对策时，务必要想清楚，是否人类也伤害到了熊？是否人类伤害熊在先，把熊逼上了绝路，迫不得已才进犯人类的家园的呢？

国际评估小组也关注到了这一点：

> 经过十数年的保护，野生生物种群开始增长，人兽冲突问题却接踵而至，彻底解决这一问题对达到国家公园的管理目标至关重要。野生动物不会按着人类划定的路线活动，围栏会阻碍它们的活动。人兽冲突涉及的问题包括：野生有蹄类动物与家养牦牛竞争草场、动物翻找丢弃在农牧户住处周围的食物垃圾，以及农牧民与大型食肉动物的冲突……

评估建议，三江源国家公园应管理区内所有的道路；野生动物活动区域应采用更好的围栏设计；应考虑鼓励牧民回归传统的集体游牧方式，梳理国家公园人与自然和谐相处的新模式……

历史上有一个说法，在三江源广为流传：每年听到第一声雷鸣之后，熊才会在冬眠中惊醒。可是现在大冬天就有熊出来活动。从这两年的情况看，棕熊冬眠的时间越来越短——因而醒来的时间也越来越早，与牧人讨论这个问题时，他们认为入冬前熊没有吃饱，储存的能量不足以让它撑过漫长的冬季，它很可能是被饿醒的——还没听到雷声，便早早被饿醒了。也有可能是别的什么声音吓醒的，比如机器的轰鸣声。

人们普遍认为，因为猎杀、灭鼠等人为干预，其捕食对象大量减少，食物链出了问题，旱獭等捕食对象急剧减少。提前饿醒之后，它们找不到足够填饱肚子的食物，只好向家养的牲畜下手，如果遇到惊吓，偶尔也会攻击人类。还有，人类的活动区域越来越大，棕熊以及其他野生动物的栖息地不断被侵蚀，使其活动半径大大缩短。

据野生生物学家的调查，一头幼熊一年的活动范围大约在5000平方公里。对一个人而言，这是一个难以想象的生存空间，但对一头棕熊，这却是它生存的底线。可是，即便是青藏高原腹地的三江源国家公园里面，也没有很多面积超过5000平方公里的空地方，只让一头棕熊自由出没，而不会受到人类的侵扰。

说到底，所有野生动物的栖息地的确在不断缩小，人的地盘却在不断扩张，至少在过去的一百多年间一直在扩张。

再说“人”的因素。

人的因素要复杂一些，不过有几个方面的因素可能起到了决定性的作用。

一是，由杰桑·索南达杰的牺牲引发的自然保护行动持续产生效应，使可可西里及藏羚羊命运的备受关注，日益成为举国乃至举世瞩目的世纪性焦点。

二是，由1998年长江流域大洪水及黄河连年出现断流引发的深刻反思，在推动中国生态环境保护事业迅速发展、人与自然关系趋向和谐的同时，江河源区生态功能地位日益引起国家决策层面的高度重视。

三是，青海省委省政府顺势而为，新闻舆论及民间组织积极推动，民众广泛参与，全社会对江河源自然生态环境保护的重视程度不断升级，党中央、国务院给予更大政策支持和战略支撑。

四是，随着国家生态安全构想提到战略日程，三江源作为生态安全屏障的重要地位得以巩固和加强，使之成为国家可持续发展、建设生态文明的战略高地。

五是，随着生态文明思想的提出，三江源再次成为举国关注的焦点，三江源从一个国内面积最大的省级自然保护区到国家级自然保护区，再到国家第一个生态保护综合试验区，最终成为第一个国家公园体制试点地区……

杰桑·索南达杰是一个里程碑。

他为开发黄金和盐走进可可西里，却为保护藏羚羊种群献出了自己的生命，年仅40岁。将可可西里变成一个自然保护区是索南达杰的一个梦想。他生前已经在为设立自然保护区积极奔走，已经组织力量绘制了一幅可可西里自然保护区规划图，那是这个保护区最初的蓝图。

可是，这个梦想最终成为遗愿，他没能活着看到可可西里成为自然保护区。如果他没有牺牲，可可西里成为保护区的步伐会不会放慢一些，不得而知。可以确定的是，他的牺牲加快了可可西里成为自然保护区的进程。

随后的日子里，由索南达杰的牺牲引发的一系列环保事件持续发酵，索南达杰、可可西里、藏羚羊、扎巴多杰、野牦牛队等名字……一时间成为举世瞩目的焦点，成为一个时代的启示录和显著标志，堪称中国生态环境保护的绿色启蒙，推动了整个社会和时代的进步。

他活着的时候，除了他所在治多县和玉树藏族自治州的一些人之外，没几个人知道他的名字。很多人知道他的名字是他牺牲以后的事。过去那么多年之后，不但知道他的人从未忘记过，而且，越来越多的人记住了他的名字。

现在的可可西里已经是世界自然遗产地，也是三江源国家公园的一部分——约占国家公园三分之一多的面积，三分天下有其一。再写可可西里便绕不过国家公园，写国家公园也不能不写索南达杰。

以后凡是去三江源国家公园的人只要到了可可西里，也都一定会听到他的故事。不仅因为索南达杰就在那里等你，还因为他的故事理应成为国家公园的精神财富，永久传颂。

就像国王峡谷国家公园传颂美国南北战争时期北方统帅格兰特将军的故事一样——很多去过国王峡谷的人，未必会记得他后来还当过总统，但一定会记住，曾有一个国家公园以他的名字命名。

最初以格兰特将军之名命名的只是一片巨杉林，1890 年设为格兰特将军国家公园，是美国最早的国家公园之一，1940 年并入国王峡谷国家公园，那里生长着目前地球上最高大的红杉林。

据约翰·缪尔的描述，最大的一棵巨杉的树龄可能已经超过了 4000 年，直径可达 40 英尺。他是从这棵红杉树的树桩上数出它的年轮的。因为树的底部被火烧去了将近一半，他用了一天的时间锯下烧成木炭的表皮，一直锯到树心，借助放大镜来数年轮的。

想起那些红杉林，顺便提醒大家记住的是，虽然美国是全世界最早将大片国土划为国家公园进行严格自然保护的国家，但是，它无疑也是世界上最早对大自然进行过最严重破坏的国家。随着殖民与国家发展的巨大需求，包括红杉林在内的很多自然遗产惨遭破坏。

约翰·缪尔在《我们的国家公园》里写道："它们在海拔4000至8000英尺高的地方，沿着北美西部山地的西侧，形成一个时断时续绵延250英里的林带。那些重得难以处理的巨大圆木被人用火药炸成易于加工的大小。因此很大一部分最好的木材被炸碎和毁坏了，而那屈曲盘结的巨大树冠则作为废物付之一炬，其覆盖范围之内的树木，无论大小都被大火焚毁。"

以致不得已，开始设立国家公园时，包括红杉林在内的每一片土地都得由国家从私人手里购买其所有权。约翰·缪尔继续写道："尽管如此，这一树种还没有濒临灭绝的危险。它已被栽植到欧洲的很多地方，并在那里茂盛地生长，而原始林中最为壮丽的部分已被辟为国家公园和州立公园……然而，没有一棵红杉生长在任何一座国家公园里。迄今为止，就我所知只有通过接受捐赠与购买的方式，政府才能使1英亩这种美丽的森林回到自己的手中。"

可可西里没有巨杉——也许曾经也有高大的林木生长于斯，2019年夏秋，因卓乃湖湖水上涨溢出，部分湖岸被冲垮，恐危及青藏铁路和公路，曾疏浚古河道，古河床曾发现掩埋地下的高大树干，但是现在的可可西里没有树木。

可可西里没有树木生长的历史可能已经持续了几百万年，那棵埋在古河床的树干很可能是几百万年前最后一片森林的地下遗骸。

索南达杰只活了40岁，他当然没有见过这棵在地下掩埋了几百万年的树干。而在人们的心里，他依然活着，也许会一直活着，像一棵树。在作为国家公园的可可西里荒野，活成一种精神。

这是一段波澜壮阔的文明史诗。

一路走来，三江源一直处在国家保护自然生态和改革探索生态文明之路的前沿阵地上。它不仅承载着三江源自然生态保护的光荣历史，也是中国不断走向生态文明之路的光辉足迹。

为什么会是三江源？

也许，还有一个重要的因素也不可忽视。那就是，包括三江源在内的青藏高原民族文化生态的独特贡献。可以肯定，生态文明必将是未来人类或者地球文明的根本遵循，极大地促进人与自然关系的和谐必将是未来国家公园和自然保护地体系的核心价值和最终理想。

从这个意义上说，三江源国家公园体制试点的一个最大亮点是：让当地社区和牧人成了生态保护的主体，与国内外不少地方将原住民视为生态压力和环境威胁的做法形成鲜明对照。

三江源国家公园内 17211 户牧民，每户都有一名家庭成员是国家公园的生态管护员，让三江源的牧民从草原的使用者变成了守护者。他们曾在这里世代游牧和生活，这里原本就是他们的家园。现在，他们的家园变成了国家公园，会变得更加美丽，这自然也是他们的福祉。

而且，他们由此成为中国第一个国家公园的第一代“园丁”，他们要细心呵护的却已然是自己的家园。他们还肩负着一个神圣的使命，要把一个完整性、原真性再也不会受到任何破坏的家园交到子孙后代的手里，让他们继续祖先们延续下来的家园梦想。人地关系由此进一步改善，一种以人与自然和谐为主导的新型生产关系正在形成。

这无疑是现代社会人与自然和谐的光辉典范，也是三江源国家公园体制试点的成功案例，具有世界性意义和普世价值。

美国是世界上第一个设立国家公园的国家，在自然生态的保护方面，他们的确曾走在前面，但他们最大的失误就在文化生态的破坏上。

黄石是美国乃至世界设立最早的国家公园，但那里曾是印第安人的家园，为了建国家公园，美国政府将园内土著全部迁离，以保护传承自然遗产。过了一百多年，美国人发现，没有原住民文化生态的国家公园是不完整的，是有缺陷的，想让曾经的原住民重新迁回故土，恢复自然生态和文化生态的原真性和完整性，可是，他们已经回不去了——也没人愿意回去。这才发现，一百多年前造成的历史缺憾，将再也无法弥补。

三江源国家公园乃至青海国家公园示范省的建设，将对整个世界和未来的人类文明提供有益的借鉴和重要的启示。就人与自然和谐共生、构建人类命运共同体，持续贡献来自青藏高原的中国智慧。

自古以来，中华民族的传统文化一直对人与自然的关系给予广泛关注，饱含深情和慈悲，充满生存智慧，为人类文明的持续发展做出了卓越贡献。这也是五千年中华文明之所以不曾中断的重要原因之一，这是源自世界东方的智慧。

青藏高原世居民族一直以来与自然和谐共生的文化传统，对当下和未来的地球文明都具有重要的启示意义。这是源自地球之巅的文化启示。

三江源以及青藏高原世居民族一直坚守的生存观、栖居观、自然观，对生灵万物以及整个大自然满怀虔诚敬畏，已成社会风尚乃至民族文化的传统习俗。因为谦卑而心存感恩，从不敢肆意妄为，一种文化的基因根脉就这样延续了下来，并得以自觉遵循和世代传承。这在人与自然矛盾关系日益尖锐的当今世界，堪称人类社会最宝贵的精神财富，如能借鉴，推而广之，将惠及整个人类文明。

历史地看，文化一定是未来意义上国家公园的灵魂。人类因为与地球生态系统以及自然万物的共存、共生、共享而彰显文明精神——这也是生态文明的核心要义。

对未来的地球文明而言，生态优先绝不是一个空洞的概念，而是一种理应长期坚持的文明发展观。“生态有自己的逻辑，它体现了自然法则的节律与和谐。”（李青松语）当人类文明的节律与自然法则的节律趋于合拍时，生态文明才有可能成为一种全球共识，成为人类命运共同体或地球文明的未来理想。

“国家公园要有自己的立场，不能被经济左右，更不能被资本左右。”“对于国家公园从业的具体的每一个人来说，这个立场就是一种职业精神，一种职业操守。那么，精神和操守是什么？——文化。”（李青松语）

而要有这种精神和操守，我们首先得从虚心学习和汲取当地深厚的传统文化做起——这是一个基础。在这个坚实的基础之上，我们还必须本着人与自然永久和谐的目标原则，精心培育和建构属于这个时代的新的文化传统，为未来的人类文明赋予持久的活力和旺盛的生命力。

由国际独立评估小组撰写的《三江源国家公园（试点）国际评估报告》也注意到了文化资源的重要性。据他们的观察：

> 三江源国家公园（试点）区浓厚的文化底蕴，集中展现为藏族摩崖石刻、佛塔、嘛呢堆、雕像、神山和历史文化人物纪念碑等文化元素。这些多样的文化元素可丰富中外访客对国家公园的感受和体验，让他们对国家公园滋生浓厚的兴趣。
>
> 人类在这片土地上已经繁衍生息了数千年，形成了重要的文化景观。三江源国家公园理应把文化景观保护纳入管理计划，力求做到在保护文化景观的同时，能配备足够的基础设施，便捷公众进行文化体验。
>
> 三江源国家公园地处青藏高原，地域广袤，乡镇村野零星

散落其间。世世代代生活在那里的人们延续着传统游牧生活方式，呈现出一派人与自然几近完美和谐的景象。未来，鲜活的藏族传统生活方式和习俗应是国家公园文化资源不可或缺的组成部分。文化旅游正在全球蔚然兴起，前往三江源的人们，也会乐得与当地村民零距离互动，了解藏族的历史传统和民俗风情，购买当地的工艺品和产品。值得称赞的是，三江源国家公园管理局深知传统民族文化的重要价值，并采取了一些措施对其予以保留和传承，已达到自然资源保护与传统藏族文化和生活方式相得益彰、交相辉映的目标。

我想说，这样的评价也是中肯的，且具有借鉴推广意义。正如这份评估报告中指出的一样，青藏高原或三江源是否存在过度放牧、野生有蹄类动物数量增加是不是导致草场承载力退化的成因之一等问题，“由于监测项目以主观经验为主，现有文献记录不充分，草场退化及其成因实证依据缺乏，导致草场退化的范围和程度尚不明确。”

当然，不能因为缺乏实证依据，对当地民族文化的主观经验作简单的否定。

从我多年在三江源实地调查的情况看，我们一直习惯于从人类的角度去判断和分析问题，于是，自觉或不自觉地将人与自然对立起来，即使在探索自然保护的方法路径时，也会首先着眼于如何保护才有利于人类社会的发展，而非人与自然的和谐共荣。

我们建设一道道网围栏围住牧场，使草场免受其他动物与家养牲畜争食牧草；我们不得已减畜休牧或禁牧，是为了保全人类最后的牧场；我们实施局部的生态移民，是为了更多人的生态安全……但是，牧人几千年的经验告诉他们：草原的退化绝不是因为放牧牛羊——局部的过度放牧例外，更不是传统的游牧方式，恰恰相反，正是因为有牛羊畜群的存在和游牧，才让草原保持着旺盛的生命力。

不久前，一则来自《人民日报》CC 讲坛的消息《用牧民的智慧修复草原，让有牧民的地方就有草原》，在网上颇受关注。它讲述的是一个叫扎琼巴让的藏族人治理沙化草原的故事。这个地方叫诺尔盖，是一片广袤的草原，曾是青藏高原最好的草原。

那里曾有大片的沼泽湿地，后来为了放牧，人们挖渠排干沼泽。沼泽干了，草原开始退化、沙化。后来发现一些小动物，比如鼠兔也吃草，以为草原退化是它之过，又开始灭鼠，很多其他动物因之遭到灭除，包括国家一二级保护动物。后来，又建了很多围栏，每家每户都有，父子之间的草原也有围栏，草原成了碎片，动物廊道被阻断。

可是草原植被非但没有恢复，还出现了大片沙漠。沙化、沙漠化草原的面积越来越大。再后来，为治理沙漠，又开始一遍遍种草，越种沙化越严重，牧草成活率极低，土壤被大风吹走。结果，不但没长出牧草，而且加剧了沙漠的扩张。

有一次，扎琼巴让他们偶尔听到两个藏族妇女说，草籽埋在沙子里面一点点就可以了，再赶很多牛羊进去，牛羊会把草籽踩进去。随后他们成立了合作社，一直用这种方法做草原沙化治理，但是沙化依然。

扎琼巴让认为是营养没跟上，肥料没有跟上。如果直接把牛羊圈在沙漠里，一千头牛一晚上大约会产生 3000 公斤粪便，一个星期的粪便足以养肥一大片草原……最终，他们用这种方法让一片片沙漠变成了绿洲，飞走的小鸟、蝴蝶和黑颈鹤又回来了……

扎琼巴让说，牧民是离不开草原、牛羊的，这是一个完整的生态系统。

这是一个典型案例。其实，青海也有类似的成功案例。

河南蒙古族自治县也曾是一个草原退化非常严重的县，至 20 世纪 60

年代末，全县80%以上草原沦为黑土滩。后来，他们就是用这种方法，让那无边的黑土滩重新变成牧草丰美的大草原的。

生态系统就是一个生命共同体，当然也是伦理体系。

自然生态的原真性、完整性风貌一直是人文生态以及人与自然和谐共生的基础，反过来，充满仁爱的人文生态也有益于自然万物的繁衍和永久保育，进而造福人类社会。

广义上的生态环境，理应涵盖整个大千世界，未来意义上的生态伦理体系也理应观照宇宙万物。而从另一个角度看，广义上的生态环境，除了自然生态，还应包括文化生态。如果说自然生态是大自然的造化，那么，文化生态则是人类文明的结晶，它们共同构建了地球生命万物及其生态环境的魅力景象。

从长远看，优秀的民族传统文化的传承保护，或者说对文化生态多样性、原真性的保护传承，与自然生态的保护同等重要。如果说，包括国家公园在内的自然生态的保护正在或已经成为国民意识和国家意志，那么，民族文化生态系统的保护还有更长的路要走。

由此可以肯定，三江源国家公园体制试点的主要任务是，在现代地球文明尤其是生态文明的大背景下，探索如何进行科学管理和恰当保护的方法路径，而不是去造一个景观或景区出来。非但如此，那里的一草一木最好都不要受到任何的变动。保护才是国家公园永恒的主题。

如果必须要做点什么，那也是尽可能促进原有自然生态的恢复，比如黑土滩的治理、沙化土地自然植被的恢复，以及此前因淘金、采矿等人类不当行为造成严重破坏区域的生态修复……

有鉴于此，早在2014年底，青海其实已经启动了设立一个国家公园的工作机制。最初的构想是，要新设立一个与以往已经设立的森林或地质国家公园等不大一样的国家公园：青海省玛多国家公园，也就是说要把整个黄河源区设立为一个国家公园，其涵盖范围基本上是后来三江源国家公园的黄河源园区。

随后，在跟中央有关部委协商沟通的过程中，又不断得到鼓励支持，才决定将其范围调整扩大的，先将长江源治多的部分区域纳入进来，随后又将澜沧江源杂多的部分也纳入里面。三江源国家公园“一园三区”的最初轮廓就是这样形成的。

三江源成为第一个国家公园体制试点，顺理成章。

2017年9月,《建立国家公园体制总体方案》(以下简称《总体方案》)出台，这份纲领性文件的指导思想是这样表述的：

坚持以人民为中心的发展思想，加快推进生态文明建设和生态文明体制改革，坚定不移实施主体功能区战略和制度，严守生态保护红线，以加强自然生态系统原真性、完整性保护为基础，以实现国家所有、全民共享、世代传承为目标，理顺管理体制，创新运营机制，健全法制保障，强化监督管理，构建统一规范高效的中国特色国家公园体制，建立分类科学、保护有力的自然保护地体系。

这时，三江源国家公园已经进行了一年半时间的体制试点。《总体方案》中的第九条“分级行使所有权”的具体内容是：

统筹考虑生态功能重要程度，生态系统效应外溢性，是否跨省级行政区和管理效率等因素，国家公园内的全民所有自然资源资产所有权由中央政府和省级政府分级行使。其中，部分国家公园的全民所有自然资源资产所有权由中央政府直接行使，其他的委托省级政府代理行使。条件成熟时，逐步过渡到国家公园内全民所有自然资源资产所有权由中央政府直接行使。

按理说，试点的一个重要使命就是要为国家决策提供体制政策依据，但从三江源国家公园总体规划留下的一些细节问题看，后来《总体方案》中的不少政策性宏观表述并未能出现在试点方案里。比如：

统筹考虑生态功能重要程度，生态系统效应外溢性，是否跨省级行政区和管理效率等因素，国家公园内的全民所有自然资源资产所有权由中央政府和省级政府分级行使。

要不，三江源区县与县、州与州，乃至省与省（区）之间跨行政区域管理就不会成为一个棘手的问题。要是那样，现在的三江源国家公园的整体规划可能会更加完美，比如，“一园三区”架构中黄河源园区和长江源园区会更加完整，对实现“国家所有、全民共享、世代传承”的目标更加有利。因而更能体现国家意志，跨行政区域之间不必要的矛盾冲突则会有效避免，体制更加顺畅，机制更具灵活性，自然资源意义上的国土空间布局、保护管理权属及职责也更加统一。说到底，我们要建设的不是一省一区的一个公园，更不是一州一县的公园，而是一个国家公园，这是一项开历史先河、具有里程碑意义的宏伟事业。

从现在的情形回过头去看，为了抓住历史机遇，顺利得到第一个国家公园体制试点的政策机会，青海省委省政府是下了狠心和决心的。以致在给中央报批的方案中明确提出，只要让青海进行体制试点，新设立国家公园机构行政编制都由青海省内部自行调剂消化，无需新增人员编制等。

毋庸讳言——甚至可能有意回避了一些问题，比如跨行政区域统一规划会带来的一些矛盾。我想，这也是为什么黄河源头约古宗列并未划入黄河源园区、长江源头各拉丹东并未划入长江源区统一管理试点的原因。

这就是为什么，体制试点开始以后，三江源国家公园“一园三区”所涉及果洛、玉树两个藏族自治州玛多、曲麻莱、治多、杂多四县，将县属水利、林业、国土资源、环境保护、草原等机构整体划归国家公园的缘故。这当然会给后来的体制试点留下意想不到的问题。

刘宁任青海省省长时，曾分赴黄河、长江、澜沧江做专题考察调研，这些问题也曾引起他的关注和思考。随后，他还将思考所得写成文字。刘宁所见，切中要害，令人深思。

他在《长江源调研纪实》中写道：

长江源区生态保护体制亟需理顺。由于历史原因及地域差异，长江源区的部分区域，特别是在行政管理上存在争议的区域尚未纳入自然保护区管理范围。在长江源区青海行政区划内，西藏自治区设立了雁石坪、色务、玛曲、布曲、多玛、永曲、玛荣、查当8个乡镇，仍然存在基础设施建设、进行牧业生产、开展商贸等社会经济活动。考察发现，在西藏管理区域内，人员车辆活动，沿途极少看见野生动物出没。反观青海所辖区域，除唐古拉镇外，保护区内极少有人员车辆出没、放牧牛羊等现象，沿青藏线不时可见藏羚羊、藏野驴、狼、黄羊、鸟类等野生动物觅食嬉戏，生态环境良好。因此，探索建立长江源生态协同

> 保护体制，消除碎片化管理弊端，在长江源区实行严格统一的生态保护政策十分必要。建议2020年三江源国家公园正式建园时，将没有纳入体制试点的国家级自然保护区约古宗列、各拉丹东、当曲分区纳入三江源国家公园，同时将不是任何类型自然保护区，但自然、经济社会和生物多样性状况类同的楚玛尔河流域、沱沱河流域全部纳入三江源国家公园，从而实现三江源自然系统连为一片的原真性保护。①

国际评估报告也有类似建议，调整国家公园边界，扩大其范围，将澜沧江源和长江上游南端至觉拉寺桥的区域划入国家公园；建议河流沿岸至少留出5公里的缓冲带，以保护河流生态廊道的景观和水质。建议将治多县多彩乡澜沧江与长江源起点处重峦叠嶂的苍茫原野纳入国家公园边界。

我在本书的前面也曾写到过，因为是一项开创性的事业，也许当初我们对三江源国家公园的规划设计还不够完善，或者尚有待完善的空间，正如刘宁先生和国际评估报告中所指出的那样。

既然"一园三区"的构想可以进入体制试点，那么，"一园多区"应该也是一个试点的方向，至于几区为宜，当以实际需要而定。而且，每个园区规划面积的大小也当以具体情况而定，可大可小。我个人的观点是，在尽可能避开行政区划上人口密集区域中心城镇、经济活跃区域的前提下，园区面积尽可能覆盖重要的生态功能区、国家重要地理景观标志和国家重点自然景观。

避开人口密集的中心城镇和经济活跃区域，可缓解发展与保护的矛

① 见《青海湖》文学月刊，2020年第2期。

盾，以减轻未来当地以及国家公园的生态压力。以腾出自然资源空间，将更多更具国家乃至世界景观价值的区域纳入国家公园。比如我前面提到过的这些地方：通天河谷（连环大拐弯），河谷森林（千年柏树林）及尕朵觉悟（藏地四大神山之一），阿尼玛卿雪山（藏地四大神山之一）及黄河河谷森林（千年柏树林），年保玉则（藏地著名神山，被誉为“天神的花园”）及周边河谷草原和森林，囊谦澜沧江大峡谷及河谷森林，包括长江源多彩、治曲河谷……每一处都是具有世界景观价值的大景致，绝无仅有，无可替代。

《验收报告》也指出：

> 由于历史原因，三江源源头各拉丹东、当曲、约古宗列3个保护分区区域，分别牵涉省级行政区划和跨自治州整合管理机构的问题。划入试点区范围的牧民群众在生态管护公益岗位、扶贫等方面得到实惠，且对今后的政策优惠抱有很高预期，对国家公园建设持积极支持态度。未能划入试点区的牧民群众（如曲麻莱县12个行政村、玛多县8个行政村），由于与入园牧民群众享受的政策差别较大，要求划入国家公园的愿望比较强烈和迫切。园内与园外政策的不同，形成对比，给管理带来不利。为确保三江源国家公园体制试点顺利启动并实现预期成效，部分生态区域在试点期间暂没有纳入国家公园范围，随着体制试点推进，区域生态未实现系统性、整体性保护的问题逐步凸显。

《验收报告》也建议：

> 优化调整公园范围，实现生态系统完整保护。按照自然生态

系统完整、物种栖息地连通、保护管理统一的原则，从国家层面通过评价论证扩大三江源国家公园范围，至少将三江源源头各拉丹东、当曲、约古宗列 3 个保护分区纳入国家公园范围，以实现生态系统的更加完整保护。也可探讨以青海三江源国家生态保护综合试验区为基础，将玉树、果洛、黄南、海南 4 个藏族自治州 21 个县和格尔木市唐古拉山镇作为整合设立后的三江源国家公园管理局管理边界。将其中的城镇（点状）和大型基础设施廊道（线状，主要是高等级道路）作为国家公园建设控制地带进行管理，其余绝大多数面状区域作为国家公园进行管理。

也许随着国家公园体制试点的深入推进——全国已经有十个地方进行国家公园体制试点，很快我们就会积累足够丰富的模式经验，整体推进以国家公园为主体的自然保护地体系建设，推进国家生态文明发展战略。相信，未来的三江源国家公园一定会更具有原真性和完整性。

毕竟，中国国家公园的历史刚刚翻开第一页。

如果这也是一种书写，那么，更精彩的叙事才要展开。

“国家公园”的概念源自美国，据说最早由美国艺术家乔治·卡特林首先提出。1832 年，他在旅行的路上，对美国西部大开发对印第安文明、野生动植物和荒野的影响深感忧虑。他写道：“它们可以被保护起来，只要政府通过一些政策设立一个大公园，一个国家公园，其中有人也有野兽，所有的一切都处在原生状态，体现着自然之美。”之后，这一概念被全世界许多国家使用，尽管各自的确切含义不尽相同，但基本的意思可理解为自然保护区的一种更高形式。

1916 年美国《国家公园事业法》规定，联邦政府承担拥有和管理国家公园的责任。后来国家公园系统的目的在法律上规定为："保护景观、自然物体和野生动植物，在一定条件下为人们提供消遣，同时在利用中不使之受到损害。"

1969 年国际自然及资源保护联合会 (IUCN) 正式接受美国的概念，并提出了建立国家公园的两个基本条件：一是国家公园应是纯自然的，具有美好的景观或具有特殊的科学价值，不得有人工的开发和改造；二是国家公园必须属国家所有，至少应由国家统一管理，保护是主要目的，在严格的控制下也可用于公众娱乐。

美国著名的电影纪录片制作人伯恩斯说："如果指出一个我们建国以来出现的最佳创意，那么国家公园可谓当之无愧。如今，在近 200 个国家里一共有将近 4000 个国家公园，这个数字本身就应该说明这个设想是多么成功。"

《美国国家公园 21 世纪议程》中也明示："我们国家的历史遗迹、文化特征和自然环境有助于人们形成共同国家意识的能力。这应是国家公园管理局的核心目标。"

我以为，这些话同样适用于三江源国家公园。

中国开始设立国家公园已经是 20 世纪 80 年代以后的事情，大多限于国家森林公园和国家地质公园，后来还设立了国家考古遗址公园，再后来，又有了别的类型的国家公园——这样的国家公园在青海也有多个，譬如阿尼玛卿和昆仑山国家地质公园，譬如互助北山和黄南麦秀国家森林公园，譬如喇家国家考古遗址公园等——而真正具有国家景观意义和地球生态体系特殊价值的国家公园还未出现。

因为，此前设立的国家公园具有领域性或专业性的限定，也就是说，它是国家在某个具体专业领域或生态区域内设立的专门国家公园，其自然景观意义、社会功能和文化价值取向相对单一，虽然具有国家公益性特征，但并不具备国家整体精神象征意义和民族文化内涵。多年以前，国家林业局曾在云南进行国家公园体制试点，随后，国家林业局和国家环保局还曾在黑龙江进行国家公园体制试点，也仅限于国家部委与地方的试点。

各种迹象表明，至少在《建立国家公园体制总体方案》出台之前，无论是在国家层面上，还是在民众层面上，对国家公园的体制以及文化内涵，我们还没有形成高度统一的认知和共识，要“形成共同国家意识的能力”也还有很长的路要走。

这也正是为什么要进行国家公园体制试点的原因。

说白了，国家公园到底是什么？或者它应该是个什么样子？最终建成以后，它又该是个什么样子？它跟一般的公园有什么根本的区别？与以前的自然保护区或其他类型的国家公园——比如森林国家公园等有什么不一样的地方？

还有，它该怎样管理？谁来运营管理？谁是国家公园的主体责任人和所有者？国家公园与以前属地之间又是个什么关系？国家公园与其所在地政府以及园区原住民之间的关系又该怎样妥善处理？还有，如果要保护，那么到底要保护什么？怎么保护？保护与发展的矛盾关系又怎么协调？等等。

对所有这一切，之前我们都不是很清楚，所以才要试点，才要探索，不仅三江源要试点，所有拟建的国家公园都要进行体制试点。它最终要完成的是一个可以在国家层面普遍推广的模式规范，包括对国家公园核心文化价值体系的系统性架构，为之赋予共同的国家意识和整体的民族情怀。

从这个意义上说，三江源国家公园体制试点肩负的是国家的使命、民族的重托、历史的重任，可谓责任重大，使命光荣。而且，可以肯定地说，这种寄予更加着重于未来意义上的中国和整个中华民族的前途命运，因而也更加着重于“世代传承，促进自然资源的持久保育和永续利用”。

可以肯定的一点是，我们绝不是要通过体制试点去改变三江源所呈现的自然之美，而是要探索一种能让自然之美（或自然资源）永久保育和延续的方法和路径。在未来，中国一定会有很多国家公园，但三江源只有一个。其他国家公园也在体制试点，试点成果也一定会有很多共同之处，但每个国家公园也一定会有自己独特的成果经验，三江源也一定得有只适合于三江源的方法和路径。

说到底，能在三江源生长的植物在别的国家公园很难存活——这话，反过来讲也一样；一直在别的国家公园繁衍生息的野生动物，到了三江源也无法继续生存下去。

某种意义上，国家公园可以被看作是国家整体的一个象征，它承载着全民族的灵魂、希望以及恒久的家园理想。这是生活在当下这个时代的人在为子孙后代设立一座永久性的自然殿堂，在未来的岁月里，它势必会成为民族精神品质的一个显著标志。随着时间的推移，一代代中华儿女所能赋予它的精神文化内涵也会越来越丰富和深厚，从而成为整个国家和民族乃至世界和人类永久性的自然资源和精神文化遗产。

值得庆幸的是，我们终于也有了自己的国家公园。我们把三大母亲河的源区变成了国家公园，诚如缪尔所言：“没有任何人工的殿堂可与之媲美。”

我们有理由秉持这样一个信念，就像我们为自己的祖先感到骄傲和自豪一样，很久以后，每一个中华儿女依然会为他们的祖先感到骄傲和自豪。

国家公园体制试点的历史意义在于，它也许会从根本上改变中国以往自然生态保护已有的模式，开启一个前所未有的伟大时代。

总结汲取以往的经验和教训之后，一个全新的自然保护模式日渐清晰形成，以国家公园为主体的自然保护地体系建设的时代大幕已经拉开。这是未来中国生态文明之路最生动的伟大实践，它所具有的时代意义无疑也会超越时代，在历史长河中留下光辉的一页。

长远地看，在中华民族不断走向伟大复兴的历史进程中，这是一个具有开创时代意义的壮举，在整个人类文明史上也具有里程碑意义。

面对大自然，我常常会想一个问题。

人类何幸？大自然竟如此厚爱，却无所图报！

大自然又何以如此悲悯？即便人类极尽伤害，仍施以仁慈哺育！

这绝非人道所能及。斯为天道乎？

我越来越觉得，人类文明以往的最大失误就在于将大自然排除在伦理纲常之外。一个没有了天地万物为根基的伦理体系是有根本缺陷的，是不符合天道的。逆天而行是条不归路，终将走向末路。

英国天体物理学家马丁·里斯说："其实星辰离我们的距离远比您想象中的近。那里的自然法则和地球上的一样，只是应用条件很极端。无论如何，宇宙也是我们的生活场所。我们与曾生存过的人类一起仰望星空，而最终我们都会变成星尘。"

由此想起法国诗人普列维尔《公园里》中的句子："一千年一万年／也难以诉说尽／这瞬间的永恒／你吻了我／我吻了你／在冬日朦胧的清晨／清晨在蒙苏利公园／公园在巴黎／巴黎是地上一座城／地球是天上一颗星。"

把这首诗套用在三江源，后面几句就可以写成这样：

在夏日迷人的黄昏

黄昏在三江源国家公园

国家公园在青藏高原
青藏高原是地上的第三极
地球是天上的一颗星

三江源国家公园就要开门迎客了。

各族中华儿女和来自世界各地的访客将如期而来，尽享高原灿烂的阳光和大自然无私的馈赠。

此前从未到过三江源的人很难想象它的模样。按一般的思维逻辑，他们会首先想到这是一个公园，会在脑海中搜索自己曾经去过的那些公园，进而猜想，它会像哪个公园？及至进入园区，徜徉流连，他们会发现，它与所有的公园都大不一样。

也许正好相反，通过各种影像画面，人们对它早已有了深刻印象——正是刻在脑海中的影像画让他们走进了三江源，但一个真实的三江源国家公园远不止于影像画面。实际上，那是一种无法用任何语言可以描摹的壮阔与渺远，无尽的苍茫与悲壮肆意弥漫成一种震撼，铺天盖地。

你会在公园里看到一望无际的荒野，会看到成群的野生动物——比如藏野驴、藏羚羊、藏原羚；会看到湛蓝的天空，会看到清澈见底的大湖，会看到冰川和雪山——即使七月流火的季节，视野尽头也会有一列雪山光芒万丈。会看到开满山坡草地的野花——那都是你从未见过的花朵，其中有不少至今还没有命名……

一眼望去，你定会在心里嘀咕，如果流连期间，即使用一周的时间，你也不一定走遍三江源国家公园三个园区中一个园区的一角。

如果运气好的话，你还会看到狼、棕熊、雪豹这样的猛兽，会看到旱獭、荒原猫、兔狲、藏狐这些憨态可掬的古灵精怪……当然，还会看到羊群——也已经难得一见了，会看到野牦牛和牧人放养的牦牛——要知道，棕熊和牦牛曾与冰川期巨型披毛犀一起生活在这里。它们和人类一样，是有幸躲过最后一次冰川期大灭绝繁衍至今的几种动物之一。

如果你足够细心的话，也许还会留意到一些丰富多彩的古老生物，比如色彩绚烂的地衣类。它们几乎随处可见，在地表、在岩石、在木本植物的表层，甚至在冰面上的碎石子都能看到它们的踪迹——记着，河谷岩石上的红色地衣最为好看。别小看它们悄无声息的样子，它们可是地球所有陆地生物的祖先，生物登陆以后，它们是陆地最早存活的生命，距今至少已经有四亿年以上的生存历史，其岁数甚至比青藏高原还要大很多。

如果你运气再好一点，也更为细心，说不定，你还会发现一些新的物种，让生物学界从此记住你的名字。迄今为止，包括三江源在内的青藏高原的科学考察依然不够深入精细，很多空白点有待进一步填补。我的建议是，仔细留意那些开花植物，因为它们最吸引眼球。此外，要时刻留意身边出现的每一只有翅目或别的昆虫，它很可能第一次被一双人类的眼睛所注视。

你感觉自己走进了冰川期末期欧亚大陆腹地的青藏高原。甚至会恍惚，自己是否穿越到了侏罗纪时代，走进了历史时空。

如果你感觉到了这些，并为此震撼惊讶，说明你已经走进国家公园——一个象征国之家园的地方。一扇门已经为你打开。

可以说，这是一扇回家的门，一扇回归自然的门。

你在国家公园看到的情景也许就是地球家园曾经的模样。

很久以前，我们的祖先就生活在这样的世界里，祖先们生活过的地方，就是我们的故乡。所有地球人类都有三个故乡。一个是自己出生的地方，那里有你的童年记忆；一个是祖先们生活过的地方，那里有你祖先的童年；另一个则是心灵的故乡——精神的家园。

对中华民族乃至地球人类，三江源至少包含了两个故乡的意义——

后两个。

越来越多的考古人类学研究成果表明，青藏高原极有可能是早期人类最主要的起源地之一。显然，人类的祖先曾栖居在这高寒之地，又因为中国乃至东南亚众多江河发源于斯，它又称为人类心灵家园的精神高地。

这扇门也许会开启一个全新的时代——人与自然最终和谐相处的时代。

我越来越觉得，广义上的生态环境，理应涵盖整个大千世界，未来意义上的生态伦理体系也理应观照宇宙万物。而从另一个角度看，广义上的生态环境，除了自然生态，还应包括人文生态。如果说自然生态是大自然的造化，那么，人文生态则是人类文明的结晶，它们共同构建了地球万物生态环境的魅力景象。

这些年，我不厌其烦地在重复一个话题，那就是生态伦理，一个将宇宙万物均纳入理论视野的伦理体系，我称之为天地伦理学或万物伦理学。其中，人类虽然仍居于重要位置，但已经不是中心位置，居于中心位置的是宇宙万物得以存在延续的根脉。如果此体系有个边际，那一定也是大千宇宙的边际。简单地说，如果以大千宇宙的边际画一个圆，那么，它就是处在最外层的一个圆。这个圆里面有无数个圆，假如离中心圆点最近的一个圆就是生物圈，所有动植物都在这个圆圈里面，那么人类只是其中的一小部分——至少从数量上讲，它所占的比重只是一小部分，甚至是微不足道的一部分。

每一个圆都有自己的疆界限定，像天体，每个圆既有自己的运行轨道，也有整体的运行规则或规律，老子称之为“道”，不可随意逾越，否则就会对其整体结构造成威胁和破坏，最终殃及自身，甚至祸及圆点，而那圆点则是根本。如果整个体系是一棵树，那个圆点就是树根。此乃天条，是大道，亘古以来，天地万物均受此约束。回过头来看，显而易见的是，我们也许可以得出这样一个结论：最先对此做出挑战并不断挑起事端的一定是人类——也许还有像人类一样的外星其他智能生物。

他们不甘心受到自身以外的其他约束，于是乎，不断越过界限，侵害到别的世界，继而对整体造成伤害。从人类所在生物圈而言，最先受到侵害并造成重创的就是动植物，之后是包括水体在内的矿物，之后是大地和天空以及空气……

从遥远的太空望向地球，它只是一粒几乎无法分辨的暗淡光点，而这个光点仿佛随时都会消失湮灭。1990 年 2 月 14 日，旅行者一号太空船拍摄到呈暗蓝色的这个微弱光点。杰出的科普作家卡尔·萨根博士曾如此描述这个光点：

> 再看看那个光点，它就在那里。那是我们的家园，我们的一切。你所爱的每一个人，你认识的每一个人，你听过的每一个人，曾经有过的每一个人，都在上面度过他们的一生。我们的欢乐与痛苦聚集在一起，数以千计自以为是的宗教、意识形态和经济学说，所有的猎人与强盗、英雄与懦夫、文明的缔造者与毁灭者、国王与农夫、年轻的情侣、母亲与父亲、满怀希望的孩子、发明家和探险家、德高望重的教师、腐败的政客、超级明星、高级领袖、人类历史上的每一个圣人与罪犯，都在这里——一粒悬浮在阳光中的微尘……

接着他还写道：“由于我们的低微地位和广阔无垠的空间，没有任何暗示，从别的地方会有救星来拯救我们脱离自己的处境。”“除了这张从远处拍摄我们这个微小世界的照片，大概没有别的更好办法可以揭示人类妄自尊大是何等愚蠢……这强调说明我们有责任更友好地相处，并且要保护和珍惜这个淡蓝色的光点——这是我们迄今所知的唯一家园。”

客观地讲，现在我们唯一家园的处境不佳。我们必须自己拯救自己。

虽然，卡尔·萨根的精彩描述里没有提到人类以外的地球居民，但是，我们必须谨记，地球不仅是人类的家园，也是自然万物的家园。

如果真要自己拯救自己，仅有人类之间的友好相处还远远不够，更为重要的是人与自然的友好相处。就当下世界而言，国家公园也许是人类学会如何与自然友好相处的最佳课堂，推进以国家公园为主体的自然保护地体系建设更应该是一种理想的抉择。

而三江源是我们的第一个国家公园！

2020年5月至6月，在完成最后这一章文字的写作时，我一直在三江源行走和采访，听到过很多野生动物的故事，尤其是棕熊的故事。这段时间，从黄河源头到长江源头，至少发生过上百起棕熊进入牧民房子捣乱的事，仅玛多县就发生过数十起，还咬死了几十头牛羊，这样的事以前从未发生过。

人兽冲突已是不争的事实，如果不想掩人耳目，或自欺欺人，就必须面对。

所以，在这本书的结尾，我还是想回到有关棕熊的话题，讲三个小故事。都与棕熊有关，也有关人类。甚至可以说，这是人与自然的寓言。

第一个小故事，说的是棕熊捕捉旱獭的事。

旱獭是棕熊主要的食物来源。它要逮住一只旱獭，最简单、最有效的办法是，去找到一个旱獭居住的洞穴，用蛮力几下把整个洞穴都扒开——这当然也是最笨的办法，等到最后，无路可逃的旱獭会自己跑出来。一看到旱獭，棕熊先来上一掌把旱獭打晕，然后才上手，提溜起来，顺手放到胳肢窝底下夹牢。可这时第二只旱獭也跑出来了，它又一掌打晕，又往那个胳肢窝底下去夹。夹住了第二只，第一只却掉在地上了。接着，第三只、第四只也跑出来了，它如法炮制……最后，一窝旱獭全都已经跑出来了，它以为全逮住了，胳肢窝底下却依然只有一只旱獭。过了一会儿，前面掉在地上的那些旱獭一只只苏醒过来，一溜烟跑了，它都没有留意。它把最后一只旱獭都逮住了，这就足够了。为此，它很得意。

第二个小故事，是我小时候听来的——

很久以前，一头公熊把附近村子的一个女人抓到自己的山洞熊窝里，与之一起生活。每天，棕熊都担心女人偷偷跑回家去，只要出去捕食，它就用一块巨石堵着洞口。后来，女人生了孩子，每天哺乳喂养，棕熊觉得母亲喜欢孩子。慢慢地，警惕心有所放松。一天，它出去觅食忘了把洞口堵上，女人放下孩子跑了。

棕熊抱着孩子一路找来。到了家跟前，不敢擅自闯入，就坐在门前不远处的一盘磨扇上，等。每天都来等，等了一天又一天。还大声喊叫：“熊妈妈，给孩子喂奶……熊妈妈，给孩子喂奶……”可仍不见女人出来。

再说，女人回家以后，一家老少也担心熊会找上门来，果然。每天有一头熊抱着个孩子坐在家门前，一家人出不了门。他们一遍遍商量怎么对付熊，一个人就说，今晚趁它回山洞的时候，我们就用火把那盘磨扇烧红了，它一来准会坐上去，烫死它。都觉得，这主意好。

第二天，熊又抱着孩子来了。一到门前，看也没看，便一屁股坐在那盘磨扇上。随着一声惨叫，熊站起来时，它屁股上的皮肉都站在磨扇上了。

它气坏了。双手举起孩子，一手抓着一条腿，直接把孩子劈成了两半。高喊道：“给，把你的一半还你，我的一半我拿走，从此你我两不相欠。”说着，它抱着自己的一半离开了，再也没有回来……

第三个故事，是我最后一次去三江源时听到的——

故事发生在一个马帮长途跋涉的途中。马帮中的一个人脚上生了疮，又因行走感染，伤势越来越严重，已经无法行走了。他们只好用一匹马驮着他艰难前行，这样走了很多天，非但不见好，还越发糟糕了，已经危及生命，人都快奄奄一息了。大伙都觉得再这样下去，不但救不了他的性命，还会拖累大家，一起受罪。经过商量，大家决定把他留在那里。便找了一个山洞，给他留下了足够的食物，离开了。生死有命，他能否活下来，就看他自己的造化了。

马帮离开之后，对生已不抱希望了，他只有等死。

马帮离去不久，来了一只棕熊，他想，被一头熊吃了倒也干净。熊却没有吃他，熊围着他转了好几圈，之后竟然离开了。可第二天，熊又来了，嘴里还叼着一条人腿。熊把人腿放到他跟前，看他没反应，又离开了。第三天，熊又来了，这次嘴里却叼着几大块牛羊肉。看到他脚上都化脓了，熊开始用舌头舔那伤口……之后的很多天里，熊都会给他送来食物，还不断给他舔伤口。他发现，自己的伤口在慢慢愈合，身体也一天天变好。

又过了几天，他已经能站起来走路了。又几日，他已经彻底好了。于是，他想离开那个山洞，回到马帮和人群中去。可是，他走到哪儿，熊都跟着，形影不离。

一天，他来到一座山顶，看到一块摇摇欲坠的巨石，心生一计。他先是迅速跑过去用自己的双臂用力抱住那石头，用整个身子都做出用力支撑的样子。熊都在一旁看着，他坚持了一会儿，示意，让熊过去替他顶着，他要去找一块石头来顶住那块巨石，要不它会滚落下来，把他们（它们）都砸死。

熊过去顶住了，他却迅速逃离。熊一直顶着石头，不敢松手。他却逃之夭夭。过了一年，他想起这事，想回去看看熊怎么样了，毕竟它救过自己的命。

到那地方一看，他惊呆了。熊还在那里，还死死顶着那块岩石，但熊已经死了，跟那岩石几乎长在了一起。熊的身体已经僵硬，也像一块石头……

这都是以前三江源地区流传的民间故事。

第一个故事，看上去，讲的是棕熊逮旱獭的事，实则大有深意，在讲自然法则，它道出了捕食者与被捕食者之间的平衡关系。唯如此，旱獭才能不绝于世，棕熊方能繁衍生存。第二个故事讲的是人与熊，或者人与大自然的决裂。熊最终不堪悲苦，愤然而去，可留给人的又何尝不是一个苦果？第三个故事讲的则是人对熊或者人对大自然的背叛。对今天的世界而言，它意味深长。

故事中的“旱獭”“人”“山洞”“房子”“磨扇”“孩子”“巨石”和“熊”均具有象征意义，与人类命运息息相关。

对未来的人类文明或人与自然关系而言，也许那块巨大的“岩石”真的要滚落下来了，单凭人力或熊，都无力支撑，须得人与熊的通力合作才能渡过难关。也许人与自然和谐的奥义也深藏其中，人不可忘恩负义，亦不可背信弃义。

否则，绝难独善其身。而国家公园也许就是一块能顶住那“岩石”、以防其坠落或滚落的“石头”，是一个支撑点。

顶住了，人和熊都会安全。

写于 2019 年 12 月至 2020 年 8 月

2020 年 9 月至 2021 年 5 月修订

后　记

决定去治渠拜访藏族老阿妈才阳出于两个目的。

一个是听她讲故事，据老朋友欧沙讲，才阳可能是整个长江源治多最会讲故事的一个老人；一个是看看治渠这个地方，从地名上看，它才是长江源区的核心地带，可三江源国家公园长江源园区里没有治渠。

治渠，是一个译音词，依照词意和约定俗成的译法，汉字应该写成“治曲”两个字，想来，当初将“治渠”两个字作为一个地名确定下来时，根本没想过它是什么意思，而只是照着发音随便写了两个同音字。而“治曲”（或治渠）是有确切含义的，译成汉语就是“母牛河”的意思，就是长江源区干流。历史上的长江源区干流，从源头流经现在的治渠境内治多、曲麻莱交界处时，还不叫通天河，而叫“治曲”，出治渠与楚玛尔河（或曲麻河）汇合之后始称“通天河”。

长江源流为什么叫“治曲”？是有传说的。说很久以前，一头母牛从天而降，从自己鼻孔里喷出了一股水，源源不断地流淌，滋润着辽阔大地。母牛鼻孔里喷出的水最后流成了长江，浇灌出了一条文明的长河。

才阳知道很多这样的传说故事，这些故事大多是她母亲讲给她听的，她母亲又是她母亲的母亲讲给她听的……

她讲的一个故事里，长江（治曲）、黄河（玛曲）、澜沧江（杂曲）最初约好了要一起去大海，像是三个好友相约一起去远行。最后，玛曲、杂曲都到大海了，却不见治曲的影子。等了好长时间，治曲才到。

大海有点生气，问治曲："你们从同一个地方一起出发，它们两个那么早就到了，你为何走了这么长时间？"

治曲回答说："它们两个就像乞丐手里的打狗棒放在大河里漂，一路上一刻也没停过，当然先到了。"

大海又问："难道你还要走走停停不成？"

治曲说："那当然。我一出发，先路过一条用金子铺成的河谷（金沙江的由来），我得停下来，不能随意流淌。后来，我又路过一条河谷，有成千上万的牛羊在那里，我得小心地绕过它们，不能伤害，给它们留下足够的牧场，又得耽误不少时间。再往后，河谷里还有很多村庄、寺庙和集镇，我又得绕开那些村庄和农田，还要绕开那些富饶的集镇，给商人们留下开集市的地方，还得给寺院高僧留下居住修行的地方，这又得耽搁很长时间……"

才阳说，长江流过的地方是世上最美丽富饶的地方。

才阳的故事里不仅有很久以前的传说，也有眼前的事。她家住在治渠乡治加一社一条山谷右面的山坡上，我去的那天刚下过雪，山上的积雪很厚。欧沙和文扎开车，一路问了好几个人，我们才找到老人的住处。这是一个慈祥的老母亲，说话时，她脸上的笑容一直灿烂着，像一片温暖的阳光。

那是一条狭长陡峻的山谷，山谷里有河流淌，河水有名，曰：科隆班玛曲。那也是长江的一条支流，流出山谷，它就汇入了长江源区干流。才阳说，别看那是一条小河，它有数不清的琼果（源泉）。冬天结冰的时候，那些琼果在山坡上，像散落的羊群。夏天，从很远的地方能看见的琼果也有十七八个，像飘浮的祥云。以前，阳面山坡上有一个琼果，很大，一百头牦牛一起喝水也不会拥挤，现在干了，没有水了。

小时候，母亲给她讲过的故事里讲到的很多事，当时她不太明白。后来她自己也成了一个母亲，再后来又成了一个奶奶，甚至她的子女也快成了爷爷奶奶，可是故事里的很多事，她依然不是很明白。

比如，母亲说，百灵鸟是牦牛的保护神，百灵鸟很多，叫声也好听，对牦牛就好。如果蝴蝶的颜色非常鲜艳，年景就好。牧人家的牲畜，最好是马、牛、羊品种要全，缺一种，对草原不利，对其他牲畜也不好。

母亲还说，每年通天河结冰和开河也有相对固定的日期，要是时间错差很大，年景就不会好。如果开河时一下就开了，声音也很响，年景就会非常好；如果是悄无声息的开河，年景就不好，牲畜和人的日子也不好过。还有，鸟类王国的律法非常严格，该什么时候鸣叫都有规矩，天将亮的时候，鸟必须得叫一次，天亮的时候，又得叫一次。这样，年景就好。如果天亮了还听不见鸟叫，年景就不好……

那天，才阳老人还给我讲过很多故事。虽然对这些故事，我听得也不是很明白，但我依然觉得它是有意义的，而且非常有意义。不仅对听故事的人、对三江源的牧人有意义，对国家公园以及当下的世界也有意义，甚至对未来的人类文明也有意义。这也正是我为什么要在“后记”中写这样一个老人的缘由。

我想说的是，三江源是有故事的，不仅人，这里的一草一木、鸟兽鱼虫以及山川万物也都有自己的故事。世代生息于斯的三江源牧人就是听着这样的故事长大的，这些故事已经成为这片土地的一部分，是血脉，是灵魂——自然也是国家公园历史的重要组成部分。

国际评估报告建议说：“搜集和记录当地藏族村落及牧民的口述历史，含文化信仰、价值观和民族传统等，用于国家公园历史史料和宣教解说素材。”

我曾在书中也写道：“如果把它比作一个生命或人，它经历了千万次的轮回之后才走到今天。如果它每经历一次轮回都有一个不同于前世的名字，那么，它今生今世的名字才叫三江源。今天，我们又以国家的名义，给它取了一个更好听的名字：国家公园。”

当然，要讲好三江源国家公园的故事并不是一件容易的事——对我也一样。虽然，我已经倾注了所有的感情，但是，我依然不能确定，这本书在多大程度上实现了这样一个阅读诉求。

感谢三江源国家公园管理局的信任，让我来撰写这样一本书！

我从 2019 年底开始着手这本书的构思，原计划要在春节之后进入实地采访，可是因为众所周知的新冠肺炎疫情，我既不能出去，也见不了人。到 3 月中旬才第一次出去采访，第一站就去了黄河源，那里还是冰天雪地，出行很不方便。到 5 月中旬再去时，又赶上挖虫草的季节，到处都见不到要采访的人。尤其是曲麻莱、治多、杂多几个县，牧民几乎都到山上挖虫草了，到 6 月下旬回来时，他们还没下山。

可以说，采访并不顺利，很多采访计划不得不重新调整乃至放弃。比如，几次想去卓乃湖、太阳湖一带，整整一周时间，一直在可可西里边缘苦苦寻求，就是进不去，不可思议，却留下遗憾。

而写作一刻也不能耽搁。因为受出版周期的限制，要想在三江源国家公园正式设立之前完成出版，至迟，我也得在 7 月中旬以前完成整部书稿的创作——最初预计的设立时间要比后来正式确定的时间早很多。

稍稍感到幸运的是，我有三十多年一直在三江源行走的经历和积累，几乎使自己变成了一个三江源的“牧人”。至少在很多事情上，我与他们有着同样的感受和认识。如果还有一些分歧或分别，一定是因为自己尚未完全成为他们中的一分子。

时间非常有限，我所能做的，就是尽可能采访更多的人，以强化叙事元素的丰富性和艺术性。三江源区别于世界其他国家公园的地方，不仅在于地处青藏高原的独特地理位置和独一无二的自然资源，更在于民族文化生态极其悠久的传统和习俗。除了生灵万物的大自然母体，世代游牧的当地藏族人也是一个核心主题，也是三江源故事的叙事主体。

按原来的出版计划，留给我的写作时间已经不多，必须尽快完成写作。如是，在不到七个月时间里，我完成了整部书的初稿。除去外出采访等时间，真正用于写作的时间不到三个月，仓促留下的粗粝在所难免。后来得到可靠消息，三江源国家公园正式设立的时间已经推后，开园仪式预计到2021年下半年才能举行。这给我提供了可仔细斟酌修订的宝贵时间，于是，我用了四个多月的时间对书稿进行全面修订。不少地方，费了很多心思才将每一句话安顿妥当。

始料未及的是，很多采访对象的故事最终在书中并未完全呈现，甚至只字未提。比如，江文朋措、才旦周、甘学斌、加羊多杰、华旦、马富贵、扎西东周、年许扎西等，他们的故事都值得书写。

像江文朋措，治多县普通牧民，一个十几年如一日捡拾草原垃圾的民间志愿者。从这几天他微信群里看到的画面，他几乎每天都在捡拾垃圾，都用手捡，大多是啤酒瓶的碎玻璃和脏乎乎的塑料袋、饮料瓶，虽然戴着手套，看着还是心疼。他有一个近70人的微信群，里面的每个人都是捡拾草原垃圾的志愿者，而跟他们一起捡拾垃圾的人还有很多，最多的时候有一千多人分散在广袤的治多草原，蹲着爬着用双手捡拾各种垃圾。

一开始，他自己捡，后来身边的人一起去捡。再后来，跟他们一起去捡垃圾的人越来越多。一开始，只有附近的几个牧民；后来，周边很多地方的牧民都参与进来；再后来，一些乡镇及县各机关单位、学校、医院、企业的人也参与进来。捡拾垃圾的队伍里不仅有年轻人，也有老人和孩子……

有朋友说，江文朋措就像阿甘。那个一直跑，一直跑，从一个孩子跑到披在肩上的须发都白了的一个老人，还在跑个不停的人。阿甘最后的形象好似传说中的圣者摩西。

一开始跑步时，阿甘还是一个傻孩子，是一个人在跑，是在母亲的监督下，为了矫正自己的生理缺陷奋力奔跑，腿上还装着矫正器。慢慢地，身后有了跟着奔跑的追随者。再后来，跟在身后一起奔跑的人越来越多。到最后，只要奔跑的人群经过的地方，所看到的人，无论男女老少都会停下刚刚还在继续的事，或放下手中的活，立刻跟上去，一起奔跑，好像整个陆地上的人都跟在他身后奔跑……

江文朋措像是长江源治多草原上的阿甘，也是一个奔跑者和领跑者。

而三江源不止有一个江文朋措，他们的祖辈、父辈都生活在这片土地上，他们和他们的子孙后代还将继续在这里生活。也许正因为他们的存在，我们的国家公园才有无穷魅力。如此想来，此生能有机会遇见他们，已经是我的福报了。而我不仅遇见了他们，还曾与他们有过持续深入的交集，甚至还把他们的故事写成文字，让更多的人知道这世上还有这样一群人的存在，更是造化。

某种意义上说，这也是我心目中三江源国家公园的故事。

三江源是中国第一个国家公园，也是这个时代人与自然关系日趋和谐的光辉典范。能为之书写立传，就是为永远的绿水青山立传。对一个写作者而言，这是无上的荣光。

况乎，三江源之于我还不只是一个书写叙事的对象或主题，几十年，我一直在不停地书写三江源，它几乎是我写作人生的全部。而三江源的故事，是永远也写不完的。至于中国国家公园的故事，才刚刚开始书写。

如是。正在书写的是三江源新的历史。

如是。人生继续，书写亦继续。

2020 年 12 月 30 日于西宁·香格里拉